수학의 쓸모

AIQ

수학의 쓸모

닉 폴슨·제임스 스콧 지음 | 노태복 옮김

더 퀘스트

다이애나와 앤에게

_닉 폴슨

나의 조부모와 마거릿 에이컨

그리고 골든 기니에게

_제임스 스콧

[들어가며]

AI 시대, 우리는 여전히 수학이 필요하다

우리가 가르치는 학생들은 너나 할 것 없이 인공지능 이야기만 나오면 흠뻑 빠져든다. 그리고 다음과 같이 여러 질문들을 던진다. "자동차는 어떻게 스스로 운전하나요?" "알렉사Alexa(아마존의 인공지능 비서)는 어떻게 내 말을 이해하나요?" "페이스북은 내가 올린 친구의 얼굴을 어떻게 인식하나요?" "스포티파이Spotify(세계 최대 음원 스트리밍 업체)는 어떻게 나한테 딱 맞는 곡을 골라주나요?" 학생들은 AI가 SF 영화 밖으로 나와 지금 온 세상을 변화시키고 있다고 생각한다. 그리고 AI 기술을 이해하길 바라며, 그 기술이 몰고 오는 변화에 동참하고 싶어한다.

가령 적잖은 학부생들이 오이의 수학에 마음을 빼기게 될 줄 누가 알았겠는가? 일본의 자동차 엔지니어인 고이케 마코토小池 誠에게는 오이 농장을 운영하는 부모가 있다. 그런데 일본의 오이는 크기, 모양,

색깔 및 가시의 뾰족한 정도가 천차만별이다. 겉모습의 특징에 따라 아홉 가지 종류로 구분되며 종류별로 시장 가격이 다르다. 그래서 고이케의 어머니는 하루에 8시간이나 일일이 손으로 오이를 분류해왔다. 고이케는 이런 어머니를 돕고자 구글의 오픈소스 AI 소프트웨어인 텐서 플로우Tensor Flow를 이용해 사진만으로 오이를 분류해내는 '심층학습deep learning'(딥 러닝) 알고리즘(주어진 문제를 풀기 위한 방법이나 절차의 집합: 옮긴이)을 짰다. 그 결과 고이케의 어머니는 똑같은 작업량을 굉장히 짧은 시간 안에 달성하게 됐다.

고이케의 오이 분류 기계는 유튜브를 통해 곧바로 유명해졌고, 고이케는 오이 업계의 유명인사로 등극했다. 또 전 세계의 학생들과 프로그래머들에게 감동적인 메시지를 전해줬다. 바로 오이 문제를 해결한 방법으로 다른 분야의 문제도 해결할 수 있다고 말이다.

세상을 바꾸는 AI 뒤에는 수학이 있다

오늘날 전기 회사는 AI를 이용해 발전 효율을 향상시킨다. 투자자는 AI를 이용해 재정상의 위험을 관리한다. 석유 회사는 AI를 이용해 심해 채굴 장치의 안전성을 높인다. 정보 당국은 AI를 이용해 테러리스트를 색출한다. 과학자는 AI를 이용해 천문학, 물리학 및 신경과학에서 새로운 것을 발견한다. 이외에도 AI는 세계 곳곳에서 가스 유출을 탐지하고, 철광석을 캐고, 질병 발생을 예측하고, 꿀벌을 멸종 위기에서 구하고, 할리우드 영화의 성 차별 정도를 수량화하는 등 온갖 목적으로 활용되고 있다.

이런 확산 현상 때문에 미국의 아마존, 페이스북, 구글부터 중국의 바이두, 텐센트, 알리바바까지 세계 최대의 회사들이 AI에 한껏 고무되어 있다. 들리는 소문에 따르면, 이 거대 기술 회사들은 AI 기술을 선점하기 위한 전 지구적 규모의 값비싼 군비경쟁에 돌입했다. 또 오래전부터 갓 졸업한 박사학위 소지자들에게 고액 연봉과 저마다의 멋진 에스프레소 머신으로 구애 작전을 펼치고 있다. 특히 수학과 코딩 인재들을 그러모으려고 안달이다. 바로 AI 알고리즘의 특징 때문이다.

AI 알고리즘에는 두 가지 뚜렷한 특징이 있다. 첫째, 대체로 확실성보다는 확률을 다룬다. 가령 AI 알고리즘은 어떤 신용카드 거래가 속임수라고 '확실하게' 말하지 않는다. 대신에 속임수일 확률이 92퍼센트 또는 알고리즘이 통계를 통해 파악해낸 다른 수치로 말한다. 둘째, AI 알고리즘은 무슨 명령을 따라야 하는지 데이터를 학습해 '스스로' 알아낸다. 전통적인 알고리즘, 가령 웹사이트나 워드프로세서를 실행하는 알고리즘의 명령들은 프로그래머가 미리 정해놓은 것이다. 하지만 AI 알고리즘은 속임수 거래 사례들을 살펴보고 신용카드 거래가 속임수인지 아닌지 패턴을 구별할 수 있도록 배운다. AI 개발자의 역할은 알고리즘에 무엇을 할지 가르쳐주는 것이 아니다. 통계와 확률의 규칙을 이용해, 무엇을 할지 스스로 배우는 방법을 가르쳐준다.

인간을 오늘날의 수준으로 이끈 수학적 아이디어

우리는 미래를 움직이고 있는 진짜 아이디어를 알려주고 싶다. 자율주행차나 가정용 디지털 비서와 같은 현대의 AI 시스템들은 이제 막 등장했다. 하지만 놀랍게도 AI의 주요 개념들은 사실 등장한 지 오래됐으며 수 세기 전에 나온 것도 많다. 선조들은 세대를 내려오면서 여러 문제 풀이에 그 개념들을 이용해왔다. 자율주행차를 예로 들어보자. 구글이 그런 자동차를 처음 공개한 때는 2009년이었다. 하지만 이 책의 3장에서 말하듯이 자율주행차의 작동 방식에 관한 핵심 개념은 1750년대에 한 장로교 목사가 처음으로 알아낸 것이다. 게다가 지금부터 50년도 더 이전에 한 연구팀이 그 수학 개념을 이용해 냉전 시대의 가장 큰 수수께끼 하나를 해결했다.

영상 분석 알고리즘, 가령 페이스북 사진 속의 친구 얼굴에 자동으로 태그를 다는 소프트웨어는 또 어떠한가. 영상 처리 알고리즘은 지난 50년 동안 눈부시게 발전했지만 이 책 2장에 나오듯이 핵심 개념은 1805년에 살았던 수학자 이야기로 거슬러 올라간다. 그리고 그 개념은 한 세기 전에 실제 과학 탐구에 이용됐다. 별로 알려지지 않은 천문학자인 헨리에타 스완 레빗Henrietta Swan Leavitt이 해당 개념을 이용해 '우주의 크기는 얼마인가?'라는 인류 역사상 가장 심오한 질문에 답한 것이다.

어떤 분야의 AI를 살펴보더라도 핵심 개념은 이미 오래전에 시작됐다. 따라서 중대하고도 역사적인 수수께끼는 왜 AI가 지금 등장하고 있느냐가 아니라 왜 오래전에 등장하지 않았느냐는 것이다. 이 수수께끼를 해명하려면 여러 가지 기술적 요인을 살펴봐야 한다. 여기서는 그저 지난 수십 년간 기하급수적으로 컴퓨터 속도가 빨라졌고, 인류가 입수할 수 있는 데이터 양이 폭발적으로 증가했으며, 클라우드 서비스 덕분에 모두가 싸게 데이터를 저장하고 이용할 수 있게 된 덕분이라는 사실만 알고 가자. 우리가 알아야 할 것은 이 기술적 요인들과 어떤 중요한 '아이디어'가 합쳐져 현재의 초신성과 같은 폭발이 일어났다는 점이다.

똑똑한 기계는 똑똑한 사람이 필요하다

우리는 이 책에서 수십 년 어쩌면 수백 년 전으로 거슬러 올라가는 몇 가지 핵심 수학 개념부터 오늘날의 슈퍼컴퓨터와 말하고 생각하는 기계까지, 더 나아가 미래에 우리의 모든 생활에 동참하게 될 새로운 디지털 기술까지 이야기하고 싶다. 하지만 그 이야기는 기술에 관한 이야기라기보다는 주로 아이디어들에 관한 이야기이자 그 이면의 사람들에 관한 이야기다. 훨씬 이전 시대의 사람들, 수학과 데이터에 관한 문제들을 푸느라 심사숙고한 사람들 그리고 자신들의 해법이 현대 세계를 창조하는 데 어떤 역할을 하게 될지 짐작조차 하지 못한 사람들의 이야기이기도 하다. 이야기가 끝날 즈음이면 여러분은 지금 살아가는 현재가 어디에서 시작했고 어떻게 움직이는지 이해하게 될 것이다.

시작하기 전에 미리 알릴 것이 있다. 사회를 이해하려고 노력하는 사람들이 언제나 수학이라는 넘기 힘든 벽에 직면하듯, 이 책에는 수학이 어쩔 수 없이 나온다. 하지만 스스로 수학에 문외한이라고 여기는 독자라도 걱정하지 않으면 좋겠다. 이 책에 등장하는 수학은 놀랍도록 단순하기에, 누구든 충분히 따라올 수 있다고 우리는 확신한다. 또 분명 그런 노력은 가치가 있을 것이다. 바탕이 되는 수학을 약간만 이해하고 활용할 줄 안다면, 급변하는 이 세상이 덜 어렵게 다가올 것이다.

물론 수학을 전혀 쓰지 않고서도 이 책을 쓸 수는 있었다. 그리고 평생 우리가 들어온 말도 수학이냐 친구냐 양자택일은 할 수 있어도 둘 다는 불가능하다는 것이었다. 우리 편집자도 처음에 그런 접근법을 따라주십사 부탁했다. 조심스러운 목소리로 편집자는 이렇게 말했다. "수학 기호 하나에 3,000명의 독자가 떨어져나가고 그리스 문자 하나에 5,000명의 독자가 떨어져나갑니다"라고 말이다. 어쨌든 우리는 $\delta a\mu\nu\varepsilon\delta$ 같은 문자를 쓰진 않았다. 왜냐하면 경험상 그런 문자를 쓰지 않아도 주제에 부합하면서 여러분이 충분히 이해할 수 있는 책을 완성하리라 자신했기 때문이다.

우리 두 저자는 지난 40년 동안 수학이 엄청 싫어지는 끔찍한 바이러스에 걸린 학생들을 가르쳐왔다. 하지만 우리는 그런 학생들조차도 눈빛이 반짝반짝 빛나는 모습을 많이 봤다. 알렉사부터 영상 인식 알고리즘에 이르는 멋진 기술이 빅 데이터에 관한 확률을 정확하게 활용한 결과라는 사실을 알게 됐을 때 특히 그랬다. 또 학생들은 방정식이 그다지 어렵지 않음을 차츰 이해했다. 결국에는 수학에 자신감을 느꼈다. 그리고 적절한 상황에서 조금만이라도 수학을 이용해 의사결정을 하면 더욱 똑똑한 사람이 될 수 있음을 깨달았다.

그러니 여러분도 앞으로 나올 7가지 이야기에 빠져들어보자. 매력적인 역사 속 인물을 한 명씩 만나는 사이에 여러분은 왜 똑똑한 기계는 똑똑한 사람이 필요하며 반대도 마찬가지인지 알게 될 것이다. 그리고 지성과 기술을 결합하면 인간이 얼마나 위대해질 수 있는지도 인식할 수 있을 것이다.

차 례

[1]

넷플릭스가 취향을 읽는 법

확률이라는 언어

한 헝가리 출신 이민자는 조건부확률을 이용해
2차대전에서 수많은 목숨을 구했다.
그리고 오늘날의 대기업들은 똑같은 수학을 이용해
영화, 음악, 뉴스, 항암제를 개인별로 맞춤 제공하고 있다.

넷플릭스는 아주 빠르고 크게 성장했다. 그랬기에 그 회사가 처음에 '우편을 통한 기계학습'부터 시작했다는 사실을 기억하는 사람은 드물다. 2010년까지만 해도 넷플릭스의 핵심 사업은 '연체료를 받지 않는' DVD를 빨간 봉투에 담아 보내는 일이었다. 며칠 뒤 가입자가 DVD를 반납할 때 1에서 5점까지 영화에 점수를 매길 수 있도록 평가표도 동봉했다. 그런 평가 데이터를 축적하면서 넷플릭스의 알고리즘은 패턴을 찾아갔다. 그리고 시간이 흐를수록 가입자들은 더 나은 영화 추천 정보를 제공받았다(이런 종류의 AI를 가리켜 보통 '추천 시스템recommender system'이라고 한다. 데이터 과학자들은 '제안 엔진suggestion engine'이라는 용어를 더 좋아한다).

넷플릭스 1.0은 추천 시스템의 성능 향상에 집중했다. 2007년에는 전 세계 수학 천재들의 환호를 받으며 100만 달러의 상금을 걸고 기계학습 경진대회를 개최했다. 자사의 평가 데이터 일부를 공개 서버에 올려놓고서, 모든 참가자에게 시네매치Cinematch라는 넷플릭스의 추천 시스템 성능을 최소 10퍼센트 이상 향상하라는 과제를 냈다. 즉 넷플릭스 시스템이 할 수 있는 것보다 10퍼센트 더 정확하게 영화를 추천하는 방법을 주문한 것이었다. 그리고 가장 먼저 10퍼센트 문턱을 넘는 팀에게만 상금 전액을 주기로 약속했다.

이후 여러 달 동안 수천 팀이 경진대회에 응모했다. 일부는 아슬아슬하게 10퍼센트에 근접했지만, 어떤 팀도 그 문턱을 넘지는 못했다. 그러다가 2009년에 자신들을 벨코어스프래그매틱카오스Bellkor's Pragmatic Chaos라고 일컫는 팀이 100만 달러를 거머쥐었다. 2년간의 노력 끝에 넷플릭스 엔진을 10.06퍼센트 능가하는 알고리즘을 제출한 결과였다. 그 팀이 과제 제출 버튼을 누르기 전에 텔레비전 시트콤 〈빅뱅 이론The Big Bang Theory〉 번외편이라도 보지 않아 천만다행이었다. 앙상블The Ensemble이라는 팀이 겨우 19분 54초 차로 뒤이어 출품작을 내놓았기 때문이다. 앙상블팀의 알고리즘도 성능을 10.06퍼센트 향상시킨 것이었다.

이런 경진대회를 통해 확연하게 드러나듯이, 넷플릭스는 가입자가 영상 콘텐츠를 어떻게 평가할지 알고리즘을 통해 예측하는 소프트웨어에 일찍부터 치중했다. 이후 2011년 3월, 다음 세 단어가 넷플릭스의 미래를 영원히 바꿔버렸다. 〈하우스 오브 카드House of Cards〉.

〈하우스 오브 카드〉는 첫 '넷플릭스 오리지널 시리즈'다. 즉 넷플릭스가 유통만 하는 걸 넘어서 직접 제작까지 나선 텔레비전 시리즈다. 〈하우스 오브 카드〉 제작팀은 처음에 대형 텔레비전 네트워크를 죄다 찾아다니면서 작품 개요를 설명했다. 하지만 다들 관심만 보일 뿐 조심스러워했다. 모두 시험 방송을 본 다음에 결정하고 싶어했다. 또 거짓말과 배신 및 살인 이야기를 다루는 시리즈였기에 대형 배급사로서는 다음과 같은 물음을 던지지 않을 수 없었다. "저런 나쁜 시리즈를 보려고 하는 사람이 있다고 어떻게 확신할 수 있습니까?" 그런데 넷플릭스는 확신할 수 있었다. 시리즈 제작자에 따르면, 넷플릭스는 다음과 같은 말을 거침없이 할 수 있는 유일한 회사였다. "잘될 것 같네요. 우리 소프트웨어를 돌려보니 많은 시청자가 이 시리즈를 볼 거라는 결과가 나왔습니다. 시험 방송은 만들어 오시지 않아도 됩니다. 몇 편으로 만들고 싶으신가요?"[1]

'소프트웨어를 돌려봤고 시험 방송은 없어도 된다.' 이 말이 텔레비전 산업에 미친 경제적 의미를 생각해보자. 〈하우스 오브 카드〉가 처음 방영되기 1년 전에, 주요 텔레비전 네트워크들은 제작사에 113편의 시험 방송을 의뢰했는데, 총제작비가 거의 4,000만 달러에 달했다. 그중에서 35편만이 실제 방송을 탔으며, 고작 9분의 1 수준인 13편만이 시즌 2까지 방영했다. 그리고 그때까지도 네트워크들은 해당 작품이 성공할지 짐작조차 못했다.

그렇다면 넷플릭스는 2011년 3월에 어떻게 대형 텔레비전 네트워크들이 모르던 것을 알았을까? 어떤 이유로 넷플릭스는 개인별 추천 시스템을 넘어서 개인 맞춤형 텔레비전 시리즈 제작까지 너끈하게 할 수 있다고 판단했을까?

쉽게 설명하자면, 넷플릭스는 가입자에 관한 데이터를 가지고 있었다. 물론 다른 방송 네트워크들에도 데이터는 존재했다. 시청률과 관심 대상 집단에 관한 자료 및 수많은 설문조사 자료 등이 있었다. 게다가 데이터의 중요성을 믿는 곳들은 더 많은 데이터를 수집하기 위한 예산까지 충분히 마련한 상태였다.

하지만 넷플릭스 데이터 과학자들한테는 다른 네트워크에 없는 두 가지가 있었다. (1) 데이터와 관련된 적절한 질문에 답을 내릴 수 있는 확률에 관한 깊은 지식. (2) 이런 답을 중심으로 사업 전체를 재구성하려는 용기. 이 두 가지는 데이터 자체만큼이나 중요했다. 그리고 그 결과는 넷플릭스의 놀라운 변신이었다. 배급사에 지나지 않던 넷플릭스는 데이터 과학자들과 제작자들이 함께 멋진 영상물을 만드는 새로운 유형의 제작사로 거듭났다. 넷플릭스의 변신을 두고 수석 콘텐츠 담당자 테드 새런도스Ted Sarandos는 잡지 《GQ》와 가진 인터뷰에서 다음과 같이 말했다. "목표는 HBOHome Box Office가 우리처럼 되는 것보다 더 빠르게 우리가 HBO처럼 되는 것이다."[2]

오늘날 AI를 이용한 개인화 작업을 넷플릭스보다 더 잘하는 조직은 거의 없다. 그리고 이제 넷플릭스가 개척한 접근법이 온라인 경제를 지배하고 있다. 여러분의 디지털 자료는 개인별 맞춤 서비스에 이용되어 스포티파이에서는 음악을, 유튜브에서는 동영상을, 《뉴욕타임스The New York Times》에서는 뉴스 기사를, 페이스북에서는 친구를, 구글에서는 광고를, 링크드인LinkedIn에서는 일자리를 추천해준다. 의사들조차 여러분의 유전자에 맞춘 암 치료법을 제안하고 있다.

이제껏 여러분의 디지털 인생에서 가장 중요한 알고리즘은 검색이었다. 즉 대다수가 이용하는 구글 검색 말이다. 하지만 미래의 핵심 알고리즘은 검색이 아니라 추천이다. 검색은 좁고 제한적이다. 여러분은 무엇을 검색해야 할지 미리 알고 있어야 하며, 여러분의 지식과 경험이 받쳐주는 만큼만 검색할 수 있다. 한편 추천은 풍부하고 제한이 없다. 수십억 명의 축적된 지식과 경험을 바탕으로 하기 때문이다. 또 추천 엔진은 도플갱어와 같아서, 언젠가는 여러분이 원하는 바를 여러분보다 더 잘 알 수 있게 될지 모른다. 가령 알렉사에게 "어디론가 떠나고 싶어. 일주일짜리 여행을 예약해줘."라고 말하면 내가 완벽하게 만족하는 여행 일정표를 받는 날이 머잖아 오지 않을까?

두말할 것도 없이 이런 추천 엔진에는 수많은 수학이 정교하게 들어가 있다. 그렇다고 수학 공포증이 있는 독자들이 지레 겁먹을 필요는 없다. 여러분이 알아야 할 핵심 개념은 한 가지뿐이기 때문이다. 바로 추천 엔진에서 '개인화'는 '조건부확률'을 의미한다는 사실이다.

수학에서 조건부확률이란 어떤 사건이 이미 일어났을 때 다른 사건이 일어날 확률이다. 좋은 예가 일기예보다. 오늘 아침에 창밖을 보니 구름이 모이고 있다면, 여러분은 비가 올 것 같으니 출근할 때 우산을 들고 나가자고 생각할 것이다. 이런 판단을 조건부확률로 표현하면 다음과 같다. '오늘 아침에 구름이 끼었다면 오후에 비가 올 조건부확률은 60퍼센트다.' 데이터 과학자들은 다음과 같이 조금 더 간결하게 표현한다.

$$P(\text{오후 비} \mid \text{아침 구름}) = 60\%$$

P는 '확률'을 뜻하며, 수직 막대 기호 | 는 '~한다면' 또는 '~라는 조건으로'라는 뜻이다. 막대 왼쪽은 우리의 관심사이고, 막대 오른쪽은 '우리가 알고 있는 지식', 즉 우리가 사실이라고 믿거나 가정하는 '조건이 되는 사건'이다. AI는 이 조건부확률을 다음과 같이 활용한다.

- 당신은 영화 〈셜록 홈스Sherlock Holmes〉에 높은 점수를 줬다. 당신이 〈이미테이션 게임The Imitation Game〉이나 〈팅커 테일러 솔저 스파이Tinker Tailor Soldier Spy〉를 좋아할 조건부확률은 얼마인가?

- 어제 당신은 스포티파이에서 퍼렐 윌리엄스Pharrell Williams 노래를 들었다. 당신이 오늘 브루노 마스Bruno Mars 노래를 듣고 싶어할 조건부확률은 얼마인가?
- 당신은 방금 유기농 개 사료를 구입했다. 당신이 GPS가 장착된 개 목걸이를 살 조건부확률은 얼마인가?
- 당신은 인스타그램에서 크리스티아누 호날두(@cristiano)를 팔로우하고 있다. 당신이 리오넬 메시(@leomessi)나 가레스 베일(@garethbale11)을 추천받으면 응답할 조건부확률은 얼마인가?

개인화는 조건부확률에 따라 이루어진다. 그리고 모든 조건부확률은 각자가 조건이 되는 사건에서 모은 대량의 데이터 집합으로부터 계산된다. 실제로 어떤 방식으로 계산되는지 이번 장에서 살펴보자.

세상을 구한 수학자 이야기

개인화의 바탕이 되는 핵심 개념은 넷플릭스보다도, 심지어 텔레비전 자체보다도 오래됐다. 만약 지난 10년간 사람들이 대중문화에 참여하는 방식에서 일어난 혁명을 이해하고 싶다면, 가장 좋은 출발점은 실리콘밸리도 아니고 스트리밍으로 영상을 즐기는 브루클린이나 노팅힐의 거실도 아니다. 오히려 1944년 유럽의 하늘이다. 그 하늘에는 역사상 최대의 항공 작전인 이른바 제3제국(히틀러가 권력을 장악한 시기의 독일제국: 옮긴이) 폭격이 벌어졌다. 그리고 당시 작전에 참여한 수

많은 연합군 폭격기 조종사는 다행히도 목숨을 건졌다. 바로 조건부 확률을 통달한 어떤 사람 덕분이었다.

2차대전 동안 유럽 상공에서 벌어진 공중전의 규모는 실로 엄청났다. 매일 아침, 영국제 랭커스터 및 미국제 B-17의 대규모 편대가 영국 기지에서 이륙해 영국해협 너머 목표물을 향해 날아갔다. 1944년에는 연합 공군이 매주 약 1,600만 킬로그램의 폭탄을 투하했다. 그렇게 항공 작전이 늘어날수록 사상자도 많아졌다. 예를 들어 1943년 8월의 한 작전만 해도 연합군은 16곳의 기지에서 폭격기를 376대나 출동시켰다. 독일의 슈바인푸르트와 레겐스부르크 공장지대를 집중 폭격하기 위해서였다. 이 작전에서 60대의 비행기가 돌아오지 못했다. 손실률이 16퍼센트였다. RAF 리지웰RAF Ridgewell에서 이륙한 381번째 폭격단만 해도 그날 20대의 폭격기 중 9대를 잃었다.[3]

2차대전 때 조종사들은 매번의 임무가 주사위 굴리기처럼 막연하다는 것을 뼈아프게 인식했다. 하지만 이런 암울한 상황에서도 폭격기 조종사들에게는 세 가지 방어책이 있었다.

1. 적 전투기를 물리치기 위한 기체 후미와 조종석의 기관포
2. 호위 전투기: 독일 공군으로부터 폭격기를 호위해 지켜주는 스피트파이어와 P-51 무스탕
3. 에이브러햄 왈드Abraham Wald라는 헝가리계 미국 통계학자

에이브러햄 왈드는 메서슈미트Messerschmitt(2차대전 중 전투기를 제작한 독일 기업: 옮긴이)제 비행기를 단 한 대도 격추한 적이 없었다. 심지

어 공격용 전투기의 내부를 본 적도 없었다. 그런데도 전투기만큼 가공할 무기를 사용해 연합군의 작전에 이바지했다. 그 무기가 바로 조건부확률이다. 구체적으로 말하자면 왈드는 항공기 기종별로 생존 가능성을 제안할 수 있는 추천 시스템을 만들었다. 그 시스템은 오늘날의 AI 기반 텔레비전 시리즈 추천 시스템과 본질적으로 흡사했다. 이러한 시스템을 어떻게 만들었는지 알면 여러분은 넷플릭스, 훌루Hulu, 스포티파이, 인스타그램, 아마존, 유튜브 등 여러분이 사용하고 있는 자동 추천 시스템을 훨씬 더 잘 이해할 수 있을 것이다.

뛰어난 헝가리 수학자가 국경을 넘기까지

왈드는 1902년에 헝가리 콜로주바르Kolozsvár의 한 정통 유대교인 대가족 집안에서 태어났다. 콜로주바르는 1차대전 이후 루마니아에 속하게 되면서 이름이 클루지Cluj로 바뀐 도시다. 왈드의 아버지는 읍내 제과점에서 일했으며, 6명의 아이들에게 배움과 지적 호기심을 북돋우는 집안 분위기를 만들었다. 어린 왈드와 누이들은 바이올린을 켜고, 수학 퍼즐을 풀고, 칭송이 자자한 할아버지의 무용담을 들으며 자랐다. 1926년 지역 대학교를 나온 왈드는 오스트리아의 빈대학교에 진학해 저명한 학자인 카를 멩거Karl Menger 밑에서 수학을 배웠다.[4]

그리고 1931년에 박사학위를 땄으며, 드문 재능의 소유자로 인정받았다. 멩거는 제자의 논문을 가리켜 "순수수학의 걸작 논문"이라고 치켜세우면서 "심오하고 아름다우며 매우 중요하다"라고 평가했다. 하지만 오스트리아의 어느 대학교도 유대인을 교수로 임용하지는 않았다. 아무리 재능이 있고, 유명한 교수가 적극적으로 추천하더라도 말이다. 결국 다른 데로 눈을 돌려야 하는 상황에서 왈드는 먹고살 수만 있다면 어떤 일자리도 감사하다고 스승에게 말했다. 계속 정리를 증명하고 수학 세미나에 참여할 수만 있다면 더 바랄 게 없었던 것이다.

우선 왈드는 부유한 오스트리아인 은행가의 수학 가정교사로 일했다. 카를 슐레징어Karl Schlesinger라는 이 은행가에게 왈드는 평생 고마워했다. 그러다가 1933년에 오스트리아경기순환연구소Austrian Institute for Business Cycle Research에 연구원으로 고용됐는데, 거기서 아직은 유명하지 않던 한 학자의 주목을 받았다. 게임이론의 공동 발명자인 오스카르 모르겐슈테른Oskar Morgenstern이라는 경제학자였다. 왈드는 5년 동안 모르겐슈테른과 함께 계절에 따른 경제 데이터 변동을 분석했다. 이때 왈드는 처음으로 통계학을 만났다. 학자로서 자신의 앞날을 밝힐 분야를 찾은 것이다.

그러나 오스트리아 전역에는 먹구름이 드리우고 있었다. 왈드의 지도교수인 멩거는 이렇게 적었다. "오스트리아의 수도 빈의 문화는 주인이 흙과 빛을 주길 거부하는 꽃밭과 같아, 사악한 사람들이 꽃밭 전체를 망가뜨릴 기회를 엿보고 있었다." 1938년 봄에 결국 재앙이 터졌다. 독일이 오스트리아를 합병해버린 것이다. 그해 3월 11일 오스트리아의 지도자인 쿠르트 슈슈니크Kurt Schuschnigg가 축출되고 나치 앞잡이가 정치 전면에 나섰다. 몇 시간 만에 독일군 10만 명이 아무런 저항 없이 국경을 넘어 진격해왔으며, 3월 15일에는 빈 시내를 행진했다. 그리고 왈드가 어렵던 시절에 은혜를 베풀었던 슐레징어가 바로 그날 스스로 목숨을 끊었다.

당시 왈드는 그간 해온 경제 통계 연구로 국제적인 주목을 얻고 있었다. 덕분에 독일과 오스트리아가 합병되기 한 해 전인 1937년 여름에 미국 콜로라도스프링스의 한 경제 연구소로부터 초빙을 받았다. 왈드는 인정받아 기쁘면서도 처음에는 떠나길 주저했다. 하지만 합병 소식에 마음을 바꿨다. 오스트리아의 유대인들이 마구잡이로 살해되고, 도둑맞고, 밀고당하는 상황을 목격했기 때문이다. 유대인 가게들은 약탈을 당했고, 가정은 유린됐으며, 공공 분야에서 유대인의 활동은 뉘른베르크법(독일에 사는 유대인의 독일 국적을 박탈하고 유대인과 독일인의 성관계와 결혼을 금지하는 한편, 유대인이 공무를 담당할 수 있는 권리를 박탈한 나치의 법: 옮긴이) 때문에 금지됐다. 따라서 오스트리아경기순환연구소에서 왈드의 활동도 금지당했다. 왈드는 제2의 고향인 빈에 작별을 고하기가 못내 아쉬웠지만, 광기의 바람은 날이 갈수록 거세졌다.

1938년 여름, 왈드는 죽음을 무릅쓰고 국경을 넘었다. 유대인이 오스트리아를 탈출하지 못하도록 감시하는 경비병들을 따돌리고 루마니아로 잠입한 뒤에 미국으로 건너갔다. 아마도 그때 결단을 내리지 못했으면 목숨을 부지하지 못했을 것이다. 왈드의 가족, 즉 부모와 조부모 그리고 다섯 형제자매는 전부 유럽에 남았는데, 형제인 헤르만만 빼고 나머지는 전부 홀로코스트의 희생자가 됐다. 미국에 정착한 왈드는 안전했고, 열심히 일했으며, 결혼해서 두 아이를 두었다. 그리고 미국에서 맞이하는 새로운 삶에서 기쁨과 위안을 찾았다. 하지만 가족의 참담한 운명 앞에서 깊은 슬픔에 빠지곤 했는데, 그 때문인지 다시는 바이올린을 연주하지 않았다.

히틀러의 몰락을 앞당기고자 팔을 걷어붙인 왈드

왈드가 미국에 도착한 때는 서른다섯 살 되던 해인 1938년 여름이었다. 빈이 그립긴 했지만 새로운 보금자리도 금세 마음에 들었다. 콜로라도스프링스는 어릴 때 살던 카르파티아산맥 기슭을 닮았고, 새로 사귄 동료들도 왈드를 따스하게 대했다. 하지만 콜로라도에 오래 있지는 않았다. 미국으로 망명해 프린스턴고등연구소에 있던 모르겐슈테른이 이스트코스트East Cost 지역의 안면 있는 모든 수학자한테 옛 동료 왈드를 칭찬했기 때문이다. 모르겐슈테른은 왈드를 가리켜 "비범한 재능과 위대한 수학 실력을 갖춘 신사"라고 치켜세웠다. 덕분에 왈드는 점점 평판이 좋아져서 곧 뉴욕의 저명한 통계학 교수인 해럴드 호텔링Harold Hotelling의 관심을 끌게 됐다. 1938년 가을, 호텔링 교수는 왈드에게 컬럼비아대학교의 자기 연구팀에 들어오지 않겠냐고 제안했다. 왈드는 이 제안을 받아들였고, 강의와 연구 두 분야에 크게 두각을 드러내면서 얼마 지나지 않아 교수가 됐다.

왈드가 뉴욕에서 생활한 지 3년째 되던 1941년 후반, 대서양 건너의 상황은 애써 신경을 끄고 있는 사람이 아니라면 너무나 빤했다. 영국은 홀로 나치와 싸우고 있었는데, 처칠은 그 싸움을 두고서 "유럽뿐만이 아니라 인류를 구하기 위한" 전쟁이라고 규정했다. 미국은 발을 빼고 있다가 진주만 폭격이 발생하고 나서야 정신이 번쩍 들었다. 젊은이들은 벌떼처럼 군에 입대했다. 그리고 여자들은 군수공장과 간호부대에 들어갔다. 과학자들은 연구실과 칠판 앞으로 몰려갔는데, 나치의 만행을 피해 탈출한 이민자들이 특히 더 열심이었다. 알베르트 아인슈타인Albert Einstein, 존 폰 노이만John von Neumann, 에드워드 텔러Edward Teller, 스타니슬라프 울람Stanislaw Ulam을 포함해 수백 명의 훌륭한 망명자가 전쟁 동안 미국의 과학을 발전시켰다.

왈드도 기꺼이 부름에 응답했다. 동료인 W. 앨런 월리스W. Allen Wallis가 컬럼비아대학교의 통계연구단Statistical Research Group, SRG에 들어오라고 초청했다. 연구단은 맨해튼 도심에 자리한 록펠러센터의 어느 거무칙칙한 실내에서 정기적으로 만나던 통계학자 4명이 1942년에 시작한 모임이었다. 그리고 설립 목적은 군에 통계 컨설팅을 제공하는 데 있었다. 통계학자들은 처음에 압박 속에서 컨설팅을 제공하는 것을 불편해했다. 당시에는 SRG 관리자가 수학자들에게 종이 양면에 방정식을 적으라고 강요하는 등 전시 물자와 관련해 웃지 못할 상황이 벌어지기도 했다.

이런 시절은 오래가지 않았다. 1944년이 되자 SRG는 16명의 통계학자와 더불어 헌터대학교 및 바사대학교 출신의 계산 작업을 수행하는 젊은 여성 30명을 거느린 어엿한 조직으로 성장했다. SRG의 통계학자들은 당시 로스앨러모스나 블레츨리파크에 모인 연구원들이 내놓은 것만큼 무시무시하거나 유명한 것을 개발하지는 않았다(미국 로스앨러모스에서는 맨해튼 프로젝트에 따라 원자폭탄을 개발했고, 영국 블레츨리파크에서는 앨런 튜링이 전시 암호 해독 작업을 진행했다: 옮긴이). 하지만 군의 과학연구개발부에 없어서는 안 될 조직이 됐다. 군의 최상위 지휘부가 이곳의 연구 자료를 원했고, 연구단은 결과를 척척 내놓았다. SRG의 임무는 광범위했으며 전쟁에 끼친 영향은 심오했다. 연구 분야는 로켓추진체, 어뢰, 근접신관(목표에 접근하면 폭발하는 신관: 옮긴이),

공중전의 기하학, 상선의 취약성 등으로, 모두 수학이 필요하고 전쟁 수행에 이바지하는 것들이었다. 연구단장인 월리스는 나중에 이렇게 회고했다.

> 1944년 12월 벌지Bulge 전투 동안, 여러 명의 고위 장교들이 전장에서 워싱턴으로 날아와 하루 동안 회의를 하고서 전장으로 돌아갔다. 지상군을 공격하는 포탄을 공중에서 터뜨릴 때 근접신관을 가장 잘 설정하는 방법에 관한 회의였다. (…) 굳이 말로 표현하지 않아도 그런 식의 책임감이 언제나 분위기를 조성하고 있었으며, 강력하고 압도적이고 지속적인 압력을 가했다.[5]

미국 최고의 수학자들로 이루어진 SRG 구성원 중 대다수는 이후로도 자신들이 선택한 분야에서 계속 주도적인 역할을 해나갔다. 2명은 대학교 총장이 됐고, 4명은 미국통계학회의 회장을 지냈다. 미나 리스Mina Rees는 '과학 발전을 위한 미국협회American Association for the Advancement of Science'의 첫 여성 회장이 됐다. 밀턴 프리드먼Milton Friedman과 조지 스티글러George Stigler는 노벨경제학상을 받았다.

기라성 같은 인물들이 모인 조직에서 왈드는 르브론 제임스LeBron James와 비슷했다. 모든 일을 도맡아 하는 이 농구 선수처럼 가장 어려운 문제들은 죄다 왈드의 책상 위에 놓였다. 연구단장의 말에 따르면, 주위의 동료 천재들조차도 "왈드의 시간은 너무나 귀중해 낭비할 수 없다"라는 사실을 알아차렸다고 한다.

돌아온 전투기 vs 추락한 전투기

왈드가 기여한 연구단 활동 결과 중 가장 유명한 것은 순차추출sequential sampling이라는 데이터 분석을 고안한 논문이다. 왈드의 수학적 통찰이 담긴 이 논문은 군수공장이 탱크와 비행기를 제작할 때 어떻게 불량률을 줄일 수 있는지를 밝혔다. 군에서 해당 논문의 기밀문서 취급을 해제하자 왈드는 학계에서 유명인사가 됐다. 논문은 20세기 통계학의 길을 새롭게 제시했으며, 전 세계의 연구자들이 너도나도 왈드의 수학적 통찰을 새로운 분야에 적용하기 시작했다. 특히 임상실험에서 활발하게 사용됐는데, 왈드의 통찰은 오늘날에도 그 분야에서 여전히 빛을 발휘하고 있다.

우리의 논의 주제인 '넷플릭스의 급성장'은 왈드의 잘 알려지지 않은 또 다른 업적과 관련이 있다. 바로 비행기 기종에 따라 개별화된 생존성 제안 방식이다.

연합군 측 공군은 날마다 나치를 공격할 대규모 비행 편대를 출격시켰는데, 많은 비행기가 적의 총격으로부터 손상을 입고 돌아왔다. 어느 날 해군 소속의 누군가가 돌아온 비행기들에 남은 탄흔의 분포를 분석하자는 영리한 아이디어를 냈다. 탄흔의 패턴을 찾아 특정 부위에 장갑(적의 공격으로부터 기체를 보호하기 위해 덧싸는 특수한 강철판: 옮긴이)을 덧댄다면 비행기가 더 튼튼해진다고 말이다. 게다가 그 제안은 비행기 기종별로 개별화할 수 있었다. 날렵한 P-51 전투기가 받는 위협은 느릿한 B-17 폭격기가 받는 위협과는 아주 달랐기 때문이다.

손쉬운 전략을 내놓자면, 총알 자국이 많이 있는 비행기 부위에 장갑을 더 많이 대기만 하면 된다. 하지만 이것은 좋은 방법이 아니다. 극단적인 사례 하나를 살펴보자. 엔진에는 단 한 발만 맞아도 추락하지만 동체는 여러 발을 맞아도 견디는 폭격기가 있다고 가정하자. 그렇다면 귀환한 폭격기는 대체로 동체에 해롭지 않은 총알구멍들이 있을 것이고, 엔진 주위에는 단 한 발의 총알구멍도 있지 않을 것이다. 왜냐하면 엔진에 단 한 발이라도 총알을 맞은 폭격기는 추락했을 테니까. 그러니 이 시나리오에 따라 눈에 보이는 대로 총알구멍들이 나 있는 동체에 장갑을 댄다면, 폭격기를 불리하게 만드는 셈이 된다. 위험하지도 않는 곳을 '보호하느라' 비행기만 무거워지기 때문이다.

현실 세계는 덜 극단적이긴 하지만(엔진에 맞는 총알이 100퍼센트 치명적이지는 않고, 동체에 맞는 총알이 100퍼센트 무해하지도 않다), 위 사례에는 중요한 진실이 담겨 있다. 귀환한 비행기에 남은 탄흔 패턴을 분석하려면 주의 깊은 통계적 관찰이 요구된다는 것이다.

이 지점에서 우리는 잠시 숨을 고르고 중요한 대목 두 가지를 꺼낼 수밖에 없다. 첫째, 인터넷은 이런 이야기에 열광한다. 둘째, 이야기를 들은 거의 모두가 오해를 한다(주목할 만한 예외로는 1984년에 나온 《미국통계학회저널Journal of the American Statistical Association》의 모호하고 아주 전문적인 논문 한 편 정도가 있을 뿐이다).[6]

구글에서 '에이브러햄 왈드'와 '2차대전'을 검색해서 무엇이 나오는지 보자. 여러 블로그 포스팅이 나오는데, 대부분은 왈드라는 한 수학자의 활약 덕분에 해군 멍청이들이 비행기 동체에 쓸데없이 장갑을 왕창 덧대는 끔찍한 실수를 하지 않았다는 내용이다. 우리는 그런 글을 수십 건 읽었으니 여러분이 우리와 같은 귀찮은 수고를 하지 않도록 아래와 같이 요약해놓는다.

> 2차대전 당시 연합군 해군은 폭격을 마치고 돌아온 비행기에서 눈에 띄는 손상 패턴을 발견했다. 바로 대다수의 총알구멍이 동체에 나 있었던 것이다. 해군은 다음과 같은 명백한 결론에 도달했다. 동체에 장갑을 덧대자. 그리고 수집한 데이터를 왈드에게 건넸다. 그냥 전문가의 재확인 차원이었다. 그런데 왈드의 작은 머리가 작동하기 시작하더니 얼마 후 천둥소리가 울렸다. "잠깐만요!" 왈드가 외쳤다. "틀렸습니다. 엔진에 아무 피해가 없는 건 엔진에 총알을 맞은 비행기들은 돌아오지 못했기 때문입니다. 동체가 아니라 엔진에 장갑을 덧대야 합니다." 왈드는 해군의 판단에 깃든 결정적인 결함, 즉 생존성에 관한 편향을 지적했다. 그리고 다른 전문가들의 조언과는 정반대의 결론을 내렸다. 총알구멍이 보이지 않는 곳에 장갑을 덧대자는 것이었다.

이런 이야기에 우리는 무릎을 치지 않을 수 없다. 직관에 반하는 판단은 현상을 완전히 거꾸로 보게 만들기 때문이다. 길거리에서 아무나 붙잡고 "비행기의 어느 부분에 장갑을 덧대야 적의 총격으로부터 살아남을까요?"라고 물어보자. 이런 조사를 우리가 직접 해보지는 않았지만, 아마도 '엔진'이 가장 많은 답을 얻을 것이다. 그런데 데이터를 순진하게 해석하면 오히려 엉뚱한 답이 나오기 쉽다. 즉 돌아온 비행기가 동체에 손상을 입었다면, '어이쿠, 동체에 장갑을 덧대자'라는 생각이 먼저 든다. 왈드와 같은 천재만이 문제의 핵심을 꿰뚫고, 우리를 원래의 직관적인 결론으로 이끈다.

유감스럽게도 실제 기록을 확인해보면 위와 같은 이야기는 그다지 사실에 기반을 두고 있지 않다. 더군다나 이처럼 각색된 이야기가 주는 교훈은 생존성 편향에 관한 것인데, 이 때문에 연합군의 군사 활동에 왈드가 이바지한 아주 중요한 점을 놓쳐서는 안 된다. 데이터의 생존성 편향은 누구나 다 아는 명백한 문젯거리였다. 그렇지 않았다면 처음부터 SRG에 연구를 맡기지도 않았을 것이다. 해군은 총알구멍 개수나 세려고 수학자들을 무더기로 데려다놓았던 게 아니다. 적절한 데이터가 부족한 상황에서도 특정 부위를 공격당한 비행기가 살아 돌아올 조건부확률을 구하려는 것이었다.

왈드의 진정한 업적은 멍청한 해군 지휘관에게 생존성 편향을 다짜고짜 설파한 것보다 훨씬 더 미묘하고 흥미진진한 것이었다. 왈드의 절묘한 한 수는 문제를 알아낸 것이 아니라 해결책을 내놓은 것이었다. '생존성 제안 시스템', 즉 군 지휘관이 전투 피해에 관한 데이터를 이용해 어떠한 비행기 기종에든 생존성을 높이는 맞춤형 방법을 제안할 수 있도록 시스템을 고안했다. SRG 단장의 말을 빌리자면 왈드의 알고리즘은 "미국 통계학 역사에서 가장 위대한 인물이 내놓은 창의적인 연구 성과"였다. 왈드의 알고리즘은 1980년대까지는 공개되지 않았지만, 2차대전은 물론이고 그 이후에도 비밀리에 사용됐다.[7] 미 해군은 베트남전쟁에서 왈드의 알고리즘을 A-4 스카이호크에 적용했다. 또한 미 공군은 왈드의 알고리즘을 이용해 미군 역사상 가장 오래 활약한 폭격기인 B-52 스트래토포트리스의 장갑을 향상시켰다.

확률의 언어를 제대로 읽으려면

이제 여러분도 짐작하시겠지만, 왈드가 비행기의 생존성을 높이기 위해 내놓은 방안은 넷플릭스의 영화 추천 시스템과 흡사하다. 그런데 둘 다 한 가지 장애를 가지고 있었다. 그것도 무척 큰 장애였다.

- **1943년의 미 해군** "우리는 한 비행기가 특정한 부위에 총격을 받았을 때 추락할 조건부확률을 다른 모든 비행기에서 얻은 데이터로 구하려고 한다. 그러면 비행기 모델마다 개별화된 생존성을 제안할 수 있을 것이다. 하지만 데이터가 없다. 추락한 비행기는 돌아오지 않기 때문이다."
- **70년 후 넷플릭스** "우리는 한 가입자에게 특정한 영화 감상 이력이 존재할 때 그 사람이 어느 영화를 좋아할 조건부확률을 다른 모든 가입자로부터 얻은 데이터로 구하려고 한다. 그러면 각각의 가입자에게 개인화된 영화 추천을 할 수 있을 것이다. 하지만 데이터가 없다. 대다수 가입자가 대다수 영화를 아직 보지 않았기 때문이다."

왈드와 넷플릭스는 둘 다 조건부확률을 구해야 했다. 하지만 동시에 데이터가 없다는 문제점에 봉착했다. 많은 것을 알려줄 수 있는 데이터가 빠져 있었던 것이다.

가령 이 책의 공동 저자인 스콧(미국 텍사스 출신)과 폴슨(영국인)이 스콧이 사는 오스틴에서 만났을 때 벌어진 다음 상황을 살펴보자. 동네 커피숍으로 걸어가는 중에 우리는 거리에 주차된 큰 흰색 밴을

봤는데, 그 차에는 이렇게 쓰여 있었다.

ARMADILLO (아르마딜로)

PET CARE (반려동물 돌봄)

영국에선 보기도 어려운 동물을 전문으로 취급하는 사업이 이 지역에서는 번창할 수 있다니, 폴슨이 얼마나 어리둥절해할지 상상해보자. 아르마딜로가 반려동물이 될 수 있다고? 주인이 이름을 불러주면 알아들을 수는 있나? 그런데 왜 저렇게 큰 밴으로?

그런데 밴 옆에는 짐들이 높게 쌓인 손수레가 있었는데, 한 직원이 손수레를 움직이자 진실이 드러났다.

ARMADILLO (아르마딜로)

CARPET CARE (카펫 손질)

이처럼 때로는 없는 데이터 때문에 이야기가 완전히 달라진다. 비행기 생존성에 관한 데이터도 마찬가지다. 왈드가 내놓은 원래의 수치들은 역사에서 사라졌지만, 그가 쓴 해군 보고서를 이용해 천재 수학자가 어떻게 이 문제를 해결했는지 살펴보자. 1943년 8월의 슈바인푸르트-레겐스부르크 공습에 관한 데이터를 조사하는 왈드의 눈을 우리도 따라가보는 것이다.

그 공습에서 연합군은 단 하루 만에 376대의 B-17 폭격기 중 60대를 잃었다. 현장에서 나왔을 원래 보고서는 아마 아래와 비슷했을 텐데, 물음표는 '없는 데이터'를 의미한다.

비행기	손상 부위	결과
1) 헬캣 아그네스	동체	귀환
2) 브롱크스 바머	?	격추
3) 피스톨 패킹 파파	엔진	귀환
…	…	…
375) 홈시크 앤젤	?	격추
376) 컬래미티 제인	없음	귀환

이 보고서를 바탕으로 왈드는 손상 부위와 결과에 따라 교차표cross tabulation를 작성했다(엑셀에서 피벗 테이블pivot table을 만드는 것과 비슷하다). 그 결과 다음과 같은 도표가 나왔을 것이다.

손상 부위	귀환(총 316기)	격추(총 60기)
엔진	29	?
조종석	36	?
동체	105	?
없음	146	0

표를 보면 무사히 기지로 돌아온 316기의 비행기 중에서 105기가 동체에 손상을 입었다. 이 사실로부터 왈드는 추락하지 않고 귀환했을 경우에 한 비행기가 동체에 손상을 입을 조건부확률을 다음과 같이 계산했다.

$$P(\text{동체 손상} \mid \text{귀환}) = 105/316 \approx 33\%$$

하지만 이는 틀린 질문에 내놓은 정답이다. 우리가 알고 싶은 것은 조건이 반대되는 경우다. 즉 동체에 손상을 입어도 비행기가 무사히 귀환할 조건부확률을 원한다. 아주 다른 수치가 답으로 나올 수도 있는 질문인 것이다.

여기서 조건부확률에 관한 중요한 규칙 하나를 언급하고자 한다. 바로 조건부확률은 대칭적이지가 않다는 것이다. 왈드가 P(동체 손상 | 귀환)를 안다고 해서 조건이 반대되는 확률 P(귀환 | 동체 손상)를 꼭 안다고 할 수는 없다. 왜 그런지 이해하기 위해 간단한 예를 살펴보자.

- 모든 NBA 선수는 농구를 하는데, 이는 P(농구하기 | NBA 선수)가 거의 100퍼센트임을 의미한다.
- 농구를 하는 사람들 중에 아주 낮은 비율의 사람들이 NBA에서 활동하는데, 이것은 P(NBA에서 활동하기 | 농구하기)가 거의 0퍼센트임을 의미한다.

따라서 첫 번째 P(농구하기 | NBA에서 활동하기)는 두 번째 P(NBA에서 활동하기 | 농구하기)와 같지 않다. 이처럼 조건부확률을 다룰 때는 막대기의 왼쪽과 오른쪽에 어느 사건을 놓을지 명확하게 하는 것이 매우 중요하다.

왈드는 그걸 알고 있었다. 그래서 P(비행기 귀환 | 동체 손상)와 같은 확률을 계산하기 위해 몇 대의 비행기가 동체에 손상을 입어서 귀환하지 못했는지 추산했다. 왈드의 과제는 앞의 도표에 물음표들 대신에 실제 숫자를 넣는 일이었다. 즉 격추된 비행기들에 관한 통계를 재구성해 없는 데이터를 채워야 했다. 데이터 과학자들은 이런 과정을 가리켜 '대체imputation'라고 한다. 대체는 없는 데이터를 그냥 제외시킨다는 의미의 '절단amputation'보다 훨씬 낫다.

왈드가 보여준 대체 방식은 한 가정의 모형을 만드는 것이었다. 즉 B-17 폭격기가 적과 조우하는 전형적인 양상을 재현하면서, 귀환한 비행기의 말 없는 증언인 총알 자국 패턴과 공중전 가상 모형을 결합시켰다. 그리고 가정한 모형이 최대한 현실에 부합할 수 있도록 법의학자의 자세로 임했다. 적의 전투기들이 취할 법한 공격 각도를 분석했고, 엔지니어들과 상의했으며, 대공포에 맞은 파편 흔적의 속성을 연구했다. 심지어 탄흔 자국을 조사하기 위해 비행기에 모조 총알 수천 발을 쏘는 실험도 했다

그렇게 모든 연구를 수행한 덕분에 왈드는 전체 도표를 재구성하는 방법을 고안해냈다. 공중전 모형을 바탕으로 그가 추산해낸 수치들은 다음과 같았을 것이다.

손상 부위	귀환(총 316기)	격추(총 60기)
엔진	29	31
조종석	36	21
동체	105	8
없음	146	0

이렇게 수치를 다 채운 데이터 집합이 있으니 왈드는 쉽게 조건부확률을 계산할 수 있었다. 가령 동체에 손상을 입은 113기의 비행기들 가운데서 105기가 귀환했고 8기가 귀환하지 못했다. 그러므로 동체에 손상을 입어도 귀환할 조건부확률은 아래와 같다.

$$P(\text{귀환} \mid \text{동체 손상}) = \frac{105}{105+8} \approx 93\%$$

이 계산 결과에 따르면 B-17 폭격기는 동체에 손상을 입어도 살아남을 가능성이 매우 높았다. 반면에 엔진에 손상을 입은 60기 중에서는 29기만이 귀환했다.

$$P(\text{귀환} \mid \text{엔진 손상}) = \frac{29}{29+31} \approx 48\%$$

그러므로 B-17 폭격기는 엔진에 손상을 입으면 격추될 가능성이 훨씬 높았다. 그리고 이런 수치야말로 해군에게 유용했다. 특정한 비행기만이 아니라 그 어떤 비행기에도 왈드의 개별화된 생존성 추천 방식을 활용할 수 있었다. 알고 보니 조건부확률 계산과 더불어 없는 데이터를 통계적 방법으로 채워넣는 것은 생명을 건지는 조합이었다.

넷플릭스가 콘텐츠 제국이 된 비결, 조건부확률

70년 후, 왈드의 방법과 똑같은 아이디어가 넷플릭스의 혁신에 근본적인 영향을 끼쳤다. 모든 것은 넷플릭스 1.0의 추천 시스템에서 시작했는데, 여기서 폭넓게 설명하고자 한다.

여러분이 이 시스템을 설계하는 벅찬 과제를 맡았다고 상상해보자. 입력 데이터로 한 가입자의 감상 이력을 받아야 하며, 출력 데이터로 그 가입자가 어떤 영상물을 좋아할지 예측해야 한다. 먼저 왈드의 방법을 바탕으로 쉬운 예부터 시작하자. 가령 어떤 가입자가 HBO에서 제작한 텔레비전 시리즈 〈밴드 오브 브라더스Band of Brothers〉를 좋아한다고 할 때 영화 〈라이언 일병 구하기Saving Private Ryan〉를 좋아할 가능성이 얼마일지 판단해보자. 이것은 좋은 예인 듯하다. 왜냐하면 둘 다 노르망디 상륙 작전과 그다음 사태에 관한 대작이기 때문이다.

이 조합 정도면 괜찮아 보인다. 추천하면 된다. 하지만 여러분은 이런 식의 추천이 온갖 조합에도 자동으로 이뤄지게 하고 싶다. 이때 많은 사람을 동원해 비슷한 영화 조합들을 일일이 고생스럽게 목록으로 만들어 추천하는 것은 비효율적이다. 그래서 여러분은 넷플릭스 데이터베이스라는 방대한 데이터 자원을 활용해 어떤 고객이 어떤 영상물을 좋아하는지 시스템이 자동으로 추천할 수 있도록 하려고 한다.

핵심 관건은 문제를 조건부확률의 관점에서 바라보는 것이다. 가령 어떤 영화 A와 B가 있는데 P(임의의 가입자가 영화 A를 좋아함 | 그 가입자가 영화 B를 좋아함)가 가령 80퍼센트 정도로 매우 높다고 가정하자. 그렇다면 영화 B를 좋아하지만 영화 A를 아직 보지 않은 '린다'라는 여성에게 영화 A를 추천하면 좋지 않을까? B를 좋아했으니까 린다가 A를 좋아할 확률은 80퍼센트나 된다.

하지만 P (가입자가 〈라이언 일병 구하기〉 좋아함 | 가입자가 〈밴드 오브 브라더스〉 좋아함)와 같은 수치는 어떻게 알 수 있을까? 바로 여기서 여러분의 데이터베이스가 유용하다. 수치를 단순화하는 차원에서, 데이터베이스에 사람이 100명 있고 모두가 두 영화를 봤다고 가정하자. 사람들의 감상 이력은 다음과 같이 커다란 평가표 형태로 나타나는데, 거기에서 세로줄(열)은 영화들을, 가로줄(행)은 가입자를 가리킨다.

가입자	〈라이언 일병 구하기〉를 좋아한다?	〈밴드 오브 브라더스〉를 좋아한다?
1. 아론	그렇다	그렇다
2. 앨리스	그렇다	그렇다
…	…	…
99. 웬디	아니다	아니다
100. 잭	그렇다	아니다

그다음에 몇 명의 가입자들이 이 두 영화에 대한 특정한 선호 조합을 갖는지 세어서 위의 평가표로부터 아래와 같은 교차표를 작성할 수 있다.

	〈밴드 오브 브라더스〉 좋아함	좋아하지 않음
〈라이언 일병 구하기〉 좋아함	56명	6명
좋아하지 않음	14명	24명

이 도표로부터 우리는 여러분의 추천 시스템에 필요한 조건부확률을 쉽게 구할 수 있다.

- 70명의 가입자가 〈밴드 오브 브라더스〉를 좋아한다(56+14).
- 70명의 가입자 가운데 56명은 〈라이언 일병 구하기〉를 좋아하고, 14명은 그렇지 않다.

그러면 이제 〈밴드 오브 브라더스〉를 좋아하는 어떤 사람이 〈라이언 일병 구하기〉를 좋아할 조건부확률을 다음처럼 계산할 수 있다.

$$P(\text{〈라이언 일병 구하기〉 좋아함} \mid \text{〈밴드 오브 브라더스〉 좋아함}) = \frac{56}{56+14} \approx 80\%$$

이 방법의 핵심 장점은 자동적이라는 것이다. 컴퓨터가 내용별로 영화를 자동으로 검색하는 능력은 (아직까지) 뛰어나지 않다. 하지만 셈에는 탁월하다. 달리 말해 평가표에 담긴 가입자들의 방대한 영화 감상 이력 데이터베이스를 교차표로 만들어 조건부확률을 계산하는 일에는 매우 뛰어나다.

그런데 넷플릭스가 당면한 진짜 문제는 이런 단순한 예보다 훨씬 더 어렵다. 이유는 적어도 세 가지다. 첫째는 규모다. 넷플릭스는 가입자가 100명이 아니라 1억 명이며, 다루는 평가 데이터도 2편이 아니라 1만 편이 넘는 영화를 대상으로 한다. 그 결과 평가표 항목의 경우의 수가 1조 개가 넘는다.

두 번째 문제는 '누락'이다. 대다수 가입자는 넷플릭스에 올라와 있는 영화들을 아주 많이 보지는 않았다. 그렇기 때문에 평가표의 1조 개가 넘는 항목 대다수는 데이터가 없다. 그런데 2차대전 때 폭격기의 사례에서처럼 누락된 패턴이야말로 무언가를 알려주는 힘이 있다. 만약 〈파이트 클럽Fight Club〉을 보지 않거나 좋지 않았다고 말한 사람이라면 다음번에라도 허무주의에 관한 영화에는 관심을 가지지 않을 테니까.

마지막 문제는 조합 확산combinatorial explosion이다. 누군가는 수학보다 〈파이트 클럽〉 스타일의 영화와 철학을 좋아할 수 있다. 눈송이들이 저마다 고유한 아름다움을 지녔듯이 다른 넷플릭스 가입자들도 취향이 제각각이다. 이렇게 취향이 다양한 가입자가 100만 명이어도 영화가 딱 2편만 있는 데이터베이스에서는 좋고 싫음이 별로 차이 나지 않을 것이다. 경우의 수가 네 가지밖에 없기 때문이다. 둘 다 좋음, 둘

다 싫음, 하나는 좋고 다른 하나는 싫음, 하나는 싫고 다른 하나는 좋음. 하지만 1만 편의 영화가 든 데이터베이스에서는 그렇지 않다. 여러분이 영화를 봐온 이력을 살펴보자. 다른 어떤 이도 여러분과 이력이 똑같지 않으며 앞으로도 마찬가지일 것이다. 서로의 취향이 너무나도 다양하게 갈리기 때문이다. 고작 300편의 영화로 구성된 데이터베이스조차도 조합의 가짓수(2^{300})가 우주 전체에 있는 모든 원자의 개수(약 2^{272})보다 월등하게 많다. 일일이 셈하려고 마음먹었다면 $2^{10,000}$에 도달하기 훨씬 이전에 단념하는 게 나을 것이다. 영화를 좋아하는 기호의 가짓수는 실질적으로 무한대니까.

여기서 중요한 질문 하나가 뒤따른다. 넷플릭스는 어떻게 다른 사람들의 감상 이력을 바탕으로 여러분에게 영화를 추천할까? 여러분의 감상 이력은 이전에는 없던 것이고, 다른 사람들의 이력은 결코 여러분에게 그대로 적용되지 않을 텐데 말이다.

이 세 가지 문제를 전부 풀 해법은 모형화다. B-17 폭격기가 적기와 조우하는 모형을 세워서 왈드가 빠진 데이터 문제를 해결한 것과 똑같이, 넷플릭스도 가입자가 영화를 감상하는 상황에 대한 모형을 세워서 그 문제를 해결했다. 비록 넷플릭스의 현재 모형은 함부로 가져다 쓸 수 없지만, 대회에서 우승한 벨코어스프래그매틱카오스팀의 100만 달러짜리 모형은 웹에 공짜로 올라와 있다.[8] 이 모형의 작동 원리는 다음과 같다. 참고로 넷플릭스는 1에서 5까지 점수로 평가 등급을 매기며, 간단한 기준(예를 들면 별 넷)에 따라 좋아함/좋아하지 않음을 예측할 수 있다.

예측된 평가 등급 = 전체 평균 + 영화 오프셋offset + 이용자 오프셋 + 이용자-영화 상호작용

이 방정식에서 처음부터 세 번째까지는 설명하기 쉽다.

- 모든 영화에 걸친 전체 평균 등급은 별 3.7개다.
- 각 영화마다 자신의 오프셋(출발선)이 있다. 〈쉰들러 리스트Schindler's List〉와 〈셰익스피어 인 러브Shakespeare in Love〉는 인기가 있어 오프셋 값이 양(+)이고 〈대디 데이 케어Daddy Day Care〉와 〈저지 드레드Judge Dredd〉는 인기가 없기에 오프셋 값이 음(-)이다.
- 이용자마다 오프셋 값이 다르다. 왜냐하면 어떤 이용자는 평균보다 더 비판적이거나 덜 비판적이기 때문이다. 블라디미르는 냉소적인 편이라 영화마다 평가를 박하게 하는 반면에(음의 오프셋), 도널드는 모든 영화가 좋다고 여겨서 평가를 후하게 한다(양의 오프셋).

이 세 항목은 한 특정한 이용자/영화 조합에 대한 기준 등급을 제공한다. 가령 〈나를 사랑한 스파이The Spy Who Loved Me〉(영화 오프셋 = 0.4)를 평가에 박한 블라디미르(이용자 오프셋 = -0.2)에게 추천한다고 해보자. 블라디미르의 기준 등급은 3.7 + 0.4 - 0.2 = 3.9일 것이다.

하지만 그것은 이용자-영화 상호작용을 무시한 기준선일 뿐이다. 이 상호작용이야말로 데이터 수학 및 과학이 본격적으로 활약하는 분야다. 이 상호작용을 계산하기 위해 우승팀은 '잠재 특성latent feature' 모형이라는 것을 세웠다('잠재 특성'이란 단지 어떤 것이 직접적으로 측정되지 않는다는 의미다). 잠재 특성 모형의 기본 개념에 따르면, 비슷한 영화들에 어떤 사람이 매긴 평가 등급이 패턴을 보이는 까닭은 등급이 그 사람의 잠재 특성과 전적으로 관련되어 있기 때문이다. 사람들의 잠재 특성은 이전 등급들로부터 계산할 수 있으며, 이를 바탕으로 아직 보지 않은 영화를 어떻게 평가할지 예측할 수 있다.

이 개념은 아래와 같이 여러 가지 다른 이름으로 등장한다.

- 자신의 직업과 교육에 관한 질문에 응답한 사람들은 잠재 특성인 '사회경제적 지위'에 따라 비슷한 대답을 내놓는다. 이것을 이용해 수입에 관한 질문에 응답자가 어떻게 답할지 예측할 수 있다. 사회학자들은 이를 '요인 분석factor analysis'이라고 부른다.
- 상원의원은 세금과 의료복지 정책을 정할 때 잠재 특성인 '이데올로기'에 따라 비슷하게 투표한다. 이것을 이용해 한 상원의원이 국방비 지출안을 두고 어떻게 투표할지를 예측할 수 있다. 정치학자들은 이를 '이상점 모형ideal point model'이라고 부른다.
- SAT 시험 응시자는 기하와 대수에 관한 질문에 잠재 특성인 '수학 실력'에 따라 비슷한 대답 패턴을 보인다. 이 패턴을 이용해 한 학생이 삼각법에 관한 질문에 어떤 답을 내놓을지 예측할 수 있다. 시험 고안자는 이를 가리켜 '항목-반응 이론item-response theory'이라고 부른다.
- 넷플릭스 가입자들은 잠재 특성인 '재치 있는 괴짜 코미디에 관한 친화성'에 따라 미국 텔레비전 시트콤 〈써티 록30 Rock〉과 〈못 말리

는 패밀리Arrested Development〉에 비슷한 평가 등급을 매긴다. 이를 이용해 가입자가 〈파크스 앤드 레크리에이션Parks and Recreation〉에 어떤 등급을 매길지 예측할 수 있다. 데이터 수학 및 과학자는 이를 가리켜 '이용자-기반 협업 필터링user-based collaborative filtering'이라고 부른다.

물론 넷플릭스 가입자들을 설명하는 데 딱 한 가지 잠재 특성만 있지는 않다. 수십 내지 수백 가지 특성이 있다. 가령 '영국 살인 미스터리' '등장인물 주도형의 적나라한 범죄 드라마' '요리 방송' '힙스터 코미디 영화' 등 무수히 많은 특성이 있다. 이 특성들이 거대한 차원 공간의 좌표축을 구성하는데, 각 이용자는 이 공간에서 자신의 고유한 선호 조합에 따른 위치를 차지한다. 〈명탐정 푸아로Poirot〉는 좋아하지만 〈나르코스Narcos〉의 폭력성은 참을 수 없다? 그렇다면 여러분은 영국 살인 미스터리 축에서는 +2.5에, 범죄 드라마 축에서는 -2.1에 위치한다. 〈로열 테넌바움The Royal Tenenbaums〉에는 열광하지만 〈더 그레이트 브리티시 베이킹 쇼The Great British Baking Show〉를 보면 꾸뻑꾸뻑 존다? 아마도 여러분은 힙스터 코미디 축에서는 +3.1에 위치하지만 요리 방송 축에서는 -1.9에 위치할 것이다.

이런 과정 전체와 관련해 가장 멋진 점은 그 축들을 정의하는 잠재 특성들이 미리 결정되어 있지 않다는 것이다. 여기서 잠재 특성들을 알아내는 역할은 AI의 몫이다. 이용자가 매긴 수천만 건의 평가 등급을 바탕으로 AI 시스템이 상관관계 패턴을 읽어내서 잠재 특성을 찾아내는 것이다. 사람인 평가자나 비평가가 아니라 데이터가 어떤 영상물들이 서로 어울릴지를 결정하는 셈이다.

미래는 확률에 달려 있다

드디어 AI 분야의 개인화 이야기를 마칠 때가 됐다. 종합해보면 조건부확률을 이용해 방대한 데이터 집합으로부터 찾아낸 가입자의 잠재 특성들이야말로 넷플릭스가 단순한 공급자에서 제작자로 변신하도록 만든 숨은 힘이었다. 아울러 이 잠재 특성들은 맞춤형 마케팅을 위한 가장 완벽한 도구, 즉 데이터, 알고리즘, 인간의 통찰력이라는 특별한 조합과 만나 디지털 경제를 만들어내는 마법의 묘약이 되었다. 이를 알아차린 넷플릭스 경영자들은 이 요소들을 이용해 텔레비전 영상물을 직접 제작하기로 했으며, 결코 주춤거리지 않았다.

콘텐츠 제작사로서 넷플릭스를 특별하게 만든 요인이 무엇인지 생각해보자. 주요 텔레비전 네트워크들과 달리 넷플릭스는 여러분이 몇 살인지, 인종이 무엇인지, 어디에 사는지에 개의치 않는다. 여러분의 직업도, 교육 수준도, 소득이나 성별에도 관심을 두지 않는다. 게다가 광고주가 무슨 생각을 하는지도 결코 신경 쓰지 않는다. 왜냐하면 넷플릭스에는 광고가 없기 때문이다. 넷플릭스는 여러분이 어떤 텔레비전 프로그램을 좋아하는지에만 관심이 있다. 여러분의 잠재 특성을 바탕으로 넷플릭스가 속속들이 알고 있는 내용이 바로 그것이다.

그런 특성 덕분에 넷플릭스는 가입자들을 수백 가지 범주에 따라 구분할 수 있다. 이 가입자는 드라마와 코미디 중 어느 것을 좋아하는가? 스포츠 팬인가? 요리 방송을 좋아하는가? 뮤지컬 영화를 좋아하는가? 등장인물이 많은 영화를 좋아하는가? 액션 영화를 한순간도 빼놓지 않고 보는가? 아니면 난폭한 장면이 나오면 빨리 감기를 하는가? 만화를 좋아하는가? 가입자의 감상 이력 패턴에 다른 모든 사람의 이력에서 파악해낸 패턴을 적용해 넷플릭스는 위의 각 질문(그리고 더 많은 수백 가지 질문)에 수학적으로 정확한 답을 내놓는다. 잠재 특성들의 정밀한 조합, 즉 거대한 다차원 유클리드 공간에서 가입자가 차지하는 아주 작은 구석자리를 이용해 가입자의 특별한 선호를 찾아내는 것이다.

바로 이 방법으로 넷플릭스는 세계 정상급 제작자들을 동원해 멋진 작품을 제작하는 사업 모델을 고안해냈다. 작품 중 일부는 특정한 부류의 소수 시청자들을 목표로 했다. 대표적인 예가 〈더 크라운The Crown〉이다. 이 작품은 엘리자베스 2세 여왕의 인생에 관한 호화롭고 다층적인 텔레비전 시리즈다. 2017년 기준으로 텔레비전 시리즈 역사상 최대 예산을 사용한 드라마로, 10편에 1억 3,000만 달러가 들었다. 그 예산에는 7,000벌의 시대 의상이 포함됐는데, 가장 유명한 것은 3만 5,000달러짜리 왕실 결혼 예복이다.

넷플릭스가 새 프로그램에 마치 술 취한 뱃사람처럼 돈을 쓴다는 소리로 들릴지 모르겠다. 하지만 정규 텔레비전 방송사들의 1년간 통계에 나오는 무지막지한 수치들에 견준다면 결코 낭비라고 보기 어렵다. 4억 달러를 들여 시범 작품 113편을 만드는데, 그중에서 고작 13편만이 시즌 2를 제작한다. 이렇게 별 인기 없는 프로그램에 수억 달러를 날려버리는 업계 사정을 볼 때, 연간 넷플릭스 이용료의 300

배 정도 드는 결혼 예복은 오히려 저렴한 편인 것 같다. 그러니 술 취한 뱃사람보다는 수정 공을 든 점쟁이라고 비유하는 게 낫겠다. 가입자들이 정확히 어떤 프로그램에 1억 3,000만 달러를 지불할지 넷플릭스 운영진들에게 알려주는 데이터 기반의 확률론적인 수정 공을 든 사람 말이다.

수치로 봐도 이런 접근법은 분명 통한다. 넷플릭스가 시청률 통계를 발표하지는 않지만, 그 성공을 가늠해볼 수 있는 한 가지 지표가 있다. 바로 수상 실적이다. 2015년에 넷플릭스는 텔레비전 네트워크들 가운데 여섯 번째로 많은 작품을 에미상 후보에 올렸다. 2017년에는 두 번째로 많았다. HBO의 110개 작품이 에미상 후보로 오를 때 넷플릭스는 91개로 뒤를 바짝 좇았다. HBO가 자기네 인기 프로그램인 〈왕좌의 게임Game of Thrones〉이 종영하면 무슨 일이 벌어질지 우려하는 것도 당연하다. 아마 넷플릭스 같은 스트리밍 서비스가 수상작을 싹쓸이하는 것은 시간 문제가 아닐까.

어쨌든 넷플릭스의 개인화 전략은 이미 디지털 경제를 주무르고 있다. 디지털 생활의 미래가 검색이 아니라 추천에 있다고 본다면, 그 미래는 또한 조건부확률에 달린 셈이다.

여러분이 이 이야기를 읽고 넷플릭스, 스포티파이, 페이스북과 같은 회사들의 바탕이 된 핵심 개념을 더 잘 이해할 수 있으면 좋겠다. 알고리즘에서 '개인화'란 바로 조건부확률을 의미한다는 개념 말이다. 아울러 이러한 현대의 시스템은 인류의 창의성이 지나온 구불구불한 역사적 경로에서 고작 한 발 앞으로 나아간 것임을 진정으로 이해하면 좋겠다. 그 길에서 우리는 분명 새로운 경이로움과 만나겠지만 또한 새로운 도전과도 맞닥뜨리게 될 것이다.

마지막으로 추천 엔진 이야기를 하나만 더 하고자 한다. 우리가 직접 겪은 이야기다. 2014년 여름 동안 공저자 중 한 명인 스콧이 벨기에 서부에 있는 이프르에 갔다. 그곳은 1차대전 초기에 전략적 요충지였다. 독일군과 연합군이 1914년 10월에 이프르 외곽에서 마주쳤다. 두 군대는 각자 참호를 팠고, 다음 시에서 엿볼 수 있듯이 몇 년간의 끔찍한 교착 상태를 이어갔다.

> 사내들은 졸면서 행진했네. 많은 사람이
> 전투화도 잃어버리고 피 흘리며 절뚝거렸네.
> 모두 절름발이가 됐고 눈이 멀었네. 피로에 찌들어
> 독가스탄이 살며시 내려앉는 소리도 듣지 못했네.
>
> _윌프레드 오언Wilfred Owen

1917년 이프르 3차 전투가 끝났을 때 거의 50만 명에 이르는 군인이 죽었고 도시는 쑥대밭이 됐다.

한 세기가 지난 뒤 재건된 이프르를 방문한다는 것은 뜻깊은 일이었다. 2014년에 스콧이 그곳을 찾았을 때, 도시 중심부에 설치된 야외 스피커에서 클래식 음악이 흘러나오고 있어서 더욱 뜻깊었다. 분위기가 근사했으며, 나오는 곡마다 익숙해서 듣기 좋았다. 그런데 느닷없이 현대의 베이스 소리가 끼어들었다. 처음엔 무슨 곡인지 알아차리기가 어려웠지만 가사를 들어보니 확실했다. 바로 저스틴 팀버레이크

Justin Timberlake의 2006년 히트곡 〈섹시백SexyBack〉이었다.

의도적인 선곡이었을 수도 있다. 이프르는 중세풍의 거리에 다시 활기를 불어넣었으며 전쟁 후에 멋진 벽돌로 건물들을 재건했으니까. 그렇기는 해도 클래식 음악들 가운데 그 음악이 낀 것은 이상했다. 그래서 스콧은 주위의 유적 지도를 구하러 관광 안내소를 들렀을 때, 책상에 앉아 있는 아름다운 플랑드르 여자한테 도시의 스피커에서 나오는 음악 중에 좋아하는 곡이 있는지 순진하게 물었다.

"아, 없어요." 여자가 가볍게 대꾸했다. "사실 우리는 그냥 스포티파이로 들어요."

무릇 최상의 추천 시스템이라도 가끔은 추천을 잘못할 때가 있는 법이다.

추천 시스템의 빛과 그림자

추천 시스템은 지난 10여 년 이래로 학계와 산업계를 망라한 AI 연구의 주요 분야였다. 그 흐름은 여전히 지속되는 중이지만, 우리가 지금 어느 위치에 있는지 살펴보면 좋을 것이다. 좋은 소식과 나쁜 소식이 있는데, 우선 나쁜 소식부터 전한다. 사람들은 이 기술을 텔레비전 시리즈와 음악처럼 재미있는 것을 추천하는 데만 쓰지 않는다. 가장 대표적인 예가 2016년 미국의 대통령 선거 몇 달 전부터 러시아 비밀요원들이 페이스북을 이용한 것이다.

넷플릭스가 인기 있는 것과 똑같은 이유로 페이스북은 광고주들한테 인기가 많다. 페이스북은 맞춤형 마케팅 기법에 통달한 회사다. 과거에는 회사가 대학생이나 학부모와 같은 집단에 접근하려면, 자사의 대상 고객이 관심을 가질 것으로 예측한 곳에 광고를 내놓아야 했다. 즉 대상 고객이 시청하는 채널, 구독하는 잡지에 광고를 걸어야 했다. 하지만 구체적인 개인을 상대로 광고할 수는 없었다.

반면에 오늘날의 광고는 레이저빔과 같다. 지금 마케터들은 놀라울 정도로 상세한 인구학 및 심리학 데이터를 바탕으로 임의의 고객을 향한 온라인 광고를 고안해낸다. 만약 여러분이 '젊은 전문직'과 같은 애매한 집단을 목표로 삼아 페이스북의 영업팀을 만난다면, 아마도 그 팀은 진짜로 원하는 목표 대상이 누군지 물을 것이다. 변호사냐 은행원이냐? 스포츠 팬이냐 오페라 마니아냐? 스테이크를 좋아하냐 샐러드를 좋아하냐? 샐러드라면 양상추를 좋아하냐 케일을 좋아하냐? 질문은 끝이 없을 것이다.

여러분이 광고 대상을 결정했다면 페이스북의 알고리즘은 정확히 어떤 이용자들을 목표로 할지 골라내고, 그 대상이 광고에 눈을 돌리기 가장 좋은 순간에 광고를 게재한다. 그렇기에 마케터들은 페이스북에 열광한다.

맞춤형 마케팅을 악용하는 사람들

하지만 2016년 미국 대선 시기에 많은 사람한테 경고등이 울렸다. 러시아가 페이스북의 맞춤형 광고 시스템을 교묘히 악용해 미국 유권자들의 분열을 조장한 것이다. 가령 '흑인의 생명도 소중하다Black Lives Matter, BLM' 시위가 벌어질 때였다. 러시아 요원들은 경찰 편에 선 페이스북 이용자들에게 경찰 장례식에서 성조기로 감싼 관의 사진이 담긴 광고를 보여주면서 이런 문구를 달았다. "BLM 시위대가 경찰에 잔혹한 공격을 저질렀다. 우리의 마음은 저 11명의 영웅들과 함께 있다." 그리고 보수적인 기독교 집단에게는 또 다른 이미지로 다가갔다. 힐러리 클린턴이 두건을 쓴 한 여성과 악수하는 사진 밑에다 아랍어 느낌이 나는 서체로 다음과 같은 문구를 달았던 것이다. "힐러리를 지지하라. 미국에 사는 무슬림들이여." 뉴욕 주민과 텍사스 주민들, LGBTQ(남녀 동성애자인 Lesbian과 Gay, 양성애자인 Bisexual, 성전환자인 Transgender, 성정체성 미결정자인 Questioner의 머리글자를 따서 만든 용어: 옮긴이) 옹호자와 전미총기협회National Rifle Association, NRA 지지자들, 참전용사들과 시민권 운동가들한테도 각기 다른 전략을 사용했다. 온정이라고는 없는 알고리즘적 효율성만 가지고서 그런 목표 대상을 정했다.[9]

추천 알고리즘의 미래는 우리에게 달려 있다

우리가 알기로 어느 개인, 정당 내지 직업군이든 외세가 SNS를 무기화해서 미국 선거에 영향을 끼치려 했다는 발상에 경악하지 않은 이들이 없다. 그리고 추천 시스템의 기반 기술이 러시아 자금과 정체성 정치identity politics가 빚어낸 이 지독한 사건에서 적어도 한 가지 재료였던 것은 분명하다. 하지만 누구나 인정할 만한 지점에서 한 발짝 물러나 보면, 질문은 훨씬 더 복잡해진다.

1. 그런 활동이 미국 대선의 결과를 바꾸었는가? 답을 알 수는 없다. 투표한 1억 3,880만 명 또는 집에 남았던 수천만 명의 의사결정 과정을 거꾸로 돌려 어떤 결과가 나왔는지 알아낼 수는 없기 때문이다.
2. 정치 성향이 (우파든 좌파든) 뚜렷한 미국인 배우가 비슷한 행동을 했다면 상황이 달라졌을까? 그래도 여전히 못마땅한 행동이라고 생각하거나, 페이스북이든 누구든 나서서 그런 짓을 못

하게 막아야 한다고 생각한다면, 여러분은 자신과 정치적 성향이 정반대인 사람에게 그런 행동의 정확한 한계선을 결정하라고 믿고 맡길 수 있겠는가?

3. 디지털 시대 기술이 레니 리펜슈탈Leni Riefenstahl(나치 선전 활동에 관여한 것으로 유명한 독일의 여성 영화감독: 옮긴이)과 라디오 같은 다른 선동 기술보다 더 효과적인가? 정확한 데이터를 바탕으로 한 매우 구체적인 디지털 광고는 얼마나 영향을 끼칠까? 만약 광고가 사람들의 마음을 전혀 바꾸지 못하고 사람들이 원래 지닌 소신대로 투표할 가능성이 더 크다면(이번에도 광고를 소비하는 사람은 미국인이라고 가정한다), 이는 민주주의에 좋은 일일까 나쁜 일일까?
4. 그러면 이제 정확히 뭘 해야 할까? 알고리즘이 분명 러시아 페이스북 사태를 조장하긴 했다. 하지만 기존 정치 문화와 광고 관련 법률, 특히 유료 정치 광고 또한 그런 역할을 한 것은 마찬가지다. 이런 종류의 사건이 재발하지 못하게 하려면 법적으로 어떤 대책을 마련해야 할까? 이 문제로 정치권에 경고를 날릴 뿐만 아니라 맞춤형 디지털 마케팅도 금지해야 할까?

이런 질문들의 답을 알진 못하지만, 두 가지 고려할 점이 있다는 것은 분명하다.

첫째, 사회는 인간의 통제에서 벗어난 기계 지능의 활약을 우려하지만 그럼에도 이 분야의 미래는 밝다. 그러니 추천 시스템을 책임감 있게 사용할 문화적이고 법적인 감독 체계를 만들어야 한다. 우리는 사람들이 기계를 전부 파괴하지 않고서도 최악의 기술 남용을 방지할 만큼 현명해질 수 있다고 낙관한다.

둘째, 21세기의 모든 시민은 AI와 데이터 과학에 관한 기본적인 사실을 반드시 이해해야 한다. 미국인들은 미국이 처음 세워질 때부터 상업적 표현이 누릴 수 있는 자유의 한계에 대해 논쟁해왔다. 하지만 오늘날의 논쟁은 토요일 아침 텔레비전에 나오는 설탕 덩어리 시리얼 광고를 둘러싼 논의 수준을 훨씬 넘어선다. 신기술을 이용해 아주 희한한 방식으로 진행하는 마케팅은 시리얼 광고 말고도 흘러넘친다. 그러니 법원과 입법 기관은 자신들이 이해하지 못하는 세부사항들을 '어렵다며' 내팽개치지 않아야 한다. 그리고 시민들도 관련 지식을 갖추고서 용기 있게 논의에 참여해야 한다.

추천 알고리즘이 우리에게 주는 미래

이제 추천 시스템과 관련해 좋은 소식들을 전할 차례다. 지난 십여 년 사이 개인화 연구에서 얻은 수학과 알고리즘 영역의 통찰은 과학과 기술의 다른 분야로까지 흘러들어가기 시작했다. 그러다 보니 좋은 소식들이 꽤 쌓여 있다.

환자중심 소셜 네트워크들을 둘러보자. 위장장애를 앓는 사람들을 위한 크로놀로지Crohnology, 외상후스트레스증후군을 앓는 군인들을 위한 티아트로스Tiatros, 다종다양한 여러 질환을 앓는 이들을 위한 페이션츠라이크미PatientsLikeMe 등이 그 예다. 이들은 페이스북과 마찬가지로 개인화 알고리즘을 바탕으로 운영된다.

환자는 자신을 치료와 생활방식 개선을 위한 추천에 쓰이는 주요 자원으로 여기며, 과학자는 그런 환자를 의료 관련 추천 시스템을 향상시킬 의료 데이터의 소중한 보고로 본다.

신경과학자들도 통계학적 도구를 점점 더 많이 이용한다. 덕분에 뇌의 정보처리 방식을 연구할 때 뉴런 수백 개의 활동을 한꺼번에 모니터링할 수 있게 됐다. 하드웨어의 발전에 힘입어 곧 수천 개가 넘는 뉴런도 동시에 모니터링할 수 있을 것이다. 데이터 집합이 점점 더 커져감에 따라, 신경과학자들은 넷플릭스 스타일의 잠재 특성 모형에 갈수록 더 의지한다. 그들은 특정 자극에 반응할 때 함께 발화하는 경향이 있는 뉴런 집단을 찾고 있는데, 이런 경향은 여러 사람이 같은 TV 시리즈를 좋아하는 것과 신경생리학적 등가물인 셈이다. 이런 연구를 통해 자폐증부터 알츠하이머에 이르기까지 우리 시대의 가장 대표적인 몇몇 질병에 대해 새로운 발견과 선구적인 치료법이 나올지도 모른다.

가장 흥미진진한 것은 암 연구, 특히 '맞춤형 요법'이라고 불리는 치료법 개발이다. 동일한 종류의 암에 걸린 환자들이라도 종양의 유전적 아형genetic subtype이 다를 수 있으며, 과학자들은 그러한 아형들이 같은 약에도 다르게 반응할 때가 있다는 사실을 알아낸 것이다. 오랫동안 암 연구자들은 상이한 종양 유형에 대한 유전 정보의 방대한 데이터베이스를 구축했고, 맞춤형 요법을 적용할 수 있는 패턴을 찾기 위해 데이터 과학자들과 협력했다. 예를 들면, 직장암의 60퍼센트는 KRAS 유전자(세포의 신호전달 경로에 관여해 세포의 성장, 성숙, 사멸을 조절하는 유전자: 옮긴이)의

야생형(돌연변이를 겪지 않은) 버전인데, 특정한 암치료제인 세툭시맙cetuximab은 이 종양에 효과가 있지만 KRAS 돌연변이 버전인 나머지 종양에는 효과가 없다.

매우 복잡한 패턴들도 있다. 그런 복잡성을 다루기 위해 과학자들은 잠재 특성 모형으로 점점 더 관심을 돌리고 있는데, 바로 대규모 추천 시스템을 구축하기 위해 지난 10년간 실리콘밸리에서 개발한 것과 같은 종류의 모형이다. 그 모형을 이용해 데이터를 분석하면, 왜 어떤 암 환자들은 특정한 약에 반응하고 다른 암 환자들은 반응하지 않는지 밝혀낼 수 있다. 암 연구자들이 환자들의 '유전자 프로파일링'을 이용해 맞춤형 치료법을 제공하게 되는 것이다.

실제로 2015년에 미국 국립암연구소National Cancer Institute의 과학자들이 잠재 유전자 특성을 바탕으로 미만성 거대 B-세포 림프종의 상이한 아형 ABC와 GCB를 발견해내고는, 이브루티닙ibrutinib이라는 약물에 각각 어떻게 반응하는지 임상실험을 실시했다. 먼저 과학자들은 림프종 환자 80명의 종양 샘플을 채취해 ABC 유형인지 GCB 유형인지 알아낸 다음, 모두에게 이브루티닙을 투약하고서 이후 몇 개월 그리고 몇 년 동안 진행 과정을 추적했다. 결과는 놀라웠다. 이브루티닙은 ABC 유형 환자들에게 7배나 잘 통했다(이 약은 최근에 고혈압을 유발하는 부작용이 있음이 드러났다. 하지만 혈액암 치료제로서 효과가 크기 때문에 계속 사용하고 있으며, 혈액암 환자의 경우 고혈압 유발 문제는 다른 방식으로 해결법을 찾도록 하고 있다: 옮긴이).[10]

새로운 암 치료약을 개발하고 실험하는 데에는 오랜 시간과 수십억 달러의 비용이 드는 까닭에 이 유전자 프로파일링 전략은 아직 걸음마 단계다. 하지만 이브루티닙 실험에서 드러났듯이 조건부확률은 암 연구에서 효과를 보이기 시작했으며, 전 세계의 연구소들은 새로운 맞춤형 치료제 개발에 박차를 가하고 있다.

[11]

수식 한 줄로 미래를 계산하기

패턴과 예측 규칙

우주의 크기를 재는 일부터 전력망, 암 진단, 오이 농사,

인공지능 번역기, 그리고 도난방지 카메라를 움직이는 원리는

뜻밖에도 모두 '별의 거리를 재는' 수학식에서 비롯되었다.

2017년 중국 베이징의 관리들은 한 가지 문제가 생겼음을 알아차렸다. 도심 한복판에서 중대한 범죄가 일어나고 있었던 것이다. 다행히도 범죄자들의 비행을 자세히 분석해보니 한 가지 패턴이 드러났다. 범죄자들의 주요 목표물이 천단공원이었던 것이다. 명 왕조 때 지어진 유서 깊은 건축물이 있는 그 공원은 중국인들에게 대단히 영적인 의미를 지닌 곳이기도 했다.

범죄자들의 행동은 매우 규칙적이었다. 이른 아침에 공원에 도착해서는, 운동을 하거나 노래를 부르려고 모인 노인들 무리에 섞여 목표물의 곳간이 가득 채워질 때까지 묵묵히 기다렸다. 오전 시간이 중반쯤 흐르면 범죄자들은 계획을 행동에 옮겼다. 근처 공중 화장실에 태연히 들어가 의심을 받지 않도록 1~2분 정도 얼쩡거렸다. 그러고선 비치된 화장실 휴지 두루마리를 모조리 빼내서 가방에 쑤셔 넣은 뒤에 버젓이 걸어 나왔다. 범죄자들은 화장실에서 바깥으로 빠져나오는 처음 몇 걸음 동안 가장 눈에 띄었다. 하지만 일단 사람들 속으로 섞이고 나면 무사히 집으로 돌아갔다.

갈수록 이 도둑들은 능수능란하고 대담해졌다. 결국 베이징 정부는 골칫덩이들을 잡으러 나섰다. 첫 번째 조치는 천단공원 근처의 모든 공중 화장실에 자동화된 화장지 뽑기 기계를 설치해, 한 사람마다 화장지를 정확히 60센티미터씩, 즉 6칸만 뽑아 쓸 수 있도록 했다. 하지만 도둑들은 두루마리 단위로 화장지를 훔칠 수 없다면 기꺼이 6칸씩 계속 뽑아 훔칠 위인들이었다. 도둑들은 줄지어 모든 공원 화장실을 하나씩 다니면서 자기들 몫의 화장지 분량을 모으고 다시 맨 처음 화장실로 돌아왔다. 그러고선 계속 이 과정을 반복했다. 마치 모든 화장지를 다 차지할 때까지 돌고 도는 일종의 화장지 절도 컨베이어벨트 같았다. 무방비로 두루마리 화장지를 비치해두던 시절보다는 화장지가 훨씬 느리게 줄어들었지만, 예산 면에서는 이전과 마찬가지로 끔찍한 상황이었다.

결국 화장지 뽑기 기계로는 그 도둑들을 막을 수가 없었다. 당국은 뽑기 기계를 대신해 인간 지능 방식, 즉 사람이 화장실을 지키는 방식을 써보려 했다. 하지만 시대적인 추세를 반영해 AI 방식을 도입하기로 결정했다. 그래서 카메라와 안면 인식 소프트웨어를 공원의 모든 화장실에 설치했는데, 그 장치에는 이른바 '심층학습' 알고리즘이 탑재되어 있었다.

오늘날 여러분이 천단공원 근처의 화장실을 이용하고 싶다면 반드시 이렇게 해야 한다. (1) 모자, 안경, 가이 포크스Guy Fawkes 마스크(영화 〈브이 포 벤데타V for Vendetta〉에서 주인공이 쓰고 있던 가면으로, 각종 시위에서 저항의 의미로 많이 사용되고 있음: 옮긴이) 등을 벗는다. (2) 인간으로서 소소한 품위를 지킬 수 있게끔 화장실 바깥에 설치된 카메라를 쳐다본다. 이때 소프트웨어가 여러분의 얼굴이 지난 9분 이내에 근처의 다른 화장실에도 있었다고 감지한다면, 아쉽지만 6칸의 화장지는 제공되지 않는다.

화장실에 AI를 장착한다는 것은 화장지 도둑 문제에 대한 해결책 치고는 극단적인, 어쩌면 아주 오싹한 방법인 것처럼 보일지 모른다. 충분히 예상할 수 있듯이 많은 사람이 프라이버시 침해를 문제 삼았고, 대기 줄이 길어지고 카메라가 고장 나거나 시스템이 신원을 확인하는 데 오류를 일으키는 등 많은 문제가 발생했다. 그럼에도 이 사례를 다루는 이유는 베이징의 방식을 인정해주자는 것이 아니다. 현대 사회의 단면을 부각시키기 위해서다. AI 기반의 패턴 인식이 오늘날 모든 곳에서, 심지어 화장실에서도 작동하고 있는 현실 말이다. 그러니 여러분이 현대 세계를 이해하고자 한다면, 어떻게 이런 시스템이 작동하는지 그리고 왜 이런 시스템이 데이터에 크게 의존하는지 이해하는 것이 도움이 되리라 본다.

컴퓨터는 어떻게 오이를 분류하게 됐나: 입력과 출력

사람들은 패턴 인식에 매우 뛰어나다. 가령 아주 어릴 때부터 사람들의 얼굴을 누군가와 일치시키는 법을 배운다. 그리고 뒤이은 교육 대부분은 아래의 예처럼 올바른 패턴을 적용하는 법을 가르친다.

- 말을 하려면, 소리를 올바른 의미와 일치시킨다.
- 글을 읽으려면, 쓰인 기호들의 열을 올바른 단어와 일치시킨다.
- 예의를 지키려면, 사회 규칙을 올바른 행동과 일치시킨다.

- 치료를 하려면, 몸의 증상을 올바른 진단과 일치시킨다.
- 데이터 과학자가 되려면, 데이터 집합과 그것을 분석하는 올바른 방법을 일치시킨다.

어떤 지식 분야든 간에 똑똑하다는 것은 많은 패턴을 안다는 의미다. 어떤 입력을 적절한 출력과 일치시켜야 하는지 아는 것이다.

패턴을 인식하는 존재는 사람만이 아니다. 가령 이 책의 공저자인 스콧은 사랑스럽고 작은 턱시도 고양이 마르코프와 같이 사는데, 주인이 짐을 챙기기 시작하면 자기가 곧 차 안에서 시간을 보내야 할 운명임을 알아차린다. 그런데 이 녀석은 차를 타고 멀리 가는 것을 싫어한다. 그래서 누구라도 옷장에서 더플백을 꺼내기만 하면, 즉시 침대 밑에 숨는다.

요즘에는 고양이와 사람뿐 아니라 컴퓨터도 패턴을 배울 수 있다. 앞에서 소개한 고이케 마코토는 AI의 패턴 인식 능력을 이용해 오이 분류 기계를 만들었다. 이 기계의 경우에 입력은 이미지고, 출력은 오이를 서로 다른 아홉 가지 등급으로 구분하는 결정이며, 패턴은 오이의 시각적 특징과 등급 사이의 관계다. AI 분야에서는 이런 작업을 '이미지 분류'라고 하는데, 어디에서나 사용된다. 베이징의 화장실에서는 도둑을 가려내기 위해, 페이스북에서는 태그가 되어 있지 않은 사진에서 여러분의 친구가 누구인지 알아내기 위해, 스위스 제네바에 있는 거대한 유럽원자핵공동연구소Conseil Européene pour la Recherche Nucléaire, CERN에서는 고에너지 물리 실험에서 얻은 이미지들로부터 아원자 입자들 사이의 충돌을 탐지해내기 위해 이미지를 분류

한다.

입력은 꼭 이미지가 아니어도 된다. 입력할 수 있는 종류는 무한하다. 왜냐하면 컴퓨터한테는 모든 입력이 그냥 숫자일 뿐이기 때문이다. 입력은 (디지털 개인 비서에게 하는 부탁을 해석하기 위한) 음파일 수도 있고, (누군가의 질병 취약성을 예측하기 위한) 유전자 배열일 수도 있으며, (스페인어로 번역하기 위한) 영어 문장일 수도 있다.

입력	출력
	지리 위치: 이탈리아 로마
	음성을 텍스트로: 오스-틴 브렉-퍼스트 타-코스
	이미지 분류: 핫도그/핫도그 아님
68°F/20°C, 습도 70퍼센트, 매우 화창함	수치 예측: 런던의 전력 소비가 2만 5,500메가와트시가 될 것이다.
"Buenos dias!"	번역: "안녕하세요!"(아침 인사)
"사느냐, 죽느냐 (…)"	저자 찾기: 셰익스피어

앞의 도표처럼 숫자 집합으로 표현할 수 있는 것이면 무엇이든 패턴 인식 시스템의 입력으로 사용 가능하다. 그러나 나중에 논의하겠지만, 입력을 숫자로 표현하는 방법이 명백한 것도 있지만 그렇지 않은 것도 있다.

이번 장에서 여러분은 이런 패턴 인식 시스템이 어떻게 작동하는지에 관해 핵심 개념 두 가지를 배우게 된다.

1. AI에서 '패턴'이란 입력을 예상되는 출력에 대응시키는 예측 규칙이다.
2. '패턴 학습'이란 훌륭한 예측 규칙을 한 데이터 집합에 맞추는 것이다.

여기에 약간의 수학이 개입되지만, 두려워하지 않아도 된다. 핵심 개념은 꽤 간단하고 아름다운데, 앞으로 우리의 설명을 들어보면 누구든 충분히 핵심 개념을 터득할 수 있다.

우선 짧은 예를 하나 살펴보자. 여러분은 웹사이트나 운동 고수한테서 다음과 같은 규칙을 들어봤을지 모른다. 어느 사람의 분당 최대 심장박동 횟수Maximum Heart Rate, MHR는 220에서 그 사람의 나이를 뺀 값이라고. 이 규칙은 다음 방정식으로 표현할 수 있다.

$$\text{MHR} = 220 - \text{나이}$$

이 방정식은 한 데이터 집합의 패턴을 수학적으로 기술해준다. 즉 최대 심장박동 횟수(출력)는 나이(입력)가 많아짐에 따라 느려지는 경향이 있다. 또한 이 방정식은 예측하는 방법을 알려준다. 가령 여러분이 서른다섯 살이라면 방정식의 나이에 35를 넣어 최대 심장박동 횟수를 예측할 수 있다. MHR = 220 - 35, 즉 분당 185번이 나온다.

AI의 예측 규칙도 마찬가지다. 입력과 출력 사이의 패턴을 기술해주는 방정식으로 예측을 한다. 일단 데이터 집합을 이용해 적절한 예측 규칙을 찾아내고 나면, 새로운 입력값을 만날 때마다 방정식에 대입해서 출력을 예측한다. 방정식 'MHR = 220 - 나이'에 여러분의 나이를 대입해 최대 심장박동에 관한 예측값을 얻는 것과 똑같은 방식이다.

여기서 약간의 용어 설명이 필요하다. AI에서 예측 규칙은 종종 '모형'이라고 일컫는다. 가령 '얼굴 인식 모형'은 이미지를 입력으로 받아서 사람의 신원을 출력으로 내놓는다. '기계 번역 모형'은 영어 문장을 입력으로 받아서 스페인어 번역 문장을 출력으로 내놓는다. 데이터를 이용해 적절한 예측 규칙을 찾는 과정은 종종 '모형 훈련시키기'라고 부른다. 여기서 '훈련시키기'라는 단어 때문에 우리는 운동을 할 때마다 몸이 점점 좋아지는 과정을 떠올릴 수 있는데, 실제로 AI 모형도 새로운 데이터가 축적될 때마다 예측이 점점 나아진다. 설령 우리는 운동하러 나설 수 없더라도 우리의 모형들은 그럴 수 있다.

하지만 많은 의문이 제기되기도 한다. 데이터 집합에서 모형을 훈련시킨다는 것이 무슨 의미인가? 한 모형을 다른 모형보다 낫게 만드는 요인은 무엇인가? 어떻게 그런 것을 컴퓨터한테 설명할 것인가? 즉 알고리즘이 데이터 집합 안에서 올바른 패턴을 찾도록 어떻게 가르칠 것인가? 컴퓨터는 오직 숫자로만 '생각'하지 않는가? 입력이 사람의 나이처럼 단순한 숫자가 아니라 이미지나 음파처럼 복잡할 때는 그 모든 과정이 어떻게 작동하는가? 이런 모형을 데이터로 훈련시킨다는 발상은 도대체 어디에서 생겼는가(AI를 더 깊게 이해하고자 하는 사람들에게 가장 벅찬 질문은 이것이리라)? 어떻게 이런 발상이, SNS, 암 치료, 오이 농사, 스페인어 번역, 화장실 그리고 전력망에 이르기까지 모든 분야에 깊숙이 자리 잡으면서 우리 삶에서 중심 역할을 하게 됐는가?

모든 것은 한 여성이 발견한 규칙에서 시작됐다

위 질문들에 답을 내놓기 위해, 먼저 예측 규칙이 어떻게 패턴을 표현할 수 있는지 보여주는 사례 하나를 살펴보자. 이 사례 속 패턴은 오늘날의 AI 패턴과 다르지 않으며, 나이-심장박동 횟수 관계 패턴보다 훨씬 더 흥미롭다. 사실 수천 년 동안 과학자들이 어느 한 질문에 답을 내놓는 과정에서 이 패턴의 도움을 받았다. 말하자면 이 패턴은 모든 시대를 통틀어 가장 위대한 지적인 성취를 일궈낸 요소라 할 수 있다. 그 질문이란 바로 이것이다. '우주는 얼마나 큰가?'

오늘날에는 호기심이 많은 사람이라면 웹 브라우저를 열어 허블우주망원경으로 찍은 환상적인 사진을 숱하게 찾을 수 있다. 충돌하는 은하들, 폭발한 별의 잔해, 태양 100만 개에 맞먹는 에너지를 가진 머나먼 퀘이사quasar 등의 사진이다. 하지만 겨우 한 세기 전의 천문학자들은 이런 경이로운 현상들을 거의 몰랐다. 그래서 당시의 우주는 훨씬 더 작은 장소였다. 1924년까지만 해도 우리은하, 즉 은하수가 우주의 유일한 은하이며 그 너머에는 오직 허공만이 존재한다고 주장할 정도였다. 20세기 초반이 지나서야 사람들은 놀라운 진실을 깨달았다. 우리가 사는 거대한 우주에는 1조 개의 은하들이 더 존재한다는 사실 말이다.

여기서는 이 위대한 발견의 핵심 요소 세 가지에 초점을 맞추겠다.

1. 고대인들도 본, 밤하늘의 설명할 길 없는 빛의 얼룩
2. 현대의 정교한 AI 시스템을 가능케 한, 패턴 인식에 관한 오래된 수학 원리
3. 그 원리를 이용해 우주의 크기를 재는 법을 알아낸, 잘 알려지지 않은 20세기 초반의 천문학자 헨리에타 레빗

위의 세 요소가 어우러진 이야기를 들으면 여러분은 우리 주위의 세계에서 어떻게 기계들이 패턴을 학습하는지 알 수 있을 것이다. 또한 그런 패턴을 이용해 어떻게 놀랍도록 정확하게 예측할 수 있는지 깊게 이해하리라 본다. 오이 분류든, 사진 속 친구가 누군지 알아내는 것이든, 베이징에서 화장지 도둑을 소탕하는 것이든 간에 말이다.

북쪽 하늘의 '안개 같은 얼룩'

1,000년도 훨씬 전에 예리한 관찰자들이 밤하늘에서 희끄무레한 작

은 빛의 얼룩을 발견했다. 별이 아니라 흐릿한 빛의 구름 같은 것이었다. 육안으로 볼 수 있는 가장 큰 것은 북쪽 하늘의 별자리인 안드로메다자리의 허리 부분에서 빛났다. 기원후 9세기에 페르시아의 천문학자인 압드 알라흐만 알수피Abd al-Rahman al-Sufi는 이 물체를 가리켜 '안개 같은 얼룩'이라고 불렀다.[1] 알수피는 그 정체가 무엇인지 알아낼 수 없었는데, 당시에는 어느 누구도 마찬가지였다. 1600년대에 망원경이 등장하자 '위대한 안드로메다성운'(지금은 은하임이 밝혀져서 공식 명칭이 안드로메다은하지만, 예전에는 은하인 줄 몰랐기에 안드로메다성운이라고 불렀음: 옮긴이)에 관한 수수께끼는 더 오리무중이었다. 천문학자들이 닮은꼴의 얼룩들을 새롭게 찾아냈기 때문이다. 그중 다수는 안드로메다성운처럼 뚜렷한 나선형이었다.

1800년대가 되자 천문학자들은 나선 모양의 작은 얼룩들을 '나선형 성운spiral nebulae'이라고 불렀다. 성운이라는 표현은 '안개'를 뜻하는 라틴어에서 따왔다. 이들을 두고 온갖 추측이 난무했다. 새로 태어난 별인가? 은하수 외곽에서 빛나는 가스 구름인가? 아니면 몇몇 사람이 주장한 것처럼 그 각각이 우리은하처럼 서로 다른 은하인가?[2]

나선형 성운이 '섬우주'(당시에는 은하를 이렇게 불렀다)라는 이 마지막 해석은 18세기와 19세기에 대단히 유행했다. 가장 유명한 주창자는 독일의 철학자 이마누엘 칸트Immanuel Kant였다. 하지만 직접적인 증거가 없었기에 대다수 천문학자는 '하늘에는 단 하나의 은하만 있다'는 가설을 고수했다. 학자들의 결론에 따르면, 그 나선들은 은하수 외곽에 자리 잡고 있으며 추측건대 새로 생기는 별들의 구름이었다. 별도의 은하라는 발상은 '허황할' 뿐 아니라 '그릇된' 것으로 간주

그림 2.1 나사의 은하진화탐사선Galaxy Evolution Explorer이 찍은 안드로메다은하의 영상. Courtesy NASA/JPL- Caltech.

됐다. 당대의 한 천문학 교재는 그런 개념을 너무 어리석기에 "일고의 가치도 없다"[3]라고 일축했다.

하지만 망원경의 성능이 더 향상되고 새로운 증거가 쌓이면서 몇몇 천문학자들은 별도의 은하라는 오래된 이론을 자신들이 너무 일찍 내팽개친 게 아닐까 의심하기 시작했다. 이런 생각을 지지해주는 한 가지는 천문학자들이 몇 주 내지 몇 달 동안 갑자기 보이다가 차츰 사라지는 신성nova, 즉 새로운 별을 발견하는 속도였다. 사실 신성은 수백 년 전부터 발견됐다. 하지만 1900년대 초반에 고성능 신형 망원경이 나오면서 천문학자들은 안드로메다성운 안에 우리은하의 나머지 부분에 있는 신성들을 다 합친 것보다 더 많은 신성이 보인다는 흥미로운 사실 한 가지를 알게 됐다. 만약 안드로메다성운이 단지 은하수 외곽에 있는 먼지구름일 뿐이라면, 어떻게 그럴 수 있을까? 우리은하의 한쪽 귀퉁이에 유독 신성들이 많은 이유는 무엇일까?

한편에서는 안드로메다성운이 얼마나 빠르게 움직이는지를 고민하는 사람들이 있었다. 1913년에 천문학자 베스토 슬라이퍼Vesto Slipher가 분광계를 이용해 안드로메다성운의 속력을 혼신의 노력 끝에 측정했다. 참고로 분광계는 구급차의 사이렌이 여러분에게 다가올 때는 고음으로 들리고 멀어질 때는 저음으로 들리는 원리, 즉 도플러 효과 원리로 작동하는 우주의 '스피드 건'이다. 슬라이퍼가 내놓은 계산 결과는 스스로도 믿지 못할 정도로 너무나 놀라웠다. 지구에서 볼 때 안드로메다성운이 초속 300킬로미터로 움직이고 있었던 것이다. 이는 은하수에 있는 다른 어떤 것보다도 20배쯤 빠른 속력이었다. 더 놀라운 사실도 밝혀졌는데, 다른 나선형 성운 대다수가 안드로메다성운보다 더 빨리 움직이고 있었다. 다수가 초속 1,000킬로미터로 움직이고 있었던 것이다. 슬라이퍼가 찾아낸 이 결과는 그동안의 논란에 종지부를 찍었다. 나선형 성운들이 우리은하 내부에 있다고 보기에는 너무 빠르게 움직이고 있었다.[4]

하지만 우리은하 외에 다른 은하들은 없다고 보는 학자들이 반박했다. 만약 안드로메다성운이 우리은하 크기의 은하라면, 다음의 두 가지 불가능해 보이는 결론이 나올 텐데, 이를 어떻게 설명할 것인가? 첫째, 안드로메다는 지구로부터 무려 수백만 광년이나 떨어져 있어야 한다. 그렇지 않다면 지구의 밤하늘에서 지금보다 훨씬 더 밝게 보여야 할 것이기 때문이다. 둘째, 그리고 설사 그게 사실이라고 해도, 안드로메다성운의 신성들 각각은 태양의 수백만 배에 달하는 에너지로 불타고 있어야 할 것이다. 그래야 아주 멀리 있는 우리 눈에 보일 수 있기 때문이다. 오늘날 우리의 과학 지식에 따르면, 이 두 가지 '불가능한 일'들은 실제 사실이다. 그러나 20세기 초의 천문학자들에게 다른 은하가 존재한다는 주장은 터무니없었다.

이런 상황에서 당시의 천문학자들은 그런 성운들을 어떻게 이해했을까? 어느 쪽으로든 결정적인 증거는 없었다. 그러니 천문학자들은 끔찍한 수렁에 빠지고 말았다. 작을까 아니면 클까? 우리은하 속 먼지구름일까 아니면 독자적인 새 은하일까? 이런 질문들은 더욱 심오한 다음 질문으로 이어질 수밖에 없었다. 과연 우주는 얼마나 클까?

일찍이 코페르니쿠스는 지구가 우주의 중심이 아님을 밝혀 인간을 초라하게 만들었다. 갈릴레오도 은하수가 별들의 거대한 무리임을 보여줌으로써 인간을 초라하게 만들었다. 여기에 우리은하가 혼자가 아니라고 주장해 인간을 한 번 더 초라하게 만들 것인가? 이 천문학의 '위대한 논쟁'은 1910년대와 1920년대까지 줄기차게 이어졌다. 누구도 다음 질문에 답을 할 수 없었기 때문이다. '안드로메다성운은 얼마나 멀리 있는가?'

별과의 거리를 어떻게 잴 수 있을까?

캄캄한 밤중에 불빛 없는 시골 도로를 자동차로 달린다고 상상해보자. 언덕 위의 정상에 다다르자, 앞쪽에 반짝이는 빛이 시야에 들어온다. 저 빛은 얼마나 멀까? 100여 미터 떨어진 집에서 나오는 희미한

불빛일까? 2킬로미터쯤 떨어진 도로에 있는 다른 자동차의 헤드라이트일까? 아니면 아주 멀리, 한 20킬로미터쯤 떨어진 계곡의 작은 마을에서 나오는 불빛일까?

지금 여러분은 천문학의 근본적인 문제와 마주쳤다. 여러분의 눈은 물체가 얼마나 밝아 보이는지만 감지할 뿐, 실제로 얼마나 밝은지는 알아채지 못한다. 가령 금성은 육안으로 보면 밤하늘에서 달을 제외하고는 가장 밝아 보인다. 한편 알파 센타우리Alpha Centauri는 금성보다 100배 어두워 보이지만, 그만큼 빛이 약해서가 아니라 지구에서 약 40조 킬로미터나 멀리 떨어져 있기 때문이다. 가까이서 보면 태양보다 더 밝은 별이다.

망원경도 똑같은 문제를 안고 있다. 별의 겉보기 밝기, 즉 여기 지구에서 우리에게 얼마나 밝아 보이는지만 잴 수 있을 뿐, 그 별의 진짜 밝기를 잴 수는 없다. 그렇기에 천문학자들은 하늘에 보이는 각각의 빛을 향해 똑같은 질문을 던질 수밖에 없다. 어둡지만 가까운 것일까 아니면 밝지만 먼 것일까?

여러분은 이런 질문을 할지 모르겠다. 만약 그렇다면, 알파 센타우리가 40조 킬로미터 떨어져 있음을 우리는 어떻게 안단 말인가? 그 답은 '시차視差'라는 유용한 패턴에 있다. 여러분도 수학적인 내용은 신경 쓸 것 없이, 직접 오른눈과 왼눈을 이용해 시차를 느껴볼 수 있다. 먼저 코앞에서 10센티미터쯤 떨어진 곳에 검지나 다른 손가락을 세운다. 그다음에 한쪽 눈을 감은 채로 손가락을 바라본 뒤 다시 다른 쪽 눈을 감은 채로 본다. 이렇게 한 눈씩 번갈아서 보면 손가락이 좌우로 이동하는 것처럼 보인다. 그런 겉보기 움직임이 바로 시차다.

패턴은 이렇다. 즉 손가락을 코에서 멀리 둘수록 눈을 좌우로 바꿀 때 손가락이 좌우로 이동하는 거리가 작아진다. 이 패턴을 수학 방정식을 통해 기술할 수 있다. 손가락의 겉보기 운동, 즉 시차와 코에서 떨어진 거리 사이의 관계식으로 말이다.

거리 = 1/시차

이 방정식에 따르면, 시차가 작을수록 거리는 커진다. 이런 사실은 삼각법을 이용해 유도할 수 있는데, 자세한 내용은 여러분에게 맡기고자 한다. 여기서 요점은 이 방정식이 최대 심장박동 횟수를 나이와 관련시키는 예측 규칙과 마찬가지로 '출력 = 입력의 함수'임을 보여주는 한 가지 사례일 뿐이라는 것이다.

천문학자들은 바로 이 오른눈/왼눈 놀이를 이용해 가까운 별들까지의 거리를 잰다. 구체적으로 말하자면, 반년의 시간 차를 두고서 같은 별을 찍은 2장의 망원경 사진을 이용한다. 천문학자들은 두 사진을 비교해 별의 시차를 재는데, 그렇게 찍으면 지구가 태양을 공전하는 궤도의 절반씩을 완주하기 때문에, 천문학자들의 왼'눈'과 오른'눈' 사이의 거리는 최대가 된다. 이 시차를 위의 방정식에 대입해 별까지의 거리를 알아내는 것이다.

하지만 시차/거리 패턴의 큰 단점을 꼽자면, 이 측량 줄자는 별로 길지 않다. 만약 한 천체가 약 300광년보다 더 멀리 있으면, 그 시차는 너무 작아서 제대로 측정할 수가 없다. 그런데 300광년은 은하 차원의 기준으로 보면 시차가 채 3센티미터도 되지 않는다. 심지어 나선형 성운에 관한 대논쟁이 치열하게 벌어지던 1900년대 초반만 해도 모두 은하수의 폭이 적어도 1만 광년은 된다고 인정했다. 그러므로 대논쟁의 양 진영 모두 어느 쪽이 옳든지 간에 안드로메다성운까지의 거리는 너무 멀어서 시차로 잴 수 없었다. 천문학자들은 거리를 재는 더 나은 방법이 절실했지만, 아무도 답을 내놓지 못하고 있었다.

그런 와중에 무명의 천문학자 헨리에타 레빗이 경이로운 발견을 했다. 레빗은 그때까지 천문학자들이 측정할 수 있다고 여겼던 것보다 훨씬 멀리, 수백만 광년의 거리까지 잴 수 있는 새로운 예측 규칙을 찾아냈다. 레빗이 발견한 것은 시차의 바탕이 되는 삼각법을 이용한 규칙이 아니었다. 데이터를 이용한 규칙이었다. 구글, 애플, 페이스북 등이 오늘날 자사의 패턴 인식 시스템을 만들려고 이용하는 것과 똑같은 원리를 적용한 것이었다.

레빗의 위대한 발견, 우주의 줄자

헨리에타 레빗은 우연히 천문학자의 길에 들어섰다. 1868년 미국 매사추세츠주 랭커스터의 한 대가족 집안에서 태어난 레빗은 1888년에 래드클리프대학교에 입학해 인문학을 공부하기 시작했다. 그러다가 대학교 4학년 때 천문학 수업을 들었다. 레빗은 그 과목을 아주 좋아했다. 결국 학부를 졸업하고도 계속 대학원에 남아 천문학 수업을 들었고, 하버드대학교 천문대에서 자원봉사자로 일하기 시작했다. 과학계로서는 다행이었다. 레빗은 능력이 특출했던 까닭에 금세 천문대 소장인 에드워드 C. 피커링Edward C. Pickering의 눈에 들었다. 소장은 레빗에게 수학 천재들의 모임인 '하버드컴퓨터스Havard Computers'에 들라고 권유했다. 전부 여성으로 구성된 그 모임에서는 주로 망원경에서 얻은 데이터를 분석했다. 참고로 컴퓨터라는 말이 계산 장치를 가리키기 훨씬 전에는 '계산하는 사람'이라는 뜻이었다.[5]

레빗의 주된 역할은 천문대가 대규모로 추진 중이던 '하늘 조사' 작업에서 별들의 밝기를 추산하고 목록화하는 일이었다. 그러려면 세계 최대 망원경들에서 얻은 수천 건의 자료 영상들을 나열해놓고 빛을 이루는 미세한 점들의 크기를 서로 비교해야 했다. 지루할 정도로 반복적이고 힘겨운 작업이었다. 당시는 지금처럼 영상들로부터 패턴을 자동으로 추출하는 알고리즘이 없었던 때라 더욱 그랬다.

하지만 레빗은 이런 허드렛일 중에도 한 가지 일에는 특별한 관심을 기울였다. 바로 맥동변광성脈動變光星, pulsing star을 찾는 일이었다. 맥동변광성은 밝기가 시간에 따라 매우 규칙적으로 변하는 별이다. 이 별은 밝아지다가 다시 어두워지기를 반복하는데, 이 과정은 시계의 작동처럼 주기적이다(그림 2.2 참고). 오늘날 우리는 맥동변광성이 태양보다 수천 배 더 밝으며, 그렇게 밝기가 변하는 이유는 여러분이 숨 쉴 때 움직이는 폐처럼 별의 대기가 팽창하다가 수축하기 때문임을 알고 있다. 하지만 레빗이 조사하던 당시에는 그 알쏭달쏭한 별의 실체가 거의 알려져 있지 않았다. 그래서 천문학자들은 그런 별에 매료되어 있었는데, 레빗 역시 맥동변광성과 관련된 데이터를 지속적으로 수집했다.

우선 레빗은 별 하나를 여러 날에 걸쳐 촬영했다. 그렇게 얻은 사진들을 확대경과 작은 자로 자세히 측정하면서 맥동변광성의 숨길 수

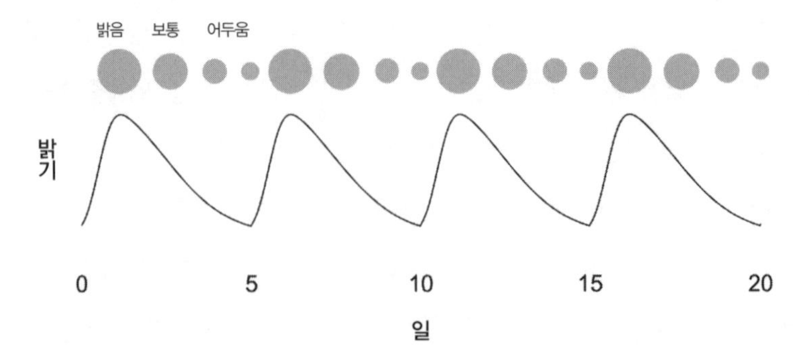

그림 2.2 한 맥동변광성의 밝기가 맥동하는 과정. 이 별은 밝다가 어두워지다가 다시 밝아지는 주기가 5.4일이다. 레빗은 맥동변광성의 주기가 밝기와 관련 있음을 발견했다. 즉 밝은 맥동변광성일수록 어두운 맥동변광성보다 수학적으로 예측 가능하게 더 천천히 맥동한다는 것을 알아냈다.

없는 특징을 찾았다. 바로 시간에 따라 반복적으로 빛의 점이 커지다가 작아지는 현상이었다. 수년 동안 이렇게 한 결과, 그전까지는 과학계에 알려져 있지 않던 맥동변광성을 1,777개나 발견했다.

1912년 레빗은 나중에 '세페이드변광성Cepheid variable'이라는 특별한 맥동변광성 집단으로 밝혀지는, 소마젤란성운의 25개 맥동변광성 무리에 초점을 맞추었다. 이 별들은 전부 동일한 성단에 속했다. 그래서 레빗은 이 별들이 지구로부터 전부 거의 똑같은 거리에 있다고 확신했다. 그리고 한 별이 더 밝아 보인다면 실제로 별이 있는 곳에서도 더 밝을 거라고 가정했다. 레빗은 25개 별 각각의 데이터를 두 가지씩 수집했다. 첫째는 맥동 주기, 즉 그 별이 밝다가 어두워지다가 다시 밝아지는 데 걸리는 시간이었다. 각각의 별은 저마다 고유한 주기가 있었는데, 짧게는 1.25일부터 가장 길게는 127일이었다. 둘째는 별의 밝기, 즉 그 별이 빛을 얼마나 많이 방출하는지였다.

레빗은 데이터를 그래프로 그렸다. 그림 2.3은 레빗의 원래 데이터를 이용해 우리가 나름의 방식으로 재구성한 그래프다. 각각의 점은 레빗이 다룬 25개 맥동변광성이다. 가로(X)축은 별의 맥동 주기를 나타내고 세로(Y)축은 별의 밝기를 나타낸다. 이러한 그래프는 데이터 집합의 패턴을 잘 드러내는데, 레빗의 그래프에도 맥동변광성의 주기와 밝기 사이에 두드러진 패턴이 있다. 즉 데이터 점들의 가운데를 연결하면 직선이 나온다. 레빗의 데이터 집합에서 가장 어두운 별들은 주기가 일日 단위고, 가장 밝은 별들은 주기가 월月 단위다. 주기가 길수록 더 밝은 이 패턴은 하나의 공식으로 기술할 수 있을 정도로 매우 규칙적이다.

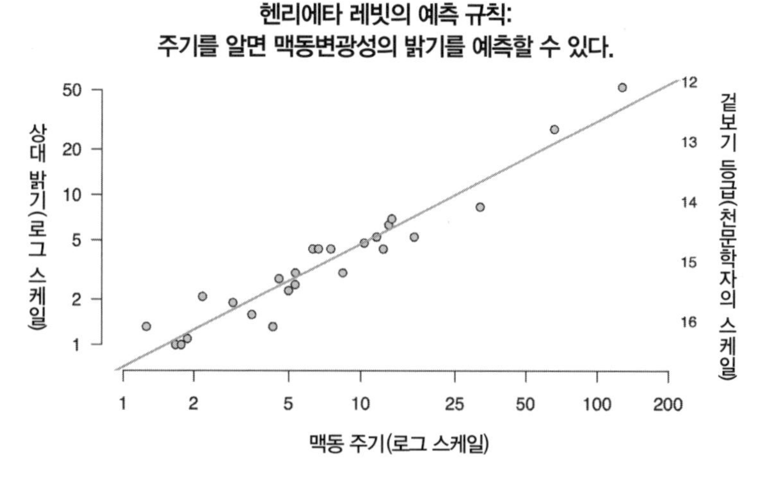

그림 2.3 레빗이 다룬 25개의 맥동변광성을 나타낸 1912년의 그래프. 맥동 주기와 밝기의 관계를 나타내는 직선 덕분에 천문학자들은 이전에는 상상도 할 수 없었을 만큼 멀리 있는 천체의 거리를 잴 수 있게 됐다.

이 선은 과학사에서 가장 중요한 직선 중 하나다. 왜 그런지 이해하고 싶다면 다시 한 번 어두운 시골 도로를 차로 달린다고 상상해보자. 거기서 여러분은 멀리 있는 빛을 하나 보지만 그 빛이 얼마나 멀리 있는지는 모른다. 이제 누군가가 그 빛이 비치기 시작하는 곳에서 얼마나 밝은지 알 수 있는 단서를 하나 준다고 가정하자. 그러면 여러분은 빛까지의 거리를 계산할 수 있다. 가령 그 빛이 60와트 전구의 빛이라면 분명 가까운 곳에 있다. 하지만 온 마을이 내뿜는 아주 밝은 빛이라면 아주 먼 곳에 있는 것이다.

다시 말해 거리의 비밀을 푸는 진정한 단서는 천체의 진짜 밝기에 관한 지식이다. 천체의 겉보기 밝기와 실제로 방출하는 빛, 즉 진짜 밝기를 알게 된다면 물리학 법칙을 이용해 그 천체가 얼마나 멀리 있는지 알아낼 수 있다. 그다음 계산하는 과정은 수학적으로 따분한 일이긴 하지만 개념은 단순하다.

천문학자들은 한 맥동변광성에 망원경을 맞춰서 겉보기 밝기와 맥동 주기를 측정했다. 그리고 별의 주기를 레빗의 공식에 집어넣어, 주기에 대응하는 진짜 밝기를 알아냈다(이것은 지나치게 단순화한 설명으로, 궁금한 사람은 주석을 참고하기 바란다).[6] 그 결과 별의 거리는 물론이고 근처에 있는 다른 임의의 별까지의 거리도 알게 됐다. 맥동변광성이 '표준 양초', 즉 밝기가 알려져 거리를 신뢰도 높게 측정할 수 있는 천체였던 것이다. AI 분야의 관점에서 보자면, 레빗이 예측 규칙을 발견한 셈이었다. '출력 = 입력의 함수'라는 간단한 공식을 사용해서 말이다.

레빗은 1912년 자신의 연구 결과를 고작 세 쪽짜리 논문에 발표했다. 다른 천문학자는 그 발견이 자신들이 간절히 찾고 있던 우주의 줄자임을 금세 알아차리고서, 재빨리 측정 도구로 이용하기 시작했다.

할로 섀플리Harlow Shapley라는 천문학자가 이 우주의 줄자를 이용해 가장 먼저 중대한 결과를 내놓았다. 섀플리는 은하수 안에 있는 여러 맥동변광성의 주기를 측정한 다음, 레빗의 예측 규칙에 대입해 각 별들의 진짜 밝기를 알아냈다. 그리고 이 결과를 이용해 거리를 계산했다. 그런데 이런 별들은 알고 보니 엄청나게 멀리 있었다. 셰플리의 발견에 따르면, 우리은하는 폭이 적어도 10만 광년이라는 결과가 나왔다. 누구도 상상하지 못했을 정도로 엄청나게 큰 수치였다. 더 충격적인 것은 코페르니쿠스의 지동설 모형에서 지구가 태양계의 중심이 아니었듯이, 우리의 태양 또한 결코 은하 중심부 근처에 있지 않다는 사실이었다.[7]

하지만 더 충격적인 사실이 남아 있었다. 바로 모든 시대를 통틀어 가장 유명한 과학자 가운데 한 명인 에드윈 허블Edwin Hubble이 발견한 사실이었다. 1919년 허블은 캘리포니아주 패서디나에 있는 마운트 윌슨천문대에서 일했다. 마침 그때는 구경 2.54미터의 후커망원경을 새로 설치해서 가동할 무렵이었다. 허블은 레빗의 예측 규칙을 염두에 두고서 나선형 성운에서 맥동변광성을 찾기 시작했다. 세계에서 가장 큰 망원경을 마음껏 사용할 수 있었으므로 그런 별들을 찾을 가능성은 매우 높았다. 각각의 맥동변광성은 일종의 신호기, 즉 표준 양초 역할을 했는데, 허블은 이 양초 별을 통해 그것이 속한 나선형 성운에서 지구까지의 거리를 계산했다.

허블의 꾸준하고 주의 깊은 연구는 결국 빛을 보았다. 1923년 10월

허블은 마침내 중대한 발견을 했다. 1,000년 전에 압드 알라흐만 알수피가 주목하고 그 뒤로도 줄곧 모든 천문학자를 곤혹스럽게 만든 그 '안개 같은 얼룩', 그러니까 안드로메다성운 안에서 맥동변광성 하나를 찾아낸 것이다. 허블은 그 별의 겉보기 밝기를 재서, 맥동 주기를 31.4일로 계산해냈다. 그리고 이 값을 레빗의 예측 규칙에 대입해 실제 밝기를 얻었다. 그다음에 실제 밝기와 겉보기 밝기를 둘 다 이용해 지구에서 안드로메다성운까지의 거리를 구했다.

계산 결과는 실로 놀라웠다. 안드로메다성운은 지구로부터 100만 광년 이상 떨어져 있었다. 우리은하로부터 한참 바깥에 위치했던 것이다. 게다가 그렇게 멀리 있는데도 지구에서 육안으로 볼 수 있으니 엄청나게 거대하다고 할 수 있었다. 이는 우리은하 바깥에 안드로메다성운 말고도 다른 은하가 무수히 많이 존재한다는 의미이기도 했다. 또 이 하나의 발견으로 우주 안에서 지구가 어디에 위치하는가에 관한 질문의 답이 나왔다. 수천 년 넘게 아무도 몰랐던 우주 안의 우리 위치가 마침내 드러난 것이다.

이후 허블은 맥동변광성 기법을 이용해 훨씬 더 많은 은하를 발견했다. 허블의 말을 직접 들어보자. "각각이 하나의 거대한 우주인 온전한 세계들이 온 하늘에 펼쳐져 있다. (…) 마치 해변의 모래알들처럼."[8] 오늘날 '허블 변광성 1' 내지 V1으로 알려진 별은 해변의 모래알 같은 별들 가운데 첫 번째로 찾은 안드로메다은하의 맥동변광성으로 역사에 이름을 남겼다. 그날로부터 수십 년이 흐른 1990년에 우주왕복선 디스커버리호가 허블우주망원경을 지구 저궤도에 올렸는데, 이때 아주 감성적인 것도 궤도에 함께 올렸다. 1923년에 허블이 처음

찍은 V1 사진이었다.[9] 바로 그 사진으로 허블은 온 세상에 이름을 알렸을뿐더러, 천문학의 향방까지 완전히 바꿔버렸다. 하지만 허블은 레빗의 어깨 위에 올라타고 있었기에 그 사진의 중요성을 알아차릴 수 있었다. 허블은 물론이고 모든 천문학자에게 우주의 크기를 재는 방법을 알려준 사람은 바로 헨리에타 레빗이었다.

예측 규칙: 방정식을 데이터에 맞춰라

레빗의 이야기는 이 장 끝에 다시 나온다. 지금은 이 여성 천문학자의 위대한 발견을 염두에 두고서, 이 장 서두에서 언급한 패턴 인식에 관한 두 가지 핵심 개념을 다시 살피도록 하자.

1. AI에서 '패턴'이란 입력을 예상되는 출력에 대응시키는 예측 규칙이다.
2. '패턴 학습'이란 훌륭한 예측 규칙을 한 데이터 집합에 맞추는 것이다.

레빗의 맥동변광성 덕분에 여러분은 패턴을 설명하는 데 예측 규칙이 얼마나 유용한지 알았을 것이다. 하지만 아직 몇 가지 질문거리가 남았다. 왜 어떤 예측 규칙이 다른 규칙보다 더 나을까? 그리고 상상력이라고는 없는 컴퓨터 따위가 어떻게 올바른 예측 규칙을 배울 수 있을까?

AI 분야에서 예측 규칙을 평가하는 기준은 단순하다. 그 규칙이 내는 오류(오차)가 평균적으로 얼마나 큰지다. 어떤 예측 규칙도 완벽할 수는 없다. 모든 입력을 그 입력과 정확하게 들어맞는 출력에 대응시킬 수는 없기 때문이다. 모든 규칙은 오류를 낸다. 하지만 평균적인 오류가 더 적을수록 더 나은 규칙인 것은 분명하다.

이를 이해하기 위해서 맥동변광성에 관한 레빗의 예측 규칙을 다시 살펴보자. 그림 2.4의 왼쪽 그래프에 레빗의 데이터와 원래 공식, 즉 한 맥동변광성의 밝기와 맥동 주기의 관계를 나타낸 직선이 나온다. 여기서 밝기의 기준은 천문학자들이 사용하는 이른바 '등급'이다. 역사적인 이유로 천문학자들은 골퍼들처럼 점수를 기록해왔는데, 여기서 숫자가 적을수록 더 밝은 별이다.

화살표가 가리키는 별을 주목해보라. 이 별은 맥동 주기가 약 2일이다. 이제 우리는 레빗의 규칙이 얼마만큼 벗어나는지 수직으로 그 점과 직선 사이의 거리를 재서 알 수 있다. 이 거리를 가리켜 '잔차residual' 또는 '재구성 오차reconstruction error'라고 한다. 이 별의 경우, 레빗의 규칙에 따르면 별의 등급이 약 16.1이라고 예측되는데, 실제로는 약 15.6이다. 따라서 재구성 오차는 0.5이다.

이제 다른 규칙을 살펴보자. 그림 2.4의 오른쪽 그래프가 그런 예다. 여기서 우리는 레빗의 직선을 조금 덜 가파르게 바꾸었다. 왼쪽 그래프에서 화살표로 표시한 별의 경우에는 오차가 실제로 작아졌다. 하지만 대다수의 다른 별들은 오차가 커졌다. 즉 레빗의 규칙은 우리가 바꾼 오른쪽 그래프보다 더 낫다. 평균적으로 레빗의 직선이 오른쪽 것보다 거의 2배나 정확한 것이다.

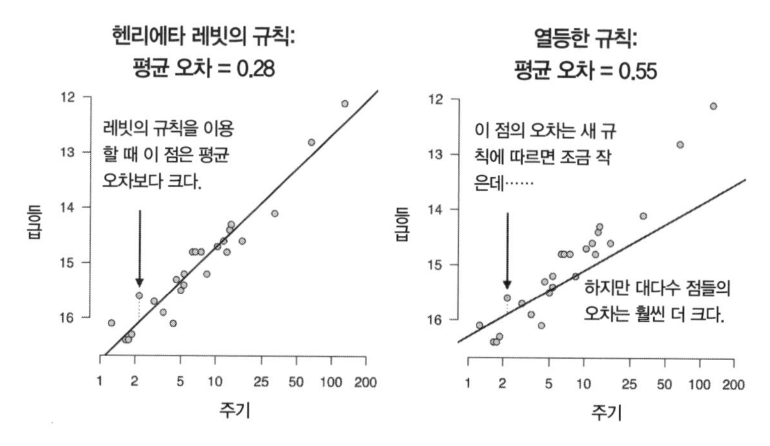

그림 2.4 레빗의 원래 직선(왼쪽) vs 데이터와 잘 맞지 않는 수정된 직선(오른쪽).

사실 레빗의 규칙은 최상의 규칙이다. 모든 직선 가운데서 평균 재구성 오차가 가장 작기 때문이다. 여러분이 그 직선을 원하는 대로 바꿔보면 일부 점들에 대한 오차는 더 작아질지 모르지만 그림 2.4의 오른쪽 그래프와 마찬가지로 분명 평균 오차가 더 커질 것이다. 그 이유는 레빗이 예측 규칙을 데이터에 맞추기 위해 '최소제곱법'이라는 수학적 처방을 따랐기 때문이다. 최소제곱법은 1805년에 프랑스 수학자 아드리앵 마리 르장드르Adrien Marie Legendre가 발표했는데, 이 원리를 통해 르장드르는 한 데이터 집합에 '최적의' 직선을 대응시키는 공식을 선보였다. 평균 재구성 오차를 최소화시키는 직선을 내놓은 것이다. 미적분 수업을 들은 독자라면 함수를 최소화하는 방법을 배웠을 것이다. 르장드르는 바로 그런 방법을 이용해 평균 오차를 최소화하는 예측 규칙을 찾아냈다(사실 르장드르의 해법은 평균적인 제곱 오차를 최소화한다. 이런 최소제곱법은 중요하긴 하지만, 기본 개념을

이해하기 위해서는 전혀 중요하지 않다). 이후 과학자들은 줄곧 그 공식을 이용해오고 있다.[10]

르장드르가 200년 전에 설명한 이 원리는 오늘날 가장 정교한 AI 시스템을 구축하는 데에도 쓰인다. AI의 예측 규칙은 레빗이 발견한 예측 규칙의 더 정교한 버전일 뿐, 결국에는 입력을 출력에 대응시키는 방정식에 지나지 않는다. 이 둘은 르장드르가 200년 전에 제안했듯이 한 데이터 집합에 관한 평균 재구성 오차를 최소화한다는 점에서 목표가 같다(지나치게 단순화시킨 설명이기는 하다. '과적합overfitting'이라는 사안에도 유념해야 하는데, 이는 나중에 다루겠다).

이 개념을 자세히 논의하기 전에 여러분에게 예측 규칙의 세 가지 예를 제시한다. 전부 스마트폰으로 다룰 수 있는 사안이다. 먼저 영상 인식 소프트웨어를 살펴보자. 업로드한 사진 속의 친구가 누군지 알아내는 페이스북의 소프트웨어는 단지 예측 규칙일 뿐이다. 입력은 사람 얼굴의 영상이고, 출력은 그 사람의 신원이다. 즉 어떤 얼굴 특징이 앞서 올라온 사진들 속의 어떤 이름과 일치하는지에 관한 패턴을 기술하는 방정식이 작동한다.

다음으로 구글 번역을 살펴보자. 이 또한 예측 규칙이다. 한 언어(가령 영어) 문장을 입력으로 받아서 다른 언어(가령 스페인어)를 출력으로 내놓는 것이다. 이 시스템을 작동시키는 것 역시 방대한 문장 데이터베이스에 걸쳐서 어떤 영어 문장이 어떤 스페인어 문장과 일치하는지에 관한 패턴을 기술하는 복잡한 방정식이다.

마지막으로 엘리나 베릴룬드 셰르빗슬Elina Berglund Scherwitzl 박사가 개발한 새로운 스마트폰 어플리케이션을 살펴보자. 힉스입자 발견에 보탬을 줬고, 지금은 새로운 피임 기술을 만들어 사업가로서 제2의 경력을 쌓고 있는 이 스웨덴 의사는 기존의 호르몬 피임법을 대체할 방법을 오랫동안 찾았다. 하지만 만족스러운 답을 얻지 못하고 있다가 어느 날 묘안을 떠올렸다. 그리고 셰르빗슬 박사는 의사직을 그만두고 남편인 라울 셰르빗슬Raoul Scherwitzl과 힘을 합쳐 임신과 관련된 오래된 지식에 데이터 과학을 적용하기 시작했다. 월경 이력을 추적해 배란 가능성이 가장 큰 날을 찾는 방법인 '월경주기법'에 데이터 과학을 접목한 것이다.

그런데 월경 주기에 따른 자연피임법은 월경 과정을 아주 꼼꼼하게 기록해야 한다는 문제가 있었다. 셰르빗슬 박사는 신뢰할 만한 기준으로 체온을 이용했다. 그날그날의 체온을 모아 월별로 정리하면 실제로 임신 가능성과 크게 연관시켜 활용할 수 있다. 이 점에 주목한 박사는 그날의 체온과 월경일을 입력하는 내추럴사이클스Natural Cycles라는 앱을 만들었다. 누구나 이 앱에 자료를 입력하면 할수록 자신의 주기에 잘 맞춘 예측 규칙을 얻을 수 있다. 여기서 입력은 특정일의 체온이고, 출력은 그날의 임신 가능성에 대한 예측값으로 스마트폰에 작은 신호등 형태로 표시된다(녹색은 섹스를 해도 좋다는 의미다). 월경 주기를 추적하는 다른 앱들이 많지만, 내추럴사이클스는 유럽연합에서 효과적인 피임법으로 인정한 첫 번째 앱이다. 임상실험에서 셰르빗슬의 앱은 피임약을 정해진 용법에 따라 복용할 경우와 거의 비슷한 효과가 있음이 드러났다(사실 피임약은 '완벽한 용법'이다. 제조사가 권장하는 용법을 따를 때는 훨씬 효과가 크다. 1년에 실패율이 고작 0.3퍼센트다). 그리고 2017년 중반에 이 앱 이용자는 30만 명이 넘었다. AI를 이용해 임신 여부를 선택하는 사람이 그렇게나 많아진 것이다.

미래를 계산하고 예측하는 시대의 도래

이 시점에서 여러분은 궁금한 게 생겼을지 모른다. 앞서 설명했듯이 AI에서 패턴 인식은 방정식을 데이터에 맞춘다는 의미다. 그리고 이 개념은 벌써 1805년에 나왔다. 그렇다면 혁신적인 발전은 왜 최근에야 일어났을까? 얼굴 인식부터 기계 번역, 나아가 AI를 이용한 피임법에 이르기까지 이 모든 패턴 인식 시스템이 왜 고작 지난 몇 년 동안에 생겨났을까?

그 이유는 이미지, 텍스트, 동영상 등의 대용량 데이터에서 나타나는 패턴이 복잡하기 때문이다. 레빗의 맥동변광성 그래프처럼 산포도 scatter plot(두 변수 x, y 사이의 변하는 관계를 나타내는 도표: 옮긴이)로 시각화할 수 있는 패턴보다 엄청나게 복잡하다. 그리고 이 패턴들은 직선의 방정식보다는 훨씬 어려운 방정식으로 기술된다. 이런 방정식들을 제대로 이해하려면 고용량의 컴퓨터 연산 능력과 아울러 많은 데이터가 필요하다. 기술 수준이 높아진 최근에 와서야 혁신적인 발전이 일어날 수 있었던 이유다.

AI의 혁신적인 발전은 데이터로부터 예측 규칙을 뽑아내는 데 신경망neural network을 이용하면서 이루어졌다. '신경망'이라는 용어는 뇌와 아주 밀접하게 관련된 것처럼 들리지만, 그렇게 세상에 알려져서 그럴 뿐이다. 여기서 말하는 신경망은 데이터의 복잡한 패턴을 기술할 수 있는 복잡한 방정식, 즉 입력을 출력에 대응시키는 매우 복잡한 시스템일 뿐이다. 우리가 신경망을 이용하는 이유는 그것이 인간의 뇌가 하는 일을 똑같이 해서가 아니라, 언어부터 영상 및 동영상에 이르기까지 광범위한 예측 과제들을 매우 잘 수행하기 때문이다.

이러한 성취를 가져온 네 가지 요인들을 자세히 살펴보자.

요인 1: 대용량 모형

이전에는 작은 모형들로 단순한 패턴들을 기술하는 예측 규칙을 만들었다. 곡괭이와 삽으로 데이터를 채굴하는 식이었다. 하지만 오늘날에는 대용량 모형massive model을 이용해 복잡한 패턴을 기술한다. 바퀴가 작은 집 크기인 채굴 트럭과 훨씬 더 큰 포크레인으로 데이터를 채굴하는 셈이다.

'대용량 모형'이 무슨 의미인지 이해하려면 여러분은 매개변수parameter 개념을 먼저 알아야 한다. 매개변수는 방정식의 한 수로, 데이터에 가장 잘 맞는 패턴을 얻기 위해 자유롭게 선택할 수 있다. 작은 모형은 매개변수를 몇 가지만 사용하는 반면에 대용량 모형은 많은 매개변수를 가진다. 가령 앞에서 나온 방정식을 예로 들어보자.

$$\text{MHR} = 220 - \text{나이}$$

이 방정식은 작은 모형이다. 왜냐하면 여기에는 매개변수가 단 1개이기 때문이다. 나이를 빼는 기준치 220이 바로 매개변수다. 기준치로 210이나 230 또는 다른 어떤 값이든 쓸 수 있지만, 220으로 해야 패턴이 데이터와 가장 잘 들어맞는다.

사실은 이보다 살짝 크면서 더 잘 들어맞는 모형이 있다.

$$\text{MHR} = 208 - 0.7 \times \text{나이}$$

208에서 나이와 0.7을 곱한 값을 빼면 최대 심장박동 횟수가 나온다. 이전 규칙은 매개변수가 1개뿐이지만, 새 규칙은 2개다. 바로 기준치 208과 '0.7 × 나이'인데, 매개변수의 값은 모두 데이터와 맞추기 위해 조정될 수 있다. 아래 그림은 성인 151명의 최대 심장박동 횟

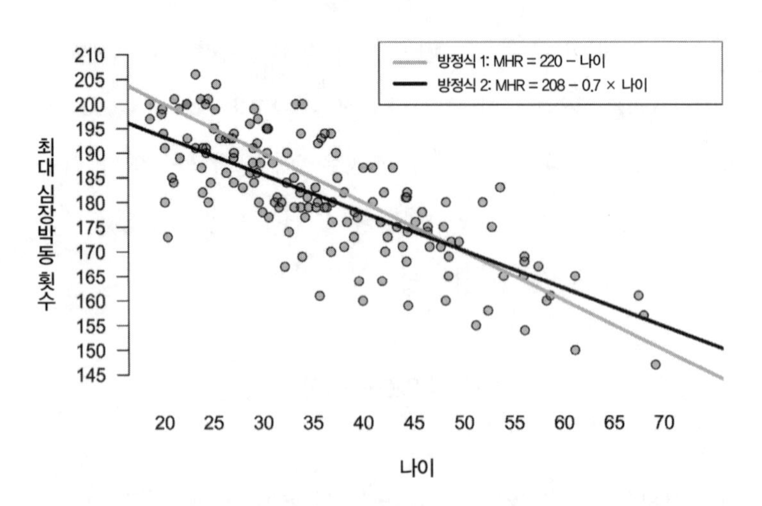

그림 2.5 나이로 최대 심장박동 횟수를 예측하는 두 방정식. 회색 선은 매개변수가 1개다. 반면에 검은 선은 매개변수가 2개인데, 결과적으로 데이터와 더 잘 들어맞는다.

수를 실험실에서 잰 값들의 산포도다. 그리고 '220 - 나이' 규칙이 회색 선으로, '208 - 0.7 × 나이' 규칙이 검은 선으로 그려져 있다. 운동 과학자들은 검은 선을 더 좋아한다. 왜냐하면 매개변수가 2개면, 그만큼 방정식을 조정할 수 있는 여지가 늘어나서 이전의 방정식보다 데이터와 잘 들어맞기 때문이다('MHR = 208 - 0.7 × 나이' 규칙은 1805년에 나온 르장드르 공식을 이용한 최소제곱법이다). 물론 어떤 사람은 계산하기 간단하다는 이유로 오래된 규칙을 사용할 것이다. 하지만 간단함에는 대가가 따른다. 최대 심장박동 횟수에 관한 예측이 매개변수 2개짜리 모형에서 나온 것만큼 정확하지 않다. 적어도 평균적으로는 그렇다.

이제 매개변수가 3개인 예측 규칙은 어떤지 살펴보자. 여러분이 미국의 온라인 부동산 정보업체인 질로Zillow의 데이터 과학자로서 집의 가격을 예측하는 규칙을 만든다고 해보자(영국에는 비슷한 업체로 주플라Zoopla가 있다). 우선 한 집에서 뚜렷하게 보이는 두 가지 특징, 예를 들면 집의 면적(제곱미터)이나 욕실 개수 등과 각 특징마다 붙는 '승수multiplier'를 가지고 다음과 같이 규칙을 만들어볼 수 있다.

가격 = 10,000 + 125×(제곱미터) + 26,000×(욕실의 개수)

집의 가격을 예측하려면 다음과 같은 세 단계를 따라야 한다.

1. 집의 면적(제곱미터)에 125(매개변수 1)를 곱한다.
2. 욕실의 개수에 26,000(매개변수 2)을 곱한다.

3. 1과 2의 결과를 더한 값에 기준치 10,000(매개변수 3)을 더한다. 이 값이 예측 가격이다.

그런데 꼭 집 면적이나 욕실 개수만 따져야 할까? 집에는 도심과의 거리, 마당의 크기, 지붕의 제작 연도, 벽난로 개수 등 가격에 영향을 미치는 다른 특징이 많다. 데이터 과학자들은 르장드르의 최소제곱법을 이용해 이 모든 특징은 물론 수백 가지 특징을 아우르는 방정식을 쉽게 구성할 수 있다. 질로 역시 그런 방식으로 집의 가격에 관한 예측 규칙을 만들었다. 각각의 특징은 저마다 승수가 있는데, 중요한 특징일수록 이것이 커진다. 왜냐하면 데이터로 알아낸 바에 따르면, 그런 특징이야말로 가격에 더 크게 영향을 끼치기 때문이다.

그 예측 규칙을 여기에 옮기면 끔찍하기 그지없는 세무 신고서처럼 보일 것이다. 하지만 컴퓨터를 쓰면 매개변수가 100개인 모형이라 하더라도 모든 계산을 일사천리로 해낼 수 있다. 그리고 AI 분야에서는 이보다 더 큰 것을 꿈꾼다. 매개변수가 몇백 개를 훨씬 넘어서는 모형을 목표로 하는 것이다. 가령 영상 인식 모형을 예로 들어보자. 기계한테 영상은 단지 픽셀(화소)일 뿐이고, 픽셀은 명도가 0에서 100퍼센트까지인 숫자에 지나지 않는다. 그런데 압축하지 않은 1메가픽셀(100만 화소) 영상에는 300만 개의 숫자가 관련되어 있다. 100만 픽셀 각각에 대해 빨강, 파랑, 초록 등 세 가지 색상이 끼어들기 때문이다. 그래서 300만 개의 특징이 존재하는 것인데, 이 특징들을 잘 활용할 수 있으려면 그만큼 많은 매개변수가 필요하다. 특히 앞에 나온 질로의 모형처럼 각각의 특징에 단 하나의 승수를 맺어주는 것이 아니라 좀 더 흥미로운 방식으로 특징과 매개변수를 묶어주려면 말이다 (AI 스타일로 말하자면, 이런 모형은 각각의 특징에 대해 단 하나의 승수가 붙는 질로의 모형과는 대조적으로 '비선형적'일 것이다).

바로 여기서 신경망이 등장한다. 2014년에 구글의 엔지니어들은 한 신경망 모형에 관한 논문 한 편을 발표했다. 레오나르도 디카프리오가 주연으로 나온 영화의 이름을 따서 '인셉션Inception'이라는 별칭으로 불린 이 신경망 모형은 영상을 자동으로 인식하고 식별했다. 성능 또한 놀랍도록 뛰어났다. 이전의 영상 인식 모형들은 사진 속의 물체가 개인지 아닌지 정도만 구별했다면, 인셉션은 사진 속의 개가 시베리안 허스키인지 알래스칸 말라뮤트인지 구별했다. 그 모형에는 38만 8,736개의 매개변수가 관여했으며, 그 모형을 이용해 예측해내는 데는 15억 번의 산술 연산이 필요했다. 단 하나의 입력 영상에 대해 '이것을 더하라' 또는 '이것을 곱하라'와 같은 사소한 단계를 15억 번 수행했다는 뜻이다. 비유하자면 매우 긴 국세청 세무신고서인 셈인데, 다행히도 2018년에 엔비디아Nvidia 그래픽카드(GPU)가 등장해 15억 번의 계산을 0.0001초 안에 할 수 있게 됐다.

요인 2: 대용량 모형에는 대용량 데이터 집합이 필요하다

그런데 구세대의 과학자들과 엔지니어들은 매개변수가 38만 8,736개인 구글의 인셉션과 같은 모형을 어리둥절하게 바라보거나 경멸의 눈빛으로 대하는 경향이 있다. 예를 들어 위대한 수학자 존 폰 노이만은 복잡한 모형을 비판하면서 이런 수수께끼 같은 말을 남긴 것으로 유명하다. "매개변수 4개로 나는 코끼리 한 마리를 표현할 수 있고, 5개로는 그 코끼리의 몸통을 씰룩거리게 만들 수 있다." 매개변수가 많은 모형은 '과적합'의 우려가 있다는 뜻이다. 과적합은 어떤 모형이 학습 데이터 안의 무작위적인 노이즈 신호만 기억하고 기본 패턴을 학습하지 못할 때 생긴다. 과적합 모형은 과거를 매우 정확하게 기술할지 모르나 미래를 예측하는 데는 서툴다.

과적합을 이해하고 싶다면, 텔레비전에서 미 대선을 놓고서 터무니없는 '지혜'의 말씀들을 쏟아내 한몫을 단단히 챙기는 정치 전문가들이 가장 좋은 예다. 다음은 그런 말씀의 한 예다. "참전 경험이 없는 현직 민주당원은 누구도 스크래블Scrabble(알파벳이 새겨진 타일을 보드판 위에 늘어놓아 가로나 세로로 단어를 만들면 점수를 올리는 게임: 옮긴이)에서 점수가 더 높은 이름을 가진 사람을 이긴 적이 없다(이 예는 멋진 웹툰 시리즈《위험한 과학책What If?》에서 나왔다)." 이 예측 규칙은 실제로 1996년에 '빌Bill' 클린턴이 '밥Bob' 돌을 이기기 전까지 미국 역사상 208년 동안 적중했다(스크래블 게임의 규칙상 Bill은 Bob보다 점수가 낮은 이름이다: 옮긴이). 그러나 미래를 예측하지 못한 과적합의 대표적인 예로 꼽힌다. 공교롭게도 과거에 치른 선거들의 복잡한 세부사항 수천 가지 중에서 보기 좋은 사실 한 가지만 골라 만든 규칙이기 때문이다.

따라서 예측 규칙을 데이터에 맞추려고 할 때, 과적합을 피하는 방법은 두 가지다. 첫째, 복잡한 설명을 거부하는 것이다. 이 해법은 물리학, 화학 등의 자연과학에 잘 통한다. 노이만이 '코끼리' 발언으로 옹호한 것이 이 관점이다. 노이만은 물질과 에너지의 보편적인 물리 법칙을 단순하게 설명하는 이론을 찾는 데 관심이 있었지, 코끼리라

든가 몸통 씰룩거리기처럼 우발적이고 자잘한 사항들에는 관심이 없었다. 하지만 '복잡한 설명 무시하기' 접근법은 AI에서는 전혀 통하지 않는다. 이 접근법을 토대로 만든 모형은 복잡하고 일반화할 수 없는 사실들을 기억하지 못한다. 그런데 우리가 데이터에서 찾고자 하는 패턴들, 가령 어떤 픽셀들의 조합이 '허스키'고 어떤 조합이 '말라뮤트'인지는 굉장히 복잡하고 구체적이며 특수하다. 매개변수가 2, 3개인 작은 모형이나 심지어 2,000~3,000개인 모형으로도 그런 패턴을 정확히 설명할 수 없다(사실 AI 모형의 설계자들은 '정규화'라는 수학 기법을 이용해 모형을 더 단순하게 만들려고 한다. 이 기법을 이용하면 과적합을 피하고 훌륭한 예측 규칙을 찾을 수 있다).

이제 우리는 두 번째 전략으로 눈을 돌릴 수밖에 없다. 바로 방대한 양의 데이터를 모으는 것이다. 많은 데이터는 많은 경험을 뜻하는데, 경험이 많을수록 복잡한 설명 가운데 나쁜 것은 빼고 좋은 것만 남길 수 있다. 이 해법은 미국 대통령 선거에는 통하지 않는다. 대선이 고작 56번밖에 없었기에 이 데이터만으로는 누가 대선에서 이길지 제대로 예측하기 어렵다. 반면 대량으로 존재하는 영상, 텍스트로부터 패턴을 추출하는 모형들에는 매우 잘 통한다.

노이만도 그 결과에 분명 감탄할 것이다. 그는 매개변수 4개로 코끼리 1마리를 표현할 수 있다고 생각했지만, 실제로 그렇게 하려면 38만 8,736개의 매개변수가 필요하다. 아프리카 사파리에서 찍은 사진들 속에서 코끼리 1마리를 식별해내는 데도 그렇게 많은 매개변수가 필요하다. 여기에는 아무런 마법도 없고, 수백만 내지 수십억 점들을 지닌 대용량 데이터 집합들이 관여할 뿐이다. 그런 대용량 데이터가 있어야 복잡한 모형을 만들어 복잡한 패턴을 과적합 없이 기술할 수 있다. 그리고 엄밀하게 말하자면, 노이만으로서는 매일같이 1억 개의 이미지가, 그것도 고맙게도 #사파리, #코끼리 같은 태그가 붙어서 인스타그램에 올라오는 세상이 올 줄은 꿈도 꾸지 못했을 것이다.

요인 3: 초당 100만 번 가능한 시행착오

1900년대 초에 헨리에타 레빗은 연필과 종이를 이용해 예측 규칙을 만들었다. 레빗이 규칙에 적용한 것은 1805년에 르장드르가 내놓은 최적 직선에 관한 수학 공식이었다. 그리고 2000년대 초반까지만 해도 대다수의 과학자는 여전히 사소한 변이들을 동일한 공식에 적용해 예측 규칙을 만들었다. 유일한 차이라고는 현대의 과학자들이 기계로 편리하게 계산한다는 점뿐이었다.

다시 말해 오늘날이라고 해서 예측 규칙을 만드는 별다른 수학 공식이 있지는 않다. 그저 구글의 인셉션과 같은 대용량 모형에 데이터를 제대로 맞추기 위해 점진적으로 시행착오를 겪을 뿐이다. 우선 어떤 예측 규칙에 관해 첫 추측을 내놓는다. 가령 녹색 배경 속에 보이는 모든 회색 형체를 사바나를 어슬렁거리는 코끼리라고 추측한다. 이 초기 규칙은 분명 틀릴 것이다. 하지만 데이터가 점점 쌓일수록 규칙은 정교해진다. 그리고 각각의 새로운 데이터에 대해 두 가지 질문을 던져볼 수 있다. 첫째, 나의 현재 모형은 각각의 데이터 점에 대해 오차가 얼마나 클까? 둘째, 오차를 줄이려면 모형을 어떻게 변형해야 할까? 현대의 컴퓨터는 이 두 질문을 매초 수천 내지 심지어 수백만 번 던지고 답을 내놓을 수 있다. 대용량의 데이터 집합을 이런 식의 무지막지한 컴퓨터 계산 능력에 맡기면, 여러분의 예측 규칙은 금세 엄청나게 개선된다. 녹색 배경 속에 보이는 회색 형체가 코끼리인지, 코뿔소인지 구별하게 되는 것이다.

오늘날에는 이러한 시행착오식 모형 조정을 어디에서나 사용하고 있다. 가령 소매업자들은 구매자가 온라인에서 무엇을 살지 결정하기 전부터 그 결과를 예측해낸다. 알리바바를 예로 들어보자. 알리바바는 2017년에 240억 달러의 매출을 기록한 중국의 전자상거래 대기업이다. 아마존처럼 여러분의 구매 물품을 빠르게 배달하겠다고 약속한다. 그런데 이 약속은 중앙 창고에서 배달을 시작해서는 지킬 수 없다. 그래서 알리바바의 물류기지인 차이냐오Cainiao의 데이터 과학자들은 AI의 대가답게 향후 며칠 내지 몇 주 동안 어떤 고객들이 어떤 물건을 원할지 정확히 예측하는 데 총력을 기울인다. 그리고 누군가가 결제 버튼을 누르기도 전에 모든 제품을 상하이든 광저우든 가리지 않고 지역 배송 센터로 보낸다. 이때 사용하는 방법이 바로 시행착오다. 대용량 모형들을 데이터 집합으로 학습시켜, 구매 패턴에 대한 예측을 조금씩 향상시키는 것이다.

AI 사업에서 시행착오를 거쳐 모형을 더욱 정교하게 만드는 과정은 '온라인 학습'이나 '확률적 경사 하강법Stochastic Gradient Descent' 등 여러 가지 명칭으로 불린다. 여기서는 이 전략을 성공시키는 데 필요한 내용들을 굳이 다루지 않을 것이다. 하지만 여러분이 AI 관련 공부를 하려고 대학원에 간다면 꼭 배워야 하는 내용이라는 사실만큼은 명심하자. 물론 '시행착오'를 알았으니 이미 핵심은 파악한 셈이다.

요인 4: 심층학습

대용량 모형과 데이터 집합의 크기 그리고 컴퓨터 속도와 더불어 예측 규칙이 극적으로 향상된 네 번째 요인이 있다. 바로 매우 복잡한 입력으로부터 유용한 정보를 추출해내는 방법이다. 만약 여러분이 '심층학습'이라는 용어를 들은 적이 있고 무슨 의미인지 궁금하다면, 아래의 설명에 귀 기울이면 좋을 것이다.

이 장의 서두에서 말했듯이 컴퓨터는 입력의 형태에 무지하다. 하지만 반만 맞고 반은 틀린 말이다. 미국 자동차 회사 포드를 설립한 헨리 포드Henry Ford는 다음과 같은 유명한 말을 남겼다. "(차를) 검은색으로만 만들면 포드자동차의 고객들은 원하는 어떤 색상으로든 차를 살 수 있다(검은색 자동차만 만들면 생산효율도 높아지고 차주가 색을 바꿔 칠하기도 좋다는 게 이유였다고 한다: 옮긴이)."

컴퓨터도 마찬가지다. 입력이 숫자인 한, 여러분이 원하는 어떤 형태로든 컴퓨터에 입력할 수 있다. 대다수의 AI 어플리케이션에서 가장 어려운 부분은 모형을 학습시키는 일이 아니라 '모형에 제공하는 입력을 숫자의 집합으로 어떻게 표현할 것인가?' 하는 문제다. 데이터 과학자들이 내놓은 답은 '특징 추출feature engineering'인데, 영상이나 영어 단어처럼 숫자가 아닌 입력으로부터 수치적인 특징을 추출하는 것을 의미한다.

지난 10년 동안 AI 전문가들은 '심층신경망Deep Neural Network'이라는 특수한 유형의 예측 규칙을 이용해서 특징 추출을 자동화하는 기술을 굉장히 향상시켰다. 앞서 봤듯이, 신경망은 많은 매개변수를 지닌 복잡한 방정식이다. 심층신경망은 이 개념의 변형으로서, 방정식이 특수한 유형의 입력으로부터 최대한 많은 정보를 추출하도록 구성된다.

영상을 예로 들어보자. 영상 픽셀의 경우, 여러 상이한 배열이 궁극적으로 똑같은 것을 의미할 수 있다. 회전, 이동 및 색상 변화는 영상의 픽셀들을 극적으로 바꿀 수 있지만 내용은 달라지지 않을 수 있다는 것이다. 가령 빨간 하트 기호는 한 영상의 왼쪽에 놓이든 오른쪽에 놓이든, 또는 몇 도 각도로 기울이든 아니든 의미가 변하지 않는다. 심지어 색깔을 바꿔도 똑같다. 1990년대 조 디피Joe Diffie가 부른 유명한 컨트리 음악의 가사 내용처럼, 젊은 농사꾼 빌리 밥이 물탱크 위로 올라가 애인 샬린에게 보내는 사랑을 담아 오직 존 디어 그린John Deere Green이라는 한 가지 색으로 3미터 크기의 대형 하트를 그렸다고 해보자.[11] 샬린은 빨간색이든 다른 색이든 훨씬 더 촌스러운 색이든 간에 하트를 하트로 읽는다. 하지만 픽셀을 곧이곧대로 해석하라고 프로그래밍된 컴퓨터는 쉽게 혼동을 겪을 수 있다. 그런 까닭에 특징 추출이 필요하다. 미가공 상태의 픽셀을 영상에 관한 유용하고 일반화할 수 있는 사실로 변환시켜야 하는 것이다.

심층신경망은 이 문제를 매우 영리하게 해결한다. 이를 설명하기 위해, 레빗의 연구 과정을 다시 상기해보자. 그녀는 여러 장의 사진에서 단 하나의 별을 추적해야 했다. 사진마다 그 별의 밝기를 재서, 맥동변광성의 전형적인 행동 방식대로 팽창과 수축을 반복하는지 여부를 살폈다. 그런 다음에는 그 별의 주기, 즉 한 번의 맥동 과정을 완성하는 데 걸리는 시간을 계산했다.

이 모든 작업을 할 때 레빗은 적어도 다섯 가지의 시각적 개념을 이용했는데, 그 각각은 아래와 같이 매우 추상적이면서도 연쇄적인 개념이다.

1단계 : 사진의 밝은 부분은 밤하늘의 빛을 나타낸다.

2단계 : 별은 어둠에 둘러싸인 빛의 점이다.

3단계 : 별의 밝기는 그 점의 크기와 세기다.

4단계 : 맥동변광성은 여러 사진에 걸쳐서 밝기가 규칙적으로 변하는 별이다.

5단계 : 맥동변광성의 주기는 밝을 때부터 시작해 어두워졌다가 다시 밝아지기까지 걸리는 시간이다.

1단계에서 5단계까지 순서대로 따라가면 숫자가 하나 나온다. 바로 맥동변광성의 주기다. 이것이 바로 특징 추출 과정이다. 그리고 이 추출된 특징을 예측 규칙에 입력으로 사용할 수 있다(앞서 봤듯이, 레빗의 맥동변광성에 관한 예측 규칙은 주기를 입력으로 하고 진짜 밝기를 출력으로 내놓는다).

레빗은 '5단계 심층신경망'을 사용한 셈이다. 5층 깊이의 위계를 갖는 일련의 시각적 개념들을 연쇄적으로 적용해 사진으로부터 유용한 특징을 추출해냈다(이것은 사진에 대해서만 그렇다. 동영상에서부터 텍스트에 이르기까지 각각의 입력에 대한 심층신경망 구조는 전부 다르다). 각각의 개념은 바로 앞의 개념에 의존한다. 가령 맥동변광성에 관한 4단계 개념은 2단계 개념(별)과 3단계 개념(밝기)에 따라 정의된다. 그리고 가장 최고 단계에 도달하면, 예측 규칙에서 입력으로 사용할 수 있는 특징(주기)이 도출된다.

이런 접근법 전체를 가리켜 '심층학습'이라고 하며, 최근까지는 학구적인 관심사에 머물렀다. 그러나 이제는 심층신경망이 어떤 분야에서는 사람을 능가한다. AI 전문가들은 이미지넷ImageNet이라는 데이터 집합을 이용해 자신들의 모형들을 벤치마킹한다. 이미지넷은 '돛단배'나 '알래스칸 말라뮤트'와 같은 수천 가지 범주에 걸쳐 수백만 장의 사진을 가지고 있는 온라인 데이터베이스로서, 목표는 한 모형이 영상을 자동으로 식별하도록 훈련시키는 것이다. 2011년 기준으로 인간은 이 과제에 평균 약 5퍼센트의 오류를 보인 반면에, 최상의 AI 모형들은 25퍼센트의 오류를 보였다. 그러나 2014년에 등장한 구글의 인셉션 모형은 오류 비율이 6.7퍼센트에 불과했다. 인셉션은 22층 심층신경망으로서, '원'과 '모서리'와 같은 간단한 개념부터 '돛단배'와 '말라뮤트'에 이르기까지 높은 수준의 시각적 추상화 과정을 처리한다(이 개념들은 전부 데이터 집합을 통해 유기적으로 학습한 것이다). 그리고 2016년이 되자 후속 모형들은 3퍼센트 미만의 오류 비율을 달성해 평균적인 인간의 능력을 뛰어넘었다.

고정관념에 관한 이야기를 하나 더 하면서 이 장을 마칠까 한다. 미국 대학교의 컴퓨터 관련 전공자들 중 고작 17퍼센트만이 여성인 현실에 특히 적절한 이야기다(이 비중은 지난 수십 년 동안 줄어드는 추세다).

앞서 봤듯이 허블은 우주의 표준 양초인 레빗의 맥동변광성에 관한 예측 규칙을 이용해 은하수가 우주의 유일한 은하가 아님을 최종적으로 증명해냈다. 이로써 천문학자들이 수백 년 동안 벌인 논쟁을 해결했고 세상에 자신의 발견을 알린 뒤 일약 명사가 됐다. 과학자들과 기자들은 허블의 관심을 받으려고 아우성이었다. 허블은 온갖 상을 휩쓸었으며, 영화배우들이나 고위직 인사들과 함께 어울렸다. 아인슈타인이 집으로 직접 전화를 걸었으며, 지구 궤도를 도는 큰 우주망원경에도 자신의 이름이 붙었다.

반면 레빗은 허블이 자신의 발견을 발표하기 4년 전인 1921년에 암으로 죽었다. 물론 남성 천문학자들은 모두 맥동변광성을 이용해 우주의 크기를 재는 방법을 알려준 레빗의 기념비적인 공식을 잘 알고 있었다. 하지만 아무도 레빗이 응당 받아야 할 영예를 표하지 않았다. 그 사람들 중 상당수가 보기에 레빗은 '단지' 계산기에 불과했다. 천문대에는 발을 들여놓을 수 없고, 남성 후원자가 있어야 저명한 학술지에 논문을 실을 수 있는 여성이었다. 대중들한테도 레빗은 익명의 존재일 뿐이었다. 오늘날에도 사정은 별반 다르지 않다. 2025년이 되면 분명 세계의 주요 신문이 허블의 발견 100주년을 대서특필할 것이다. 하지만 2012년에 레빗의 발견 100주년은 세계의 주요 천문학 학술지에조차 표제로 실리지 않았다.

레빗이 우리에게 베푼 은혜는 이런 취급을 받기에는 너무나 크다. 맥동변광성이 우주의 양초라면, 헨리에타 레빗은 그 양초를 꽂을 촛대를 만들어내서 우리에게 선물로 남겼기 때문이다. 밤하늘의 어둠 속으로 빛을 훤히 밝혀준 예측 규칙이라는 선물 말이다.

심층학습이 우리에게 줄 수 있는 것들

심층학습은 기계에 부여한 시각적 성능의 혁명이라 해도 과언이 아닌데, 그 핵심 개념과 기술은 모든 분야로 확산되고 있다.

- 스웨덴 양봉업자 비에른 라게르만Björn Lagerman은 심층학습 모형으로 꿀벌을 구하려고 한다. 이 모형은 4만 개의 벌 군집 영상들을 학습해, 서양 꿀벌의 천적인 '바로아 응애Varroa mites'(벌 유충에 기생하며 번식하는 진드기류: 옮긴이)의 존재를 양봉업자에게 경고한다.[12]
- 마크 존슨Mark Johnson과 존슨의 스타트업 데카르트랩스Descartes Labs는 4페타바이트(1페타바이트 = 1,000테라바이트: 옮긴이)의 위성 영상과 미국 농무부United States Department of Agriculture, USDA의 곡물 보고서로 심층신경망을 학습시켜서 곡물 수확량을 예측한다. 2014년 이래 줄곧 데카르트랩스는 USDA보다 더 나은 예측을 내놓았다.[13]
- 전력 회사들은 날씨 데이터를 이용해 전기 수요를 예측하는 모형들을 학습시킨다. 영국의 에너지 회사 내셔널그리드National

Grid는 이런 종류의 심층학습 모형들을 이용하면 수요와 공급의 균형을 더 효과적으로 맞춰 영국의 전기료를 10퍼센트까지 줄일 수 있다고 본다.[14]

심층학습이 밝혀낸 새로운 사실

지나데이비스미디어젠더연구소Geena Davis Institute on Gender in Media가 발표한 최근의 연구도 있다. 이 연구소의 연구원들은 2007년부터 영화에서 남성과 여성을 어떻게 다르게 묘사하는지에 관한 데이터를 모았다. 처음에 연구원들은 손으로 데이터를 분석했다. 오랜 시간을 들여 일일이 영화를 보고 장면별로 패턴을 찾는 방식이었다. 하지만 최근에는 업데이트한 구글의 인셉션 모형을 이용해 여러 해에 걸쳐 나온 100편의 흥행 영화들을 빠르게 분석했다. 이 모형은 심층신경망을 이용해 화면 속에 나오는 각 사람의 성별을 자동으로 구분할 뿐 아니라 특정 순간에 누가 말하는지도 기록했다.

결과는 충격적이었다. 여성이 남성보다 화면에 더 많이 등장하는 영화는 오직 한 장르였다. 바로 공포영화였다. 게다가 대부분 희생자였다. 다른 장르에서는 평균적으로 여성들의 등장 시간이 전체 상영 시간의 36퍼센트에 불과했고, 발화 시간은 전체 대화 시간의 고작 35퍼센트만 차지했다. 아카데미상 후보로 오른 영화들에서조차 평균 발화 시간이 27퍼센트였다. AI가 젠더에 관한 고정관념과 편견을 일깨워준 것이다.[15]

심층학습의 잠재적 위협은 어떻게 해결할 것인가

새로운 패턴 인식 알고리즘들로부터 받는 잠재적 혜택이 많다고 했지만, 이 때문에 생길지 모를 프라이버시 침해도 우려된다. 가령 공공장소 CCTV 카메라에서 얻은 화면을 모니터링하는 데 심층학습이 쓰일 수 있다. 경찰은 범죄 혐의가 있는 사람들을 추적하려고 늘 애써왔다. 편지를 몰래 뜯어 보거나 전화를 도청하거나 휴대전화의 메타데이터를 뒤지는 등 온갖 방법을 써왔다. AI 시대에 달라진 점이라면, 이론적으로 경찰이 모든 사람을 한꺼번에 모니터링할 수 있다는 것이다. 남용의 우려는 경찰에만 국한되지 않는다. 민간회사가 그 데이터를 이용하게 된다면, 우리가 무엇을 얼마나 오래 보는지에 관해 매우 정교한 데이터베이스를 구축할 수 있다. 정부 관료들 역시 모니터링한 데이터를 이용해 언론인이나 정적을 위협할 수도 있다.

특히 AI 얼굴 인식 기술은 위력적인 만큼 남용의 우려가 크기 때문에 철저히 규제를 받아야 한다는 주장이 나온다. 우리는 이 견해에 전적으로 동의한다. 지금 AI 기술과 법률 사이에는 매우 큰 간극이 존재하며 사회는 이 문제를 미루지 않고 당장 다뤄야만 한다. 규제가 주는 혜택뿐 아니라 잠재적 위협까지도 잘 이해하는 사람들이 얼른 똑똑한 법을 제정해야 한다.

한편으로 극단적인 입장에서는 현대 AI의 감시 능력에는 필연적으로 독재적인 측면이 있다고 말하기도 한다. 우리가 기술의 사회학 분야에서 전문가는 분명 아니다. 하지만 이런 주장을 뒷받침할 증거는 아직 보지 못했다. 게슈타포는 AI 없이도 첩보

기술을 완성했으며, 1950년대에 시민운동 단체를 염탐하던 FBI도 마찬가지였다. 오늘날에도 한 나라가 디지털 기술에 관여하는 것과 프라이버시 및 기본 인권을 존중하는 것 사이에 명백한 상관관계가 존재하지 않는다. 가령 스칸디나비아에는 세계에서 가장 엄격한 디지털 프라이버시 법률과 가장 발전된 디지털 경제가 동시에 존재한다(스톡홀름에서 현금으로 커피 값을 내려는 사람에게 행운이 있기를). 이런 사실들로 볼 때 AI 기술과 독재를 단순하게 연관시키기는 어렵다. 따라서 프라이버시에 관한 우려는 충분히 근거가 있지만, 우리는 똑똑한 법률가들과 정책 입안자들만 있다면 그 또한 해결할 수 있다고 낙관한다.

[III]

데이터의 홍수에서 살아남기

베이즈 규칙

질문: 자전거, 눈, 캥거루 그리고 잠수함의 공통점은?

답: 모두 자율주행차를 만드는 데 중요한 요소다.

자율주행차 센서는 보행자나 다람쥐 같은 생명체라면 아주 잘 식별한다. 그런 생명체들은 자동차보다 훨씬 느리게 움직이고 어느 각도에서 관찰해도 똑같아 보인다. 자동차야 굳이 말할 것도 없다. 어디서든 잘 포착되는 크리스마스트리처럼 빛을 내는 큼직한 금속성 물체니 말이다.

하지만 자전거는 어떤가? 자전거는 빠르거나 느리기도 하고, 크거나 작기도 하며, 재료가 금속일 수도 있고 탄소섬유일 수도 있다. 그리고 보는 각도에 따라 자동차처럼 폭이 넓을 수도, 책처럼 얇을 수도 있다. 그렇다고 자전거 타는 특이한 자세의 보행자로 구별해야 할까? 게다가 자전거는 방향을 획획 바꾸기까지 한다. 너무 변칙적이고 돌발적이다. 로봇한테 심각한 두통을 유발할 만하다.

눈雪도 골칫거리다. 마찰력을 감소시키기 때문이 아니다. 로봇은 스노타이어를 장착할 수 있을 만큼 똑똑한 데다 자신의 한계도 잘 알고 있다. 문제는 눈이 도로를 덮어 차선을 가린다는 데 있다. 눈은 정지신호도 잘 안 보이게 만든다. 자동차가 근처 사물과의 거리를 측정하는 데 쓰이는 레이저빔도 방해한다. 눈이 자율주행차의 감각을 박탈하는 것이다.

캥거루도 마찬가지다. 다른 생물들도 행동이 예측 불가능할 수 있지만, 적어도 땅에는 닿아 있다. 그러나 캥거루는 한 번에 10미터까지 점프한다. 위아래로 폴짝폴짝 뛰어다닐 때는 모습이 커졌다가 작아져 보이길 반복하는데, 만화경 속의 큰 토끼처럼 카메라의 시야 범위 안에서 커졌다 작아졌다 한다. 이런 모습은 자율주행차에 혼란을 안겨줄 수밖에 없다. 크기가 이렇게 급격히 바뀌는데, 캥거루가 얼마나 떨어져 있는지 어떻게 알 수 있단 말인가? 캥거루 거리 측정 전용 레이저 장치라도 있어야 할 판이다. 그것도 꽤 많이. 캥거루는 떼 지어 다니니까 말이다.

하지만 지금 자율주행차를 논의하는 이 자리에서 캥거루 무리가 왜 중요할까? 집 앞 진입로에서 캥거루를 쫓아내야 하거나 이웃집 거실에 캥거루가 뛰어든 것도 아닌데 말이다. 여기서 단순한 질문을 하나 해보자. 만약 여러분이 애인을 택시에 태워야 한다면, 무작위로 선정된 운전면허증만 달랑 있는 열여섯 살짜리한테 운전을 맡기겠나 아니면 웨이모 자동차에 맡기겠나(웨이모는 구글의 자회사로서 자율주행차 회사다)? 만약 이 질문에 선뜻 답하기 어렵다면, 아래 몇 가지 사실을 고려해보기 바란다.[1]

- 미국 10대의 56퍼센트는 운전 중에 전화 통화를 한다.
- 2015년에 자동차 사고로 2,715명의 미국인 10대가 사망했으며, 22만 1,313명이 응급실 신세를 졌다.
- 10대 운전자들이 일으킨 자동차 사고의 절반 정도는 단일 차량 사고다.

이와 달리 웨이모 자동차는 정신을 딴 데 팔지 않는다. 술도 마시지 않는다. 지치지도 않고, 눈앞에 집중해야 할 때 친구한테 문자를 보내지도 않는다. 2009년 이래로 공공 도로에서 약 322만 킬로미터 이상을 달렸는데, 사고는 단 한 번 일어났다. 시속 몇 킬로미터 속력으로 캘리포니아의 한 시내 버스와 가벼운 접촉사고를 낸 게 전부다(2018년 3월에 보행자가 자율주행차에 치여 사망하는 사고가 처음으로 일어났다: 옮긴이). 9년 동안 1.6킬로미터당 웨이모의 자기 책임 사고율은 16~19세 운전자의 사고율보다 40배 낮으며, 50~59세 운전자의 사고율보다는 10배 낮다. 게다가 그 차는 시제품이었다.

이러한 수치들을 통해 미래의 문화 규범을 선명하게 예측할 수 있다. 즉 미래의 우리 후손들은 열여섯 살짜리에게 자동차 운전을 허용한다고 하면 오늘날 우리가 조부모님이 마티니 4잔을 마신 뒤에 안전벨트도 매지 않고 집으로 차를 몰고 돌아왔다는 이야기를 들을 때와 똑같이 반응할 것이다. 그렇다면 미래에 자전거와 눈 그리고 캥거루 문제는 어떻게 될까? 셋 다 공학적인 문젯거리일 뿐이다. 가까운 미래에, 어쩌면 여러분이 이 책을 읽을 때쯤 똑같은 방법으로 해결되어 있을 것이다. 바로 더 나은 데이터로 말이다. AI에서 데이터는 물과 같다. 어디에서나 쓰는 용매인 셈이다.

사실 자율주행차를 연구하는 데이터 과학자들과 어울리다 보면 불현듯 이런 질문을 떠올리게 된다. 지금 캘리포니아에서 막 태어난 사람은 과연 나중에 운전면허증을 딸 필요가 있을까?

로봇은 어떻게 작동하나요? 수학으로 합니다

1950년대에 가장 최첨단 로봇은 테세우스Theseus였다. 벨연구소Bell Lab의 클로드 섀넌Claude Shannon이 만든 실물 크기의 자동 쥐로서, 전화 중계 장치를 써서 구동했다. 고대 그리스신화의 영웅인 테세우스는 미노타우로스를 죽이기 위해 미로에 뛰어들었다. 자동 쥐 테세우스의 목표는 소박했다. 탁자 위에서 25칸의 격자로 이루어진 미로 안으로 들어가 치즈 한 덩이를 찾는 일이었다. 테세우스는 처음에 치즈를 찾을 때까지 이리저리 헤매고 다녔다. 그러나 마침내 한 번 치즈를 찾은 뒤에는 미로의 어디에서 출발해도 실수 없이 치즈를 찾아냈다.[2]

1960년대와 1970년대에는 스탠퍼드 카트Stanford Cart가 있었다. 작은 자전거 바퀴 4개와 전기 모터 1개 그리고 1대의 텔레비전 카메라가 장착된 마차 크기의 차량이었다. 처음에 카트는 엔지니어들이 지구에서 달에 있는 탐사용 차량을 조종할 수 있을지 연구하기 위한 시험용 차량이었다. 하지만 곧 스탠퍼드 AI 연구소의 로봇공학 학생들이 자동주행을 연구하기 위한 플랫폼으로 변신했다. 1979년이 되자 다년간의 업그레이드 끝에 카트는 의자가 잔뜩 놓인 실내에서 5시간 동안 사람의 개입 없이 돌아다닐 수 있었다. 당시로서는 대단한 성과였다.[3]

오늘날에는 어떨까? 자율주행차가 시범적으로 길거리를 다니고 있다. 자동으로 비행하는 택시도 있는데, 2017년 9월부터 두바이 정부가 시험 비행을 하고 있는 것이 그 예다. 호주의 오지 한가운데서 리오 틴토Rio Tinto가 운영하는 자동 철광산도 있다. 그리고 중국 칭다오

항구에 자동화된 선적 터미널이 있다. 여기에는 2킬로미터의 해안선에 걸쳐 엄청나게 큰 정박소가 여섯 군데나 있는데, 1년에 520만 개의 선적 컨테이너를 취급하고 수백 대의 로봇 트럭과 크레인이 작동하고 있으며, 사람은 전혀 운전에 관여하지 않는다.[4]

데이터 과학 수업 시간에 학생들한테 가장 많이 듣는 질문 중 하나가 있다. "로봇은 어떻게 작동하나요?" 우리는 이 질문에 멋지게 답하고 싶지만 애석하게도 그럴 수가 없다. 첫 번째 이유는 질문에 답하려면 아주 많은 세부사항을 설명해야 하는데, 그걸 다 다루려면 방정식이 수두룩한 두툼한 책 한 권으로도 부족하기 때문이다. 게다가 많은 세부사항이 아직 공개되지 못했다. 가령 웨이모는 그런 세부사항 중 일부를 훔쳐갔다는 이유로 우버에 18.6억 달러 규모의 소송을 걸었다. 이 글을 쓰는 시점까지 소송 결과는 아직 나오지 않았다(1년 간의 분쟁 끝에 두 회사가 합의하는 것으로 소송이 끝났다: 옮긴이).[5]

하지만 여러분이 보잉 787을 만드는 법을 모르더라도 비행기가 공중에 어떻게 떠 있는지에 관해서는 배울 수 있다. 마찬가지로 여러분이 자율주행차를 직접 설계하지는 못한다 해도, 자율주행차가 주위 환경 속에서 주행하는 법을 이해할 수는 있다. 앞서 배운 조건부확률에 관한 지식을 바탕으로 말이다.

그러기 위해서 단순하고 어린애나 할 법하지만 모든 자동화 로봇에 있어 근본적인 질문부터 시작하자. 걷든, 운전하든, 비행하든, 철광석을 캐든, 우리를 식료품점에 데려가든, 쥐의 크기든, 컨테이너선의 크기든 모든 로봇에는 이 질문이 필요하다. 사실 이 질문은 너무나 중요해서 수없이 거듭 질문하고 답해야 할 성질의 것이다. 질문은 이렇

다. '나는 어디에 있는가?'

AI에서 이것을 가리켜 SLAM 문제, 즉 '동시적 위치 인식 및 지도 작성Simultaneous Localization and Mapping'이라고 한다. 여기서 '동시적'이라는 단어가 핵심이다. 사람이든 로봇이든 간에, 자기가 어디에 있는지 안다는 것은 다음 두 가지를 한꺼번에 한다는 뜻이다.

1. 낯선 주위 환경에 대해 마음속 지도 작성하기
2. 그런 주위 환경 안에서 나의 위치 추론하기

이것은 닭이 먼저냐 달걀이 먼저냐 따지는 것과 같은 문제다. 주위 환경에 대한 믿음은 여러분의 위치에 달려 있지만, 여러분의 위치에 대한 믿음 또한 주위 환경에 달려 있기 때문이다. 어떤 하나도 다른 하나와 분리해서는 알아낼 수 없기에, 논리적으로 둘을 동시에 추론하기는 불가능할 듯하다. 여러분이 뉴욕에 가본 적이 없는데 타임스퀘어에 가야 하는 상황이라고 가정해보자. 이때 우리가 여러분에게 길을 알려주면서 펜스테이션에서 북쪽으로 한 정거장을 더 가야 한다고 말한다. 그러자 여러분은 펜스테이션이 어디냐고 묻고, 우리는 타임스퀘어에서 남쪽으로 한 정거장 거리에 있다고 대답한다. 자, 이제 여러분은 지도 없이 펜스테이션과 타임스퀘어를 찾아야 한다. 바로 이것이 SLAM 문제다.

여러분의 생각은 다를지 모르겠지만, 사실 여러분은 낯선 공간에 들어설 때마다 아무런 의식적 노력 없이 SLAM 문제를 풀 수 있다. 신경과학자들은 해마에 있는 매우 특수하고 계통발생학적으로 오래된 두뇌 회로가 관여한 덕분이라는 사실은 밝혀냈지만, 이러한 인지적 기적에 관한 비밀을 완전히 풀어내지는 못했다. 그리고 이 능력은 진화를 통해 정교해진 다른 여러 능력과 마찬가지로, 역설계하기가 매우 어렵다. AI에서는 이 현상을 가리켜 '모라벡 역설Moravec paradox'이라고 한다. 다섯 살배기한테 쉬운 것이 기계한테는 어렵고, 반대로 기계한테 쉬운 것이 인간한테는 어려운 상황이 바로 모라벡 역설이다(로봇공학의 선구자인 한스 모라벡Hans Moravec의 이름을 딴 명칭이다).

오늘날 자동화 로봇이 혁신적으로 발전한 까닭은 오로지 SLAM 시스템에 쏟아부은 모든 연구 노력이 결실을 맺었기 때문이다. 로봇은 의자를 움직이는 일에서 출발해 지금은 차량을 움직이고, 실내를 5시간 동안 돌아다니는 일에서 시작해 지금은 초당 5기가바이트의 센서 데이터를 처리한다. 그리고 25칸 격자 미로를 돌아다닐 수 있는 자동 쥐에서 이제는 고속도로 수백만 킬로미터를 주행할 수 있는 자율주행차로 성장했다. SLAM이야말로 AI의 가장 극적인 성공 이야기 중 하나다. 따라서 이 장에서 우리는 SLAM과 관련된 두 가지 질문을 하려 한다. 하나는 충분히 예상 가능한 질문이고, 다른 하나는 조금 뜻밖의 질문이다.

1. 자율주행차는 자신이 어디에 있는지 어떻게 알까?
2. 자율주행차처럼 생각하면 더 똑똑한 사람이 될 수 있지 않을까?

이 질문들에 대한 답은 베이즈 규칙Baye's rule(베이즈 정리)과 관련이 있다. 베이즈 규칙은 자율주행차가 자신이 도로상에서 어디에 있는지 알게 해준다. 그리고 그보다 훨씬 더 많은 것도 알려준다. 베이즈 규칙은 과학과 산업의 거의 모든 분야에서 일상적으로 사용하는 심오한 수학적 통찰이다. 게다가 더 신중하게 투자를 결정해야 할 때나, 치료 방법을 결정해야 할 때 우리를 더 똑똑하게 만드는 매우 유용한 원리이기도 하다.

망망대해에서 수학으로 잠수함 찾기

우리는 이제 잠수함에 관해 이야기할 것이다. 자율주행 잠수함이나 그 비슷한 이야기가 아니라 그냥 평범한 핵잠수함인 USS 스콜피온 USS Scorpion에 관한 이야기다. 스콜피온 잠수함을 이해하는 일은 자율주행차를 이해하는 데 매우 중요하다.

스콜피온이 유명한 까닭은 1968년 어느 날 해상 수천 킬로미터 거리의 어느 지점에서 실종됐기 때문이다. 핵잠수함이 사라지자 미군은 공황 상태에 빠졌다. 부랴부랴 수색에 나선 해군이 여러 달 동안 바다를 쉴 새 없이 뒤졌지만 스콜피온은 찾을 수 없었다. 결국 해군은 자포자기한 상태로 수색 임무를 그만두려 했다.

그런데 포기를 하기에는 너무 고집 센 사람이 있었다. 존 크레이븐 John Craven이라는 이 과학자는 무모하게도 자신에게 승산이 있다고 확신했다. 놀랍게도 그 확신은 옳았다. 크레이븐의 수색팀은 베이즈 규칙을 이용해 '스콜피온은 광활한 바다 어디에 있는가?'라는 질문에 답을 내놓았다. 그 과정을 들으면 여러분은 어떻게 자율주행차가 똑같은 수학을 이용해 비슷한 다음 질문에 답을 내놓는지 이해할 것이다. '나는 이 광활한 도로 어디에 있는가?'

사라진 잠수함을 찾아라

1968년 2월, USS 스콜피온은 프랜시스 A. 슬래터리Francis A. Slattery 중령의 지휘 아래 버지니아주 노포크에서 출항했다. 스콜피온은 스킵잭Skipjack(앞에서 뒤로 갈수록 함폭이 좁아지는 물방울 모양의 원자력 잠수함으로 속도와 기동성이 우수하다: 옮긴이)급 고속 공격형 잠수함으로서, 미해군 함대에서 가장 빨랐다. 비슷한 급의 다른 잠수함들과 마찬가지로 미군 전략에서 중요한 역할을 수행했다. 그리고 당시는 냉전이 절정에 달해 미군과 소련군 모두 대규모의 공격형 잠수함 함대를 보내 상대편 잠수함을 찾아내고 추적하다가 피치 못할 상황이 발생하면 파괴하던 시기였다.

출항한 스콜피온은 동쪽으로 이동해 지중해를 향했는데, 거기서 3개월 동안 미 해군 6함대와 함께 훈련했다. 그 뒤 6월 중순에 스콜피온은 다시 서쪽으로 항해해 지브롤터해협을 지나 대서양으로 나아갔다. 그리고 포르투갈 해변에서 약 1,360여 킬로미터쯤 떨어져 북대서양 한복판에 있는 아조레스제도 근처에서 작전 중인 소련 군함들을 감시했다. 그다음 계속 서쪽으로 나아가다가 귀환하라는 명령을 받았다. 스콜피온이 노포크에 귀환할 예정 시기는 1968년 5월 27일 월요일 오후 한 시였다.

스콜피온 승무원 99명의 가족들이 그날 부두에 모여 귀환을 환영하고자 기다리고 있었다. 하지만 오후 한 시가 지나도 잠수함은 떠오르지 않았다. 몇 분이 지나고 또 몇 시간이 지났다. 이윽고 해가 저물고 밤이 왔다. 가족들은 계속 기다렸지만 스콜피온은 코빼기도 보이지 않았다.

스콜피온이 마지막으로 연락을 전한 것은 엿새 전 아조레스제도를 떠날 때였다. 아마도 아조레스제도와 미 동부 해안 사이 4,200킬로미터 거리의 바다 어딘가에 있을 터였다. 사태의 심각성을 느낀 해군은 수색 명령을 내렸다. 밤 열 시에 18척의 배가 수색 작전에 나섰고, 이튿날 아침에는 총 37척의 배와 16척의 장거리 정찰기가 수색에 나섰다.[6] 하지만 좋은 소식은 들려오지 않았다. 시간이 지날수록 잠수함을 찾아낼 가능성도, 구조 장비를 적시에 투입해 생명을 구할 가능성도 급속도로 낮아지고 있었다. 5월 28일 기자회견에서 대통령 린든 존슨Lyndon Johnson은 당시 분위기를 이렇게 요약했다. "우리 모두 망연자실한 상태입니다. (…) 희망을 줄 만한 소식이 전혀 없습니다."[7]

8일 후 해군은 다음과 같은 사실을 인정할 수밖에 없었다. 99명의 승무원이 바다에서 실종됐으며 아마도 전원 사망했으리라고. 이제 해군은 스콜피온이 마지막으로 멈춘 장소를 찾는 암울한 임무로 방향을 바꾸었다. 그 임무는 북대서양의 4분의 3에 해당하는 넓은 지역에서 바늘 하나를 찾는 일이었다. 승무원을 구한다는 희망은 버렸지만, 잠수함을 찾는 일은 포기할 수 없었다. 비단 실종자들의 가족을 위해서만이 아니었다. 스콜피온에는 핵탄두가 장착된 어뢰 두 정이 탑재되어 있었기 때문이다. 이 어뢰는 단 한 발로 항공모함을 격침할 만큼 위력적이었다. 이런 위험한 무기가 심해 어딘가에 버려져 있었다.

존 크레이븐, 베이지언 검색의 달인

펜타곤은 수색을 맡기기 위해 존 크레이븐 박사를 불렀다. 크레이븐은 미 해군 특수작전국의 수석 과학자로서 심해에서 사라진 물체를 찾는 일의 대가였다.

크레이븐은 이전에도 비슷한 임무를 수행한 적이 있었다. 2년 전인 1966년에 B-52 폭격기가 공중급유기와 충돌하면서 떨어뜨린 수소폭탄을 찾는 일이었다. 스페인 해안에 있는 팔로마레스Palomares라는 바닷가 마을 근처 하늘에서 두 비행기가 추락하고 B-52의 수소폭탄 4개도 10여 킬로미터에 걸쳐서 흩어졌다. 히로시마에 떨어진 원자폭탄보다 위력이 50배나 큰 폭탄이었다. 다행히도 이 폭탄들 중 어느 것도 터지지 않았으며, 3개는 즉시 찾아냈다. 하지만 나머지 1개는 찾지 못했는데, 바닷속에 떨어진 것으로 짐작됐다.

크레이븐의 수색팀은 충돌에 따른 수많은 변수를 고려했다. 폭탄이 비행기에 남아 있을까 아니면 비행기 밖으로 빠져나갔을까? 만약 빠져나갔다면, 낙하산이 펴졌을까? 만약 낙하산이 펴졌다면, 바람에 날려서 먼 바다로 갔을까? 만약 그렇다면 어느 방향으로 정확히 얼마만큼 날아갔을까? 답을 모르는 이런 질문들에 답하기 위해서 크레이븐은 자신이 선호하는 전략을 사용했다. 바로 베이지언 검색Bayesian search이었다. 베이지언 검색은 2차대전에 처음으로 사용되면서 연합군이 독일의 U보트를 찾아내는 데 기여했다. 하지만 그 기원은 훨씬 더 이전으로 거슬러 올라가는데, 1750년대에 처음 나온 베이즈 규칙이라는 수학 원리가 그것이다.[8]

베이지언 검색은 네 가지 핵심 단계로 이루어진다. 첫째, 검색창에 사전확률prior probability의 지도를 작성한다. 이 확률이 '사전'인 까닭은 여러분이 데이터를 얻기 전에 갖는 믿음을 나타내기 때문이다. 사전 확률은 아래의 두 가지 정보를 결합해 얻는다.

- 다양한 전문가들의 사전검색 의견. 수소폭탄 분실의 경우 전문가 중 일부는 비행기 추락에, 일부는 핵폭탄에, 일부는 해류에 조예가 깊을 것이다.
- 검색 도구의 성능. 가장 현실성 있는 시나리오에 따라 분실된 수소폭탄이 깊은 해구 바닥에 놓여 있다고 하자. 그래도 여러분은 거기서부터 찾고 싶지는 않을 것이다. 해구는 너무 어둡고 외진 곳이어서 폭탄이 거기 있으면 거의 찾기 어렵기 때문이다.

익숙한 비유를 들어 설명하자면, 여러분이 열쇠를 잃어버렸다고 할 때 베이지언 검색은 다음 두 가지 요소의 정밀한 수학적 조합을 이용해 열쇠를 찾는다. 열쇠를 잃어버린 곳이 어디라고 생각하는가? 그리고 가로등이 어디에서 가장 밝게 빛나는가?

그림 3.1의 가장 위쪽에 사전확률 지도의 예시가 나온다.

두 번째 단계는 사전확률이 가장 높은 장소를 찾는 것인데, 그림 3.1의 C5 구역이 그 예다. 거기서 여러분이 찾고자 하는 것을 찾으면, 그걸로 검색은 끝이다. 하지만 C5 구역 주위를 검색했지만 아무것도 찾지 못했다고 하자. 그렇다면 세 번째 단계로 넘어간다. 즉 여러분의 믿음을 수정해야 한다. C5 구역 주위에 대한 확률을 줄이고 다른 지역

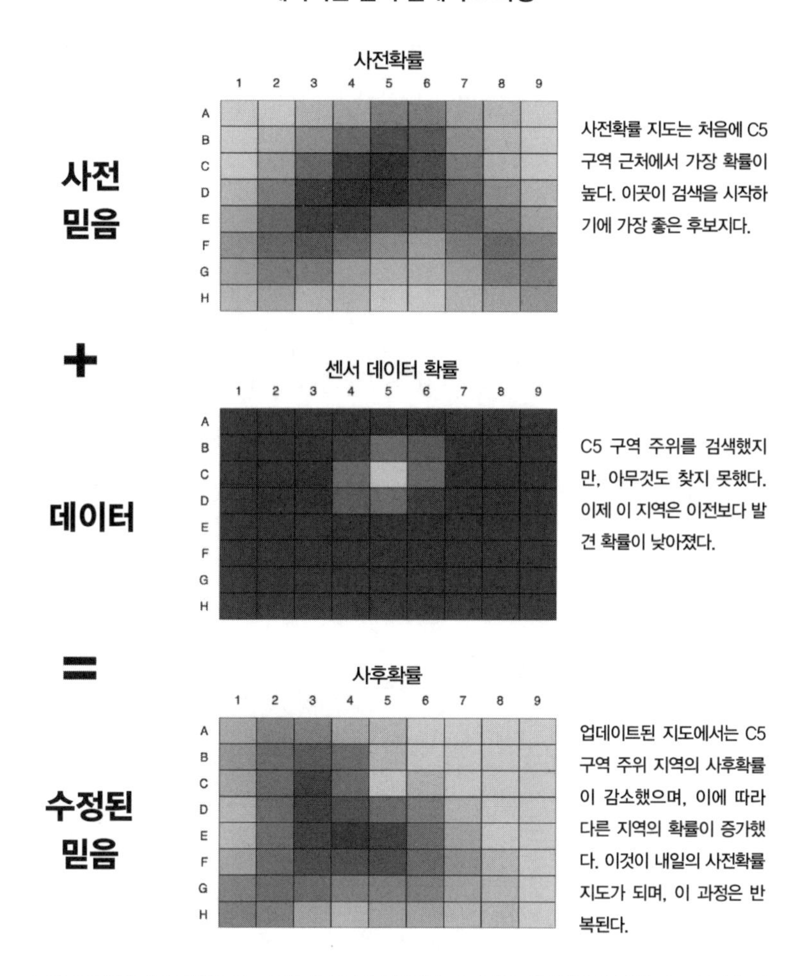

그림 3.1 베이지언 검색에서는 검색 센서를 통해 얻은 데이터와 사전믿음의 결합으로 수정된 믿음이 나온다.

의 확률을 그만큼 높이는 것이다. 새로운 데이터에 비추어볼 때 사전확률은 이제 사후확률이 된다. 이 결과는 다음의 두 지도를 서로 겹치면 시각화할 수 있다.

- 사전확률의 원래 지도(맨 위쪽 그림)
- 센서 데이터 확률의 지도(중간 그림). 이 확률은 이미 검색했지만 아무것도 찾지 못한 지역에서는 낮아졌다. 하지만 아직 전혀 검색하지 않아서 제외시킬 수 없는 지역에서는 높은 채 남아 있다.

이것이 베이즈 규칙의 핵심이다. 사전믿음 + 사실(데이터) = 수정된 믿음.

마지막으로 네 번째, 위의 과정을 반복한다. 여러분은 두 번째 단계와 세 번째 단계를 반복하면서 그날의 확률이 가장 높은 지역을 계속 검색한다. 만약 찾지 못하면 여러분의 믿음을 수정한다. 찾고자 하는 것을 찾을 때까지 오늘의 사후확률은 내일의 사전확률이 된다.

크레이븐의 첫 번째 좌절

안타깝게도 크레이븐의 수색팀은 이 베이즈 규칙을 1966년 팔로마레스 해안에 떨어진 수소폭탄 수색에 제대로 적용하지 못했다. 현장 사령관 리어 애드머럴 윌리엄 '불독' 게스트Rear Admiral William 'Bull Dog' Guest의 수색 방식에 관한 견해가 크레이븐 박사와 판이했기 때문이다. 게스트는 확률과 베이즈 규칙을 들먹이는 이 20대의 수학 박사를 참을 수가 없었다. 그래서 크레이븐에게 폭탄이 바다가 아니라 땅에 떨어졌음을 증명하라고 했다. 그러면 망할 폭탄을 찾는 일은 자기 임무가 아니니까. 따라서 매번 팔로마레스 수소폭탄 수색은 상이한 방식으로 두 번씩 진행됐다. 하나는 계산자와 확률 지도 그리고 (수학자들이 펜실베이니아에 있는 중앙컴퓨터로 계산을 전송해야 해서) 끊임없이 타자기 소리를 내며 업데이트되는 숫자로 이루어진 크레이븐의 '그림자' 검색이었다. 하지만 이런 계산에서 얻은 통찰은 두 번째 수색 방식인 게스트의 '사각형 계획' 때문에 무시됐다. 그리고 실제 수색은 게스트의 계획에 따라 이루어졌다.

마침내 팔로마레스의 수소폭탄이 발견됐다. 그 지역의 한 어부가 폭탄이 낙하산에 매달린 채 바닷속으로 떨어지는 것을 보고서 신고한 덕분에 해군이 입수 지점을 찾아낸 것이었다. 결과적으로 수색은 성공했지만, 베이지언 검색은 실패했다. 제대로 된 기회를 얻지 못했기 때문이다. 하지만 팔로마레스 사건 덕분에 크레이븐은 중요한 교훈을 배웠다. 베이지언 검색의 현실성 및 군 수뇌부에 어떻게 검색을 활용하자고 설득할 것인가에 관한 교훈이었다.[9] 그리고 2년 뒤, 스콜피온을 찾으라는 요청을 받았을 때 크레이븐은 준비가 되어 있었다.

사라진 잠수함을 찾은 결정적인 방법, 확률 지도

1968년 5월에 스콜피온이 사라지자, 크레이븐을 비롯한 베이지언 검색팀이 재빨리 소집됐다. 우선 팀의 임무는 팔로마레스 폭탄 수색보다 훨씬 더 버거울 듯했다. 그때는 스페인 남부 해안의 얕은 바닷가에서 비교적 좁은 지역으로 수색 범위가 한정되어 있었다. 하지만 이번에는 아무런 단서도 없이 버지니아주에서 아조레스제도 사이 어딘가 해저 약 3.2킬로미터쯤에 있는 잠수함을 찾아야 했다.

다행히도 한 가지 행운이 따랐다. 1960년대 초반에 미군은 170억 달러를 쏟아부어 북대서양 일대에 막대한 규모로 고성능 수중 마이크 네트워크를 극비리에 설치했다. 소련 해군의 동향을 추적하기 위해서였다. 비밀 청음초소에 있는 고도로 훈련된 기술자들이 이 마이크들을 24시간 감시했다. 크레이븐은 카나리아제도에 있는 청음초소 중 한 곳에서 5월 말에 18건의 매우 특이한 수중 음향을 녹음했다는 사실을 알아냈다. 그리고 뉴펀들랜드 해안을 따라 수천 킬로미터 떨어져 있는 다른 청음초소도 비슷한 시간에 거의 똑같은 소리를 녹음했음을 알아냈다.

크레이븐팀은 이 신호들을 비교한 다음, 삼각법을 이용해 그 소리가 대서양의 매우 깊은 한 지점에서 방출됐음을 계산해냈다. 아조레스제도 남서쪽 약 640킬로미터 지점이었다. 그 위치는 스콜피온의 예상 귀환 경로상에도 있었다. 또 그 소리 자체도 많은 정보를 들려줬다. 낮은 수중 폭발음이 나고 91초 동안 정적이 흐른 뒤에 17건의 음향이 빠르게 연속적으로 들렸는데, 크레이븐이 보기에 그것은 잠수함의 선체가 아래로 가라앉으면서 선체 곳곳이 찌그러지는 소리 같았다.[10] 이 소리 덕분에 수색 지역 범위가 극적으로 좁혀졌다. 그래도 팀은 약 360제곱킬로미터가 넘는 면적의 해저를 수색해야 했는데, 전부 수심이 3킬로미터가 넘어서 고성능 잠수정만이 접근할 수 있었다.

이제 베이지언 검색을 본격적으로 시작할 때였다. 크레이븐팀은 베테랑 잠수함 승무원들과 상담을 해서 잠수함이 어떻게 가라앉았는지에 관해 아홉 가지 시나리오를 내놓았다. 선내 화재, 발사대에서 어뢰 폭발, 러시아의 은밀한 공격 등이 후보로 떠올랐다. 팀은 각 시나리오에 대한 사전확률을 추정하고 컴퓨터 시뮬레이션을 통해 시나리오별로 잠수함이 어떻게 움직였을지 조사했다. 심지어 실제로 폭뢰를 터뜨려보기도 했다. 카나리아제도와 뉴펀들랜드의 청음초소에서 나온 원래의 음향 데이터를 보정하기 위해서였다.

마침내 팀은 모든 정보를 합쳐서 각각의 구역에 대한 수색 성공 확률을 계산했다. 이 지도는 수천 시간 동안의 인터뷰, 계산, 실험 및 주의 깊은 검토의 결과물이었다(그림 3.2 참조). 하지만 펜타곤이 이 확률 지도에 관심을 가지려면 두 가지 어려움이 뒤따랐다. 물자 동원과 군부 설득이라는 어려움이었다. 심지어 지도가 완성됐을 때는 스콜피온 수색이 3개월 넘게 아무 성과도 없는 상태였다.

하지만 크레이븐의 설득이 결국 먹혔다. 해군 수뇌부가 크레이븐의

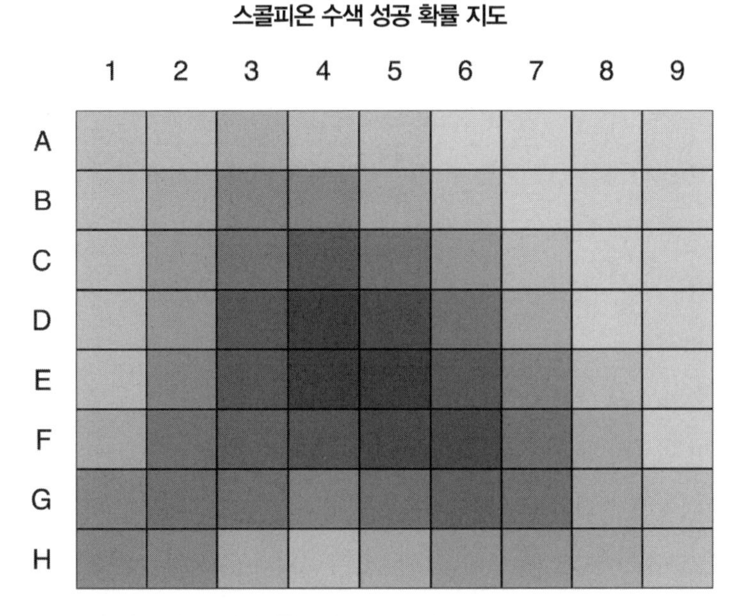

그림 3.2 스콜피온 수색에 쓰인 사전확률 지도를 재구성한 그림.

지도를 이용해 수색하라는 명령을 내린 것이다. 그해 10월에 USS 미자르USS Mizar호에서 수색을 지휘하는 지휘관들의 손에 지도가 들어갔다. 수색팀은 매일 확률이 가장 높은 지역을 열심히 찾으면서, 수많은 수치를 계산해 내일을 위한 지도를 업데이트했다. 그러자 날이 갈수록 수치들은 차츰 F6구역을 향해 좁혀졌다.

10월 28일 베이지언 검색이 마침내 빛을 발했다. 그때 미자르호는 다섯 번째로 순항하면서 일흔네 번째 수색을 실시하고 있었다. 갑자기 배의 자력계가 크게 움직였다. 해저에서 이상 물체가 감지됐다는 뜻이었다. 조사를 위해 카메라가 급히 투입됐다. 그리고 잠수함이 모습을 드러냈다. 육지에서 약 640킬로미터 떨어진 곳 수심 3킬로미터 지점에서 USS 스콜피온이 모래에 일부 묻힌 채로 마침내 발견된 것이다.[11]

오늘날까지도 스콜피온에 무슨 일이 벌어졌는지는 밝혀지지 않았다. 설령 아는 사람이 있더라도 말하지 않을 것이다. 해군의 공식 자료에서는 어뢰의 우발적인 폭발이나 쓰레기 처리 장치의 고장을 가장 유력한 사고 원인으로 꼽았다. 그러나 여러 해에 걸쳐 다른 여러 원인들이 거론되고 있다. 그리고 유명한 미스터리가 늘 그렇듯이 음모론도 차고 넘친다.[12]

적어도 그 사고를 통해 한 가지 결론은 확실하게 나왔다. 바로 베이지언 검색이 대단히 유용했다는 것이다. 알고 보니 잠수함의 최종 침몰 위치는 크레이븐의 사전확률 지도에서 가장 유력한 지역인 E5 구역으로부터 고작 240미터쯤 떨어진 곳이었다. 수색팀은 사실 이전에 그 위치를 지나갔지만, 당시에 해저 탐지 장치가 고장 나는 바람에 제

그림 3.3 USS 스콜피온의 뱃머리 사진. 심해탐구선 트리스트 2호Trieste II의 승무원이 1968년에 촬영했다.

대로 수색하지 못했다.[13]

조금 더 깊이 이 상황이 주는 교훈을 생각해보자. 몇십 미터 되는 해변에서 잃어버린 물건을 찾는다거나 집 거실에서 잃어버린 물건을 찾는 것만 해도 얼마나 어려운 일인가. 그런데 약 4,200킬로미터 거리의 공해상 어딘가에서 사라진 잠수함 한 대를 찾았다. 그것도 잠수함 길이의 3배에 지나지 않는 240미터 이내의 정확도로. 크레이븐 수색팀의 놀라운 성과가 아닐 수 없다. 더불어 수색의 기본 원리로서 톡톡히 이바지한 250년 된 수학 원리인 베이즈 규칙의 위대한 성과이기도 하다.

한 목사의 미발표 수학 이론이 로봇공학 혁명을 견인하기까지

스콜피온 이야기에서 우리가 반드시 얻어야 할 교훈이 있다. 바로 모든 확률이 조건부확률이라는 것이다. 달리 말해서 모든 확률은 우리가 알고 있는 바에 달려 있다. 우리의 지식이 달라지면 확률도 반드시 달라진다는 말이다. 그리고 베이즈 규칙은 확률이 어떻게 달라지는지 알려준다.

베이즈 규칙은 무명의 영국인 목사 토머스 베이즈Thomas Bayes가 발견했다. 1701년 런던의 한 장로교 집안에서 태어난 베이즈는 어릴 때부터 수학에 재능을 보였다. 하지만 베이즈가 성인이 된 무렵에 비국교도는 영국 대학교에 입학이 금지됐다. 베이즈는 옥스퍼드대학교나 케임브리지대학교에서 수학을 공부할 기회를 박탈당한 것이다. 이런 상황에서 베이즈는 에든버러대학교에 들어가 신학을 공부했다. 그러면서도 당시의 많은 사람과 마찬가지로 이 정책이 잔인한 차별이라고 여겼다. 하지만 이러한 차별에는 특이한 부수 효과가 뒤따랐다. 너그럽지 못한 종교 정책 때문에 오히려 수많은 아마추어 수학자들의 모임이 탄생한 것이다. 아마추어 수학자들은 베이즈와 마찬가지로 영국 대학교에 입학이 거부되자 자체적으로 수학 연구 공동체를 구성했다. 베이즈도 40대에 그런 협회 중 한 곳의 회원이 됐다. 그 협회는 베이즈가 목사직을 맡고 있던 켄트카운티 안의 온천 마을 턴브리지웰스에 있었다. 그리고 1750년대 어느 시기, 베이즈는 그곳에서 훗날 자신의 이름이 붙을 수학 규칙을 생각해냈다.

놀랍게도 베이즈의 발견은 처음에 딱히 영향력을 발휘하지 못했다. 심지어 베이즈는 생전에 그 규칙을 발표하지도 않았다. 1761년에 베이즈가 죽고 2년이 지나서야 왕립협회에서 원고가 발표됐다. 친구인 리처드 프라이스Richard Price가 애쓴 결과였다. 그러다가 19세기 벽두에 짧은 기간 동안 베이즈의 개념들이 활발히 알려졌는데, 위대한 프랑스 수학자 피에르 시몽 라플라스Pierre Simon Laplace 덕분이었다. 하지만 1827년에 라플라스가 죽고 나자 베이즈의 규칙은 다시 한 세기 넘게 무관심의 수렁으로 빠지고 말았다.

베이즈 규칙으로 움직이는 자율주행차

베이즈 규칙은 새로운 정보가 입수됐을 때 기존의 믿음을 어떻게 바꿔야 할지 알려준다. 사전확률을 사후확률로 바꿔주는 것이다. 이로써 앞서 논의한 로봇공학 문제, 즉 SLAM에 완벽한 해법을 제시한 셈이다. SLAM은 본질적으로 베이즈 규칙과 관련된 문제다. 새롭게 감지한 데이터가 입수되면 자율주행차는 주위 환경, 예를 들어 차선, 교차로, 신호등, 정지 신호 및 도로의 다른 차량에 대한 '마음속 지도'를 갱신하면서 동시에 그 환경 속 자신의 위치를 추론한다. 본질적으로 자율주행차는 자신을 베이즈 도로에서 이동하는 확률의 한 방울이라고 생각한다.

어떻게 그럴 수 있는지 설명하기 전에 이런 의문이 떠오르지 않는가? 여러분의 스마트폰에 깔린 GPS를 이용해 주행하면 왜 안 될까? 그 이유는 민간용 수준의 GPS는 최적의 조건에서도 고작 5미터 안팎으로만 정확하기 때문이다. 게다가 터널이나 높은 건물 근처에서는 그 오차가 30~40미터까지 늘어난다. 자율주행차가 GPS만 이용해 도시의 도로를 주행하겠다는 것은 오븐용 장갑을 낀 채 눈을 감고서 혈관 수술을 하겠다는 것과 다름없다.

GPS로부터 받는 부족한 정보를 보충하기 위해서라도 자율주행차는 다른 센서들에 의존해야만 한다. 이런 센서들에는 평범하고 오래된 비디오카메라도 있고, 무언가와 충돌할 위험이 있을 때마다 경고음을 내는 범퍼 레이더처럼 웬만한 요즘 자동차에 다 있는 안전장치도 있다.

자율주행차의 가장 멋지고 쓸모 있는 센서는 라이다LIDAR다. '빛light'과 '레이더radar'의 합성어로서, '빛 감지 및 거리 측정 장치'를 뜻한다. 라이다의 작동 원리를 살펴보기 전에, 눈을 가린 채 지팡이에만 의지해서 어떤 낯선 실내 공간을 가로질러 걸어가야 한다고 상상해보자. 아마도 지팡이로 주변을 짚으면서 근처에 있는 사물과의 거리를 재야 할 것이다. 그리고 다양한 각도에서 여러 번 그렇게 하면 주위 환경에 관한 훌륭한 마음속 지도를 작성할 수 있다.

라이다도 똑같은 원리로 작동한다. 레이저를 발사해 그 빛이 주위 물체에 반사되어 돌아오는 시간을 재서 거리를 측정한다. 전형적인 라이다 배열은 64개의 개별 레이저로 구성되며, 각각의 레이저는 초당 수십만 개의 펄스(매우 짧은 시간 동안에 큰 진폭을 내는 전압이나 전류 또는 파동: 옮긴이)를 발사한다. 각각의 레이저빔은 매우 구체적인 한 방향에 관해 자세한 정보를 제공한다. 영화 〈탑 건Top Gun〉에 나오는 회전 레이저빔의 더 빠른 버전인 셈이다. 자동차가 모든 방향을 볼 수 있으려면 이 라이다를 지붕에 장착해 분당 300회 정도 회전시켜야 한다. 그러면 레이저는 임의의 한 방향을 초당 약 5회 정도 가리키게 되고, 자동차는 연속적이기보다는 불연속적인 위치 정보를 받을 수 있다. 달리 말해서, 자동차는 세계를 볼 때 지속적인 햇빛이 아니라 단속적인 섬광에 의지한다. 라이다 및 다른 센서들에서 얻은 데이터들의 짧은 섬광을 통해 그림 3.4처럼 주위 환경을 보는 것이다.

자동차는 새로운 데이터를 받을 때마다 베이즈 규칙을 이용해 위치에 관한 자신의 '믿음'을 갱신한다. 이런 베이지언 업데이트 과정을 시각화하려면, 도로가 촘촘한 격자망으로 이루어져 있고 각각의 격자에 확률이 할당된 지도를 이용하면 된다.

여러분이 자율주행차를 타고 진입로를 빠져나온 지 60초 지난 시

그림 3.4 고속도로의 라이다 영상. 오리건주립대학교 제공.

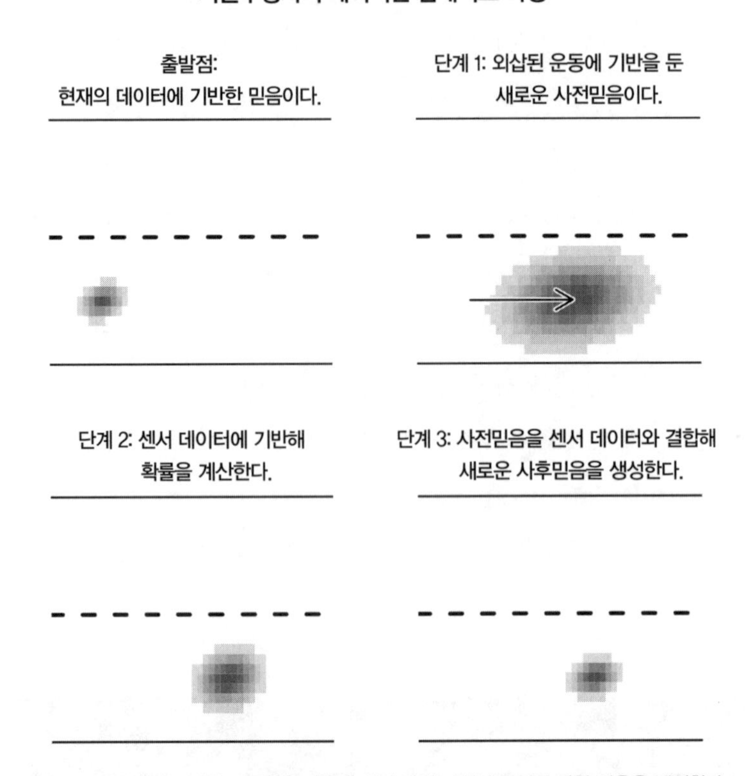

그림 3.5 자율주행차는 베이즈 규칙을 이용해 위와 같이 자신의 위치에 관한 믿음을 갱신한다.

점에 시속 약 50킬로미터로 달리고 있다고 가정하자. 아마 자동차는 지금까지의 데이터를 바탕으로 자신의 위치에 관한 믿음의 집합을 가지고 있을 것이다. 바로 이 상황을 나타내는 확률 지도가 그림 3.5의 왼쪽 위의 그림이다. 이제 라이다 배열이 한 번 회전한 0.2초 뒤, 즉 자동차가 출발하고 60.2초 뒤의 상황을 알아보자. 이전의 믿음들은 어떻게 바뀌었을까? 자동차의 추론에는 세 단계가 있다. 첫 번째 단계는 주행 전문가들이 '추측항법dead reckoning'이라고 부르는 것인데, '내관

內觀 및 외삽外挿 항법introspection and extrapolation'이라고도 한다. 내관은 속력, 바퀴 각도, 가속도 같은 '내부 상태' 정보를 수집하는 것을 의미하며, 외삽은 이 정보를 물리 법칙과 함께 사용해 다음 짧은 시간 동안 자동차의 움직임을 예측하는 것을 의미한다. 그 결과가 그림 3.5의 오른쪽 위인 60.2초에서 자동차의 위치에 관한 사전확률 지도다. 이 확률이 '사전'인 까닭은 아직 갱신된 센서 데이터를 포함하지 않았기 때문이다. 자동차는 아직 다음 섬광 직전의 순간에 있다.

여러분은 여기서 알아차렸을 것이다. 확률의 방울은 도로를 따라 조금 이동하면서 '문질러져' 더 넓은 영역을 덮는다. 이러한 문지르기는 외삽으로 새로 생긴 불확실성을 나타낸다. 가령 여러분이 시속 50킬로미터로 달리고 있다면 0.2초 후에는 약 2.8미터쯤 주파하는 것으로 나온다. 하지만 실제로는 예기치 않은 방향 틀기나 제동 또는 가속 때문에 조금 더 갈 수도 있고 덜 갈 수도 있다. 이것이 바로 외삽으로 초래된 불확실성이다.

두 번째 단계에서는 카메라 및 라이다와 같은 외부 센서로부터 데이터를 수집한다. 그러면 외삽으로 초래된 오차를 줄여서 자동차의 위치가 실제로 어디인지 확인한다. 이 정보는 그림 3.5의 왼쪽 아래에 그려져 있다.

마지막 세 번째 단계에서는 자동차의 사전 정보를 종합하는 과정이다. 베이즈 규칙을 이용해, 단계 1로부터 얻은 외삽을 바탕으로 계산한 사전확률들이 단계 2로부터 얻어진 센서 데이터와 결합한다. 그림 3.5의 오른쪽 아래 그림에는 사후확률의 새로운 지도가 그려져 있는데, '나는 어디에 있는가?'라는 근본적인 질문에 수정된 답을 내놓는 건 이 지도를 통해서다. 확실히 사후확률의 방울이 사전확률이나 센서 데이터로만 계산된 확률보다 덜 문질러져 있다. 이처럼 두 가지 정보를 통해 계산한 확률은 보통 한 가지 정보로만 얻는 것보다 불확실성이 적다.

우리는 앞의 예에서 도로가 고정된 좌표계이며 유일한 변수는 자동차의 위치라고 가정했다. SLAM에서 L, 즉 '위치'만을 다루었다. 하지만 M, '지도 작성'을 잊지 않아야 한다. 사실 우리는 도로 자체의 성질도 알지 못하며, 도로의 모든 특징 역시 똑같은 베이즈 규칙을 따른다. 그러므로 도로 경계, 차선, 보행자, 다른 차량들, 심지어 캥거루 등 모든 것이 확률의 방울로 표현될 수 있으며, 그 위치는 센서로부터 데이터가 시시각각 입력될 때마다 끊임없이 갱신된다.

베이즈 규칙으로 더 똑똑해지는 법: 의료 진단과 펀드매니저 고르기

베이즈 규칙의 렌즈로 들여다보면, 사라진 잠수함 찾기와 도로에서 자동차 위치 찾기는 아주 비슷한 문제다. 하지만 베이즈 규칙은 그보다 훨씬 더 넓게 활용할 수 있는 개념이다. 일상생활 어디에든 적용할 수 있는 유용한 방정식인 것이다. 날마다 온갖 새로운 정보들과 마주치는 우리를 생각해보자. 베이즈 규칙은 그런 우리에게 중요한 질문을 던진다. 정보를 바탕으로 언제, 얼마만큼 마음을 바꾸어야 하는가? 베이즈 규칙이야말로 어디에서 의심을 해야 할지, 어디에서 마음을 열어야 할지 알려주는 정확한 수학적 나침반인 셈이다.

여러분이 실제로 종이와 연필을 들고서 베이즈 규칙 문제를 푼 적은 한 번도 없을 것이다. 그래도 아무 문제 없다. 베이즈 규칙에 따라 사전확률, 데이터 그리고 이 둘을 결합하는 자율주행차의 관점에서 세상을 바라보는 법을 배운다면, 여러분은 얼마든지 더 지혜로워질 수 있다. 이쯤에서 두 가지 중요한 사례를 살펴보자.

의료 진단과 베이즈 규칙이 만나면

우선 숫자들이 등장하는 예부터 시작하자. 베이즈 규칙을 제대로 적용하지 못하면, 노련한 전문가들조차도 자칫 틀린 답을 내놓을 수 있는 문제다. 여러분이 의사인데, 앨리스라는 마흔 살 여성이 정기적인 유방암 검사를 위해 내원했다고 가정하자. 안타깝게도 앨리스는 유방조영술 촬영 결과 양성 판정을 받았다. 유방암에 걸렸을지 모른다는 뜻이다. 하지만 의사로서 쌓아온 지식과 경험상 여러분은 어떤 검사도 완벽하지 않음을 잘 알고 있다. 여러분은 앨리스에게 유방조영술에서 양성 결과가 나왔을 때 진짜로 유방암에 걸렸을 확률에 관해 어떻게 말해야 할까? 다음은 여러분의 판단을 도울 몇 가지 사실이다.

- 앨리스와 같은 사람들이 유방암에 걸릴 확률은 1퍼센트다. 즉 정기적으로 유방조영술 촬영을 하는 마흔 살 여성 1,000명 가운데 10명이 유방암에 걸린다.
- 그 검사는 유방암 발견율이 80퍼센트다. 유방암에 걸린 10명의 여

성 중 평균적으로 8명을 발견한다.

- 그 검사의 거짓 양성률false-positive rate은 10퍼센트다. 유방암이 걸리지 않은 여성 100명 중 평균적으로 10명이 거짓 양성 판정을 받는다.

이 수치들로 볼 때, 사후확률 P(유방암 | 유방조영술 양성 판정)는 얼마인가? 베이즈 규칙에 따르면, 답은 매우 작은 약 7.4퍼센트다. 이 수치에 여러분은 충격을 먹을지 모른다. 비단 여러분만 그런 게 아니다. 실제로 수많은 의사가 훨씬 큰 수치를 예상했다. 한 유명한 연구에 따르면, 여러분에게 준 것과 똑같은 정보를 의사 100명에게 줬더니, 그중 95명이 P(유방암 | 유방조영술 양성 판정)를 70퍼센트에서 80퍼센트 사이라고 추산했다.[14] 단지 틀린 값을 낸 것이 아니라 무려 10배나 벗어난 답을 낸 것이다.

이 사례는 두 가지 질문을 던진다. 첫째, 유방조영술의 정확도가 80퍼센트인데, 왜 P(유방암 | 유방조영술 양성 판정)는 고작 7.4퍼센트밖에 되지 않을까? 둘째, 어째서 그렇게나 많은 의사가 틀린 답을 냈을까?

첫 번째 질문의 답은 이렇다. 유방조영술 검사에서 양성이 나온 여성 중 다수는 건강하다. 애초에 유방조영술 검사를 받는 여성 대다수가 건강하기 때문이다. 간단히 말해서 암은 사전확률이 낮다. 폭포 다이어그램으로 이런 부분을 시각화할 수 있는데, 이 다이어그램은 자율주행차가 도로를 주행하기 위해 사용하는 확률 지도의 '일상생활' 버전에 해당한다. 폭포 다이어그램(그림 3.6)에서 우리는 정기적으로

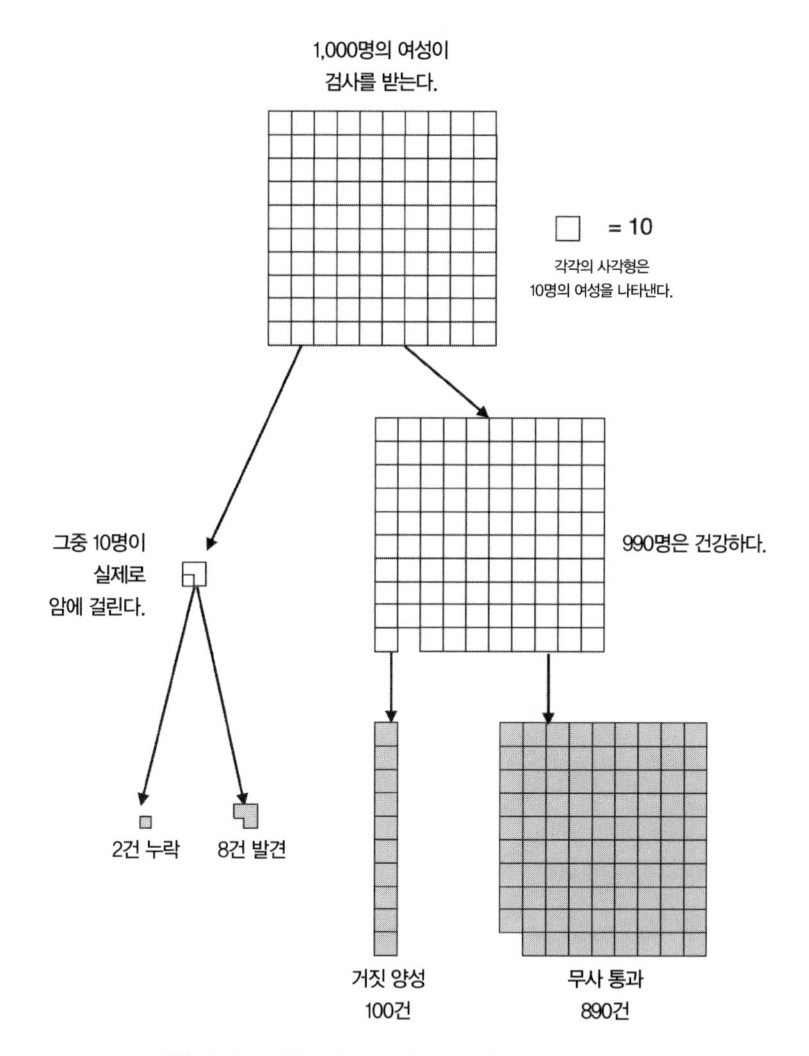

그림 3.6 정기적으로 유방조영술 검사를 받는 가상의 마흔 살 여성 1,000명을 추적한 폭포 다이어그램. 1,000명의 여성 중에서 왼쪽 가지는 실제로 유방암에 걸린 10명을, 오른쪽 가지는 암에 걸리지 않은, 즉 건강한 990명을 나타낸다.

유방조영술 검사를 받는 가상의 마흔 살 여성 1,000명을 추적한다. 왼쪽 가지는 실제로 유방암에 걸린 10명(1,000명의 1퍼센트)을 보여준다. 검사는 80퍼센트 정확하므로 이 10건 중에서 2건은 누락되고 8건만 발견할 것이라고 예상하자. 한편 오른쪽 가지는 암에 걸리지 않은 990명의 환자를 보여준다. 검사의 거짓 양성 비율이 10퍼센트이므로, 890명은 아무 문제가 없고 (약간 올림 처리를 하여) 100명이 양성 판정을 받을 것이다.[15]

다시 설명하면 1,000건은 아래와 같이 분류된다.

- 유방조영술 결과 양성인 경우는 108건이다. 그중 8건은 진짜 양성, 즉 실제로 유방암에 걸린 경우다. 그리고 나머지 100건은 거짓 양성, 즉 건강한 여성이 양성 판정을 받은 경우다.
- 유방조영술 결과 음성인 경우는 892건이다. 그중 2건은 거짓 음성, 즉 유방암이 있는데 놓친 경우다. 그리고 나머지 890건은 진짜 음성, 즉 실제로 암이 없이 건강하다는 검사 결과를 받은 경우다.

암이 비교적 걸리기 어렵다는 사실은 실제로 암에 걸린 경우가 1,000명 중에 고작 10명이라는 숫자에서 드러난다. 이제 이 다이어그램을 이용해 앨리스 환자의 상황을 살펴보자. 처음 내원했을 때 앨리스는 폭포 다이어그램의 맨 위에 있는 1,000명 가운데 1명이었다. 그리고 유방조영술 결과가 양성으로 나오면서, 108명의 여성 가운데 1명이 됐다. 이제 그림 3.7처럼 그 108건을 더 진한 회색으로 칠하고 나머지 892건을 흰색으로 칠해서 '제외'시키자.

108건의 양성 결과 중에서 8건은 진짜로 암이 발생한 경우이며, 100건은 거짓 양성이다. 그러므로 앨리스가 암에 걸릴 사후확률 P(유방암 | 유방조영술 양성 판정)는 8/108 = 7.4퍼센트다.

이것이 베이즈 규칙이다. 암의 사전확률은 1퍼센트다. 데이터를 본 후에, 즉 유방조영술에서 양성 판정을 받은 후에도 암의 사후확률은 7.4퍼센트다. 이 사후확률은 사전확률보다는 매우 높지만, 대다수 의사들이 짐작한 70~80퍼센트에는 한참 못 미친다(실제 방정식을 써서 이 결과가 나오는 과정을 보려면 이번 장 끝의 글을 보기 바란다).

이제 우리가 앞서 제기한 두 번째 질문으로 돌아가자. P(유방암 | 유방조영술 양성 판정)를 추산하라고 했을 때 왜 그렇게나 많은 의사가 10배나 더 높은 수치를 내놓았을까? 바로 의사들이 사전확률을 무시했기 때문이다. 이런 오류를 가리켜 '기저율 무시base-rate neglect'라고 한

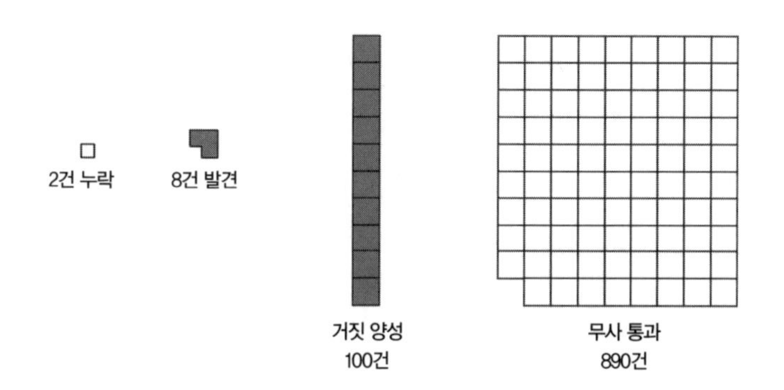

그림 3.7 흰색인 892건은 검사 결과 음성으로 나왔으며, 이제 이 건들은 암에 걸릴 확률이 0이라고 가정하자. 또한 진한 회색인 108건이 검사 결과 양성으로 나왔으며, 모두 암에 걸릴 확률이 동일하다고 가정하자. 그렇다면 앨리스가 암에 걸릴 사후확률은 얼마인가?

다. 70~80퍼센트의 추산치를 내놓은 의사들은 낮은 암 발생율(1퍼센트)를 고려하지 않았다. 그리고 단 한 가지 수치에만 집중했다. 검사가 '80퍼센트 정확하다'는 것인데, 이 말은 검사가 진짜로 암이 걸린 경우의 80퍼센트를 발견해낸다는 뜻이다. 즉 의사들은 이 정보에만 너무 큰 의미를 부여하고 사전확률에는 별로 주목하지 않았다.

이 이야기에는 세 가지 교훈이 있다. 첫째, 의사에게 "이 검사가 얼마나 정확합니까?"라고 묻지 마라. 기껏해야 틀린 질문에 대한 올바른 답을 얻을 뿐이다. 대신에 이렇게 물어라. "내가 병에 걸릴 사후확률은 얼마입니까?" 하지만 어리둥절한 표정에 대비하기 바란다. 무슨 뜻인지 의사가 모를 수 있다.

둘째, 베이즈 규칙은 통상 방정식으로 표현한다. 하지만 방정식이 꼭 있어야 사후확률을 계산할 수 있는 것은 아니다. 앞서 나온 것과 같은 폭포 다이어그램처럼 가상적인 피험자 집단을 추적해 계산할 수도 있다. 그러면 수학이라는 달걀을 깨지 않고서도 베이즈 규칙이라는 오믈렛을 맛있게 먹을 수 있다.

마지막으로, 데이터를 해석할 때 기저율, 달리 말해서 사전확률을 무시해서는 안 된다. 베이즈 규칙에 따르면, 올바른 사후확률은 언제나 자율주행차가 도로를 주행하는 방법과 똑같이 데이터를 사전확률과 결합해야만 얻어진다.

베이즈 규칙을 활용한 똑똑한 투자법

기저율 무시 현상에 일단 눈뜨고 나면 도처에 그것이 보이기 시작한다. 다음 사례에 나오듯이, 여러분이 매우 중요한 금융 관련 결정 가운데 하나를 앞두고 심사숙고할 때 특히나 유의해야 할 중요한 오류가 바로 기저율 무시다.

은퇴 자금을 어디에 투자할지 결정해야 한다고 가정해보자. 넓게 보자면 은퇴 자금 투자 포트폴리오에는 두 가지 인기 투자 전략이 있다. 바로 주가지수 투자와 도박이다. '도박'이란 시장의 평균 수익을 능가하고자 하는, 즉 시장을 이기려고 하는 의욕 넘치는 펀드매니저한테 돈을 맡겨서 여러분이 승자가 되려고 한다는 뜻이다. '주가지수 투자'란 시장을 이기려는 시도를 포기하고 대신 S&P 500과 같은 종합지수의 형태로 주식을 산다는 뜻이다.

도박 전략 옹호자들은 장기적으로 시장을 이길 수 있다고 확신한다. 이 주장을 가장 잘 뒷받침해주는 인물로 워런 버핏Warren Buffett을 들 수 있다. 버핏은 '오마하의 현인'이라는 별명답게 투자 역사에 우뚝 선 인물이다. 버핏의 성적표는 아찔하다. 1964년부터 2014년까지 버핏의 지주회사 버크셔해서웨이Berkshire Hathaway Inc.에 투자한 사람이라면 1만 달러를 1억 8,200만 달러로 불렸을 것이다. 버핏의 일관성 또한 놀랍다. 오마하의 현인이 낙점한 주식들은 1960년대 중반 이후 거의 5년을 기준으로 매번 S&P 500을 능가했다. 버핏 외에도 조엘 그린블래트Joel Greenblatt부터 피터 린치Peter Lynch까지 몇몇 투자의 귀재들이 보여준 기록 역시 눈먼 행운이라고 보기에는 너무나도 놀랍다.

하지만 이런 드문 천재들의 사례가 무색하게도 현실은 냉혹하다. 대다수 펀드매니저의 성적은 버핏의 실적과 판이하다. 역사적인 금융 위기와 뒤이은 주식시장 급등기를 포함하는 2007년부터 2016년까지

10년 동안의 성적표는 특히 암울하다. 스탠다드앤드푸어스Standard & Poor's에 따르면, 주식 펀드의 86퍼센트가 적극적으로 관리됐음에도 이 기간 동안 주가지수보다 수익률이 낮았다. 유럽의 경우 상황은 더 나빴다. 국내 주식 펀드의 98.9퍼센트, 신흥 시장 펀드의 97퍼센트, 글로벌 주식 펀드의 97.8퍼센트가 수수료 비용을 제외하면 주가지수보다 수익률이 낮았다. 이 방면에서는 네덜란드의 액티브펀드(시장 수익률을 초과하는 수익률을 목표로 공격적인 전략을 펼치는 펀드: 옮긴이) 매니저들이 독보적이었는데, 그들은 100퍼센트, 즉 모두가 기준 수익률을 넘기지 못했다.[16]

요점은 우량주 고르기의 진짜 귀재가 있긴 하지만 찾기가 매우 어렵다는 것이다. 이런 사실을 감안하면 여러분은 어떤 투자 전략을 세워야 할까? 지수 펀드에 투자해야 할까? 아니면 시장을 진짜로 이기는 드문 펀드매니저를 찾을 수 있다는 희망을 품고서 도박에 나서야 할까?

만약 도박을 하기로 결정한다면 여러분은 자신의 목표에 대해 스스로에게 솔직해져야 한다. 제2의 워런 버핏을 찾기 위해 여러분 스스로 베이지언 검색을 실행해야 한다는 얘기다. 가능한 '검색 위치들'은 여러분의 자금을 받으려고 경쟁하는 모든 펀드매니저고, '검색 데이터'는 각 펀드매니저의 투자 실적에 관한 정보다. 늘 시장을 이길 수는 없는 광대한 펀드매니저들의 바다에서 여러분이 한 명의 귀재를 찾아낼 확률은 얼마일까?

안타깝게도 베이즈 규칙이 내놓는 답에 따르면, 그럴 확률은 매우 낮다. 왜 그런지 설명하기 위해 비유를 하나 들겠다. 대다수의 뮤추얼 펀드 매니저들이 동전 던지기를 하고 있다고 가정하자. 어떤 해에는 앞면(H)이 나와 시장을 이기고, 또 어떤 해에는 뒷면(T)이 나와 시장한테 진다(물론 앞면이 나오든 뒷면이 나오든 매니저들은 여러분에게 수수료를 청구한다). 하지만 버핏과 같은 드문 투자자들은 양쪽이 모두 앞면인 동전을 던지는 셈이다. 왜냐하면 해마다 시장을 이기기 때문이다.

이 비유를 염두에 두고서, 버핏의 10년치 실적을 펀드매니저 5명의 실적과 비교해보자면, 아래의 도표와 같은 결과가 나올 것이다.

	1년	2년	3년	4년	5년	6년	7년	8년	9년	10년	총 H
제인 두	H	H	H	T	H	T	T	H	T	T	5
존 불	T	T	H	H	H	H	T	T	T	H	5
진 듀폰트	H	H	T	H	H	H	H	T	T	H	7
잰 잰선	T	T	H	H	H	T	T	T	H	T	4
맥스 머스터만	T	T	H	H	T	T	T	T	T	H	3
워런 버핏	H	H	H	H	H	H	H	H	H	H	10

5명의 투자자들은 실적이 불규칙적이다. 하지만 도표에서 볼 수 있듯이 버핏의 실적은 돋보인다. 버핏은 우월한 주식 선정 능력으로 실적이 남다르다. 둘 다 앞면이라고 해도 이상하지 않은 특수한 동전이 버크셔해서웨이가 있는 네브라스카주 오마하의 한 금고에 모셔져 있

는 셈이다.

하지만 문제가 있다. 월스트리트의 펀드매니저는 훨씬 더 많은 사람 가운데서 돋보여야 한다. 거기에는 동전을 던지면서 수수료나 챙기는 평범한 펀드매니저 5명만 있는 게 아니다. 펀드매니저는 쌔고 쌨으며, 적어도 그중 몇 명은 그냥 우연으로라도 승승장구하는 사람일 가능성이 꽤 있다.

바로 여기서 베이즈 규칙이 등장한다. 정상적인 동전 1,024개가 들어 있는 통을 상상해보자. 이 통 속에 한 친구가 양쪽 모두 앞면인 동전 하나를 넣는다. 이어서 친구는 통을 잘 흔들어서 여러분에게 동전 하나를 무작위로 집어내라고 한다. 여러분은 고른 동전이 양쪽 모두 앞면인 동전인지 알고 싶지만, 양쪽 면을 모두 보기는 규칙상 금지되어 있다. 현실에서도 여러분은 그렇게 할 수 없을 것이다. 왜냐하면 모든 펀드매니저가 마치 앞면이 2개인 동전처럼 보이려고 대단한 마케팅 수법들을 쓰기 때문이다. 따라서 여러분은 어쩔 수 없이 실제로 동전을 10번 던져서 양쪽 모두 앞면인 동전인지를 알아보는 통계적 검사를 수행할 수밖에 없다.

이제 그 동전을 10번 던졌더니 모두 앞면이 나왔다고 하자. 이때 여러분은 그 동전을 가질 것인가 아니면 1,024개의 보통의 동전들 중 하나를 가질 것인가? 이 질문을 베이즈 규칙에 따라 답하려면 다음 사실들을 고려하자.

- 통에는 동전이 1,025개 들어 있다. 1,024개는 정상이고, 1개는 양쪽 모두 앞면이다.

- 양쪽 모두 앞면인 동전 1개는 던졌을 때 당연히 10번 연속 앞면이 나온다.
- 무작위로 고른 임의의 정상적인 동전은 10번 연속 앞면이 나올 확률이 1/1,024이다(1/2를 10번 연속 곱하면 나오는 값이다). 그러므로 통에 든 정상적인 동전 1,024개 가운데 1개는 10번 연속 앞면이 나오리라고 예상할 수 있다.

이 모든 정보를 도표로 작성하면 아래와 같다.

	적어도 뒷면이 한 번	10번 연속 앞면
정상적인 동전	1,023(참 음성)	1(거짓 양성)
양쪽 모두 앞면인 동전	0(거짓 음성)	1(참 양성)

이 도표에 따르면, 통에 든 동전 1,025개 가운데서 2개가 10번 연속 앞면이 나오리라고 예상할 수 있다. 그중 하나만이 실제로 양쪽 모두 앞면인 동전이다. 따라서 10번을 던져서 모두 앞면이 나왔더라도, 그 동전이 진짜로 양쪽 모두 앞면일 확률은 고작 50퍼센트다.

이제 이 통에 든 동전 시나리오를 실적이 평균 이상인 펀드매니저한테서 듣게 될지도 모르는 다음 마케팅 화법과 비교해보자.

저의 이전 실적을 보십시오. 10년 동안 펀드를 운영하면서 매년 시장을 이겼습니다. 제가 열등한 주식이나 고르는 평범한 펀드매니저였다면, 상위 0.1퍼센트에 속하기는 불가능했을 겁니다.

이 시나리오의 수학은 큰 통에 든 동전들의 수학과 똑같다. 비유적으로 말하자면, 펀드매니저는 10번 연속 앞면을 던졌다고 주장하고 있다. 즉 10년 동안 매년 시장을 이겼다는 사실을 근거로 자신이 양쪽 모두 앞면인 동전이라고 주장하고 있는 것이다. 하지만 여러분의 관점에서 볼 때 상황은 그다지 명확하지 않다. 저 영리한 마케팅은 묵시적으로 두 가지 상이한 확률을 뒤섞어놓았다. 그러니까 P(10년 연속 이김 | 뛰어난 주식 선정자)와 P(뛰어난 주식 선정자 | 10년 연속 이김)를 구분하지 않고 있다. 하지만 에이브러햄 왈드 이야기의 핵심 교훈, 즉 조건부확률은 대칭적이지 않음을 상기하자.

그렇다면 이 펀드매니저는 운이 좋았던 걸까 아니면 능력이 우수한 것일까? 두 가지 상이한 사전 가정 아래 베이즈 연산을 해보자. 첫째, 모든 펀드매니저 가운데 1퍼센트는 진짜로 시장을 이기는 사람이며, 나머지 99퍼센트는 그냥 동전 던지기를 하는 것과 다를 바가 없다. 이 가정을 기본으로 1만 명의 펀드매니저 집단을 10년 동안 추적한다.

- 뛰어난 펀드매니저 총 100명(1만 명의 1퍼센트)은 매년 시장을 이긴다.
- 평범한 펀드매니저는 10년 연속 시장을 이길 확률이 약 1,000분의 1이라고 가정하자. 그러면 평범한 펀드매니저는 9,900명이므

로, 그중에 약 10명(여기서 모든 수치는 반올림한 값이다)이 그냥 우연으로 10년 연속 시장을 이긴다고 예상할 수 있다.

따라서 시장을 이기는 펀드매니저들 중에서 100명은 능력이 뛰어나고 10명은 행운이 따랐을 뿐이다. 그러므로 사후확률 P(뛰어난 주식 선정자 | 10년 연속 이김) = 100/110로서 약 91퍼센트다.

하지만 만약 여러분이 뛰어난 펀드매니저가 드물다고 전제하고, P(뛰어난 펀드매니저) = 1/10,000이라고 믿었다면 어떻게 됐을까? 아래에서 보듯이 이 사전확률에 따르면, 사후확률은 훨씬 더 낮게 나온다.

- 이제 매년 시장을 이기는 뛰어난 펀드매니저는 단 1명이다.
- 나머지 9,999명의 펀드매니저들 가운데서, 이번에도 약 10명이 그냥 우연으로 10년 연속 시장을 이긴다고 예상하자.

그러면 P(뛰어난 펀드매니저 | 10년 연속 이김) = 1/11로서, 약 9퍼센트다.[17] 베이즈 규칙에 따르면, 투자자의 실적에 대한 적절한 반응은 사전확률, 즉 뛰어난 펀드매니저가 흔한지 아니면 드문지 여부에 크게 좌우됨을 알 수 있다. 하지만 온갖 증거들로 짐작해볼 때 진짜로 뛰어난 펀드매니저는 매우 드물다. 모든 통계 자료를 살펴봐도, 10년 연속은 고사하고 단 1년만이라도 시장을 이기는 펀드매니저는 지극히 소수다.

정말로 훌륭한 펀드매니저들이 존재할지 모른다. 하지만 베이즈 규칙에 따르면, 매우 장기간의 실적 데이터 없이는 그런 천재들도 단지 행운이 따랐을 뿐인 평범한 펀드매니저와 제대로 구별되지 않는다. 버핏이 투자의 귀재로 확실히 인정받는 데도 수십 년이 걸렸다. 그러므로 재능 있는 펀드매니저를 찾는 문제에 관해 베이즈 규칙이 주는 교훈은 이렇다. 굳이 찾으려고 애쓰지 마라. 유능한 펀드매니저는 4,200킬로미터에 이르는 공해상에서 실종된 잠수함 찾기보다 훨씬 어렵다. 대박 주식을 좇기보다는 주가지수와 채권에 투자하는 편이 더 낫다.

그런데도 여러분이 냉혹한 현실 앞에서 여전히 미래를 낙관한다면, 이 충고만은 듣길 바란다. 만약 제2의 버핏을 찾고 싶더라도 펀드매니저들의 자기 자랑은 그냥 무시해라. 경력이 얼마 되지 않는 펀드매니저의 실적 데이터는 거의 무용지물이다. 그러니 신중에 신중을 거듭하기 바란다. 그렇지 않으면 돈 버는 재주보다는 언변만 번지르르한 펀드매니저를 후원해주는 처지가 되고 말 테니까.

처음에 우리는 분실된 잠수함을 찾기 위한 원리로서 베이즈 규칙과 만났다. 오늘날 베이지언 검색은 수색 및 구조 작업 전문 회사들을 거느린 하나의 업종이 됐다.[18] 가령 여러분은 에어프랑스 447편의 비극을 기억하실지 모르겠다. 2009년 6월에 브라질 리우데자네이루를 출발해 프랑스 파리로 향하다가 대서양에 추락한 비행기다. 잔해 수색은 2년 동안 성과 없이 2011년 후반까지 지지부진하게 이어지고 있었다. 그러다가 한 베이지언 검색 회사가 참여해 확률 지도를 작성했고, 해저 수색 일주일 만에 비행기를 발견했다.[19]

이밖에도 자율주행차의 작동 방식처럼 사전 지식을 새로운 증거로 갱신하는 베이즈 규칙의 핵심 개념은 어디에나 적용되고 있다. 생물학자들은 베이즈 규칙을 이용해 암 발생에 관여하는 유전자의 역할을 이해하려고 하고, 천문학자들은 우리은하의 바깥 가장자리에서 별의 주위를 도는 행성들을 찾는다. 베이즈 규칙은 올림픽 도핑 검사에도 쓰이고, 여러분의 메일함에서 스팸을 걸러내는 일에도 쓰이며, 사지마비 환자가 영화 〈스타워즈Star Wars〉에 나오는 루크 스카이워커처럼 마음으로 로봇 팔을 움직이는 데에도 쓰인다.[20]

그러니 베이즈 규칙은 단지 잃어버린 것을 찾기 위한 원리보다 훨씬 더 광범위하게 사용하는 개념이다. 스콜피온을 찾고 자율주행차가 도로에서 자기 위치를 찾을 수 있듯이 여러분도 베이즈 규칙을 활용하면 매일 마주치는 정보의 홍수 안에서 지혜를 찾을 수 있다.

쓸모 있는 수학 개념

방정식으로 풀어보는 베이즈 규칙

일상에서는 베이즈 규칙의 실제 방정식을 몰라도 된다. 이 장에서 나온 것과 같은 지도와 폭포 다이어그램만 있으면 수학을 거의 몰라도 많은 문제를 풀 수 있다. 하지만 데이터 과학 분야에서 경력을 쌓고 싶거나 아니면 더 자세한 내용을 알고 싶다면, 방정식을 살펴보는 것이 좋다. 이제부터는 대학의 AI나 통계학 수업에서 베이즈 규칙을 가르치는 방식이다.

문자 H는 참일 수도 있고 거짓일 수도 있는 가정을 나타내고, 문자 D는 어떤 관련 데이터를 나타낸다. 베이즈 규칙에 따르면, 가설의 사전확률 $P(H)$를 사후확률 $P(H|D)$로 바꾸는 방법은 아래와 같다.

$$P(H|D) = \frac{P(H) \times P(D|H)}{P(D)}$$

앞에서 나온 의료 검사 예를 가져와 설명해보자. H는 한 여성 환자가 유방암에 걸린다는 가정이고, D는 그 환자의 유방조영술 검사가 양성으로 나온다는 데이터다. 환자의 1퍼센트가 유방암에 걸린다는 사실을, 즉 $P(H) = 0.01$임을 우리는 알고 있다. 마찬가지로 유방암이 있는 환자가 검사를 통해 유방암을 정확하게 판정받을 확률은 80퍼센트다. 즉 $P(D \mid H) = 0.8$이며, 마지막으로 필요한 것이 $P(D)$, 그러니까 검사 결과가 양성으로 나올 확률이다. 폭포 다이어그램에서 보면, 1,000건의 검사 가운데서 약 108건이 양성으로 나온다. 실제로 8건은 진짜 양성이고 100건은 거짓 양성이다. 그러므로 $P(D)$는 약 $108/1{,}000 = 0.108$이다.

이제 모든 준비가 끝났다. 이 세 가지 수치를 베이즈 규칙에 넣으면, 양성 검사가 나왔을 때 암일 사후확률을 아래와 같이 계산할 수 있다.

$$P(H \mid D) = \frac{0.01 \times 0.8}{0.108} = 0.074$$

폭포 다이어그램으로 계산한 것과 똑같은 확률, 7.4퍼센트가 나온다.

[IV]

디지털 비서와 대화하는 법

통계와 알고리즘

수많은 언어 규칙 때문에

정작 본인들조차 의사소통이 원활하지 않는 인류는

어떻게 인간의 언어를 구사하는 기계를 만들었는가.

인간은 기계가 언어를 이해하도록 꾸준히 노력해왔다. 자신들도 종종 언어 실수를 하면서 말이다. 가령 사람들은 'for all intensive purposes'나 'at his beckon call'과 같은 엉터리 표현을 곧잘 쓰는데, 정확한 표현은 각각 'for all intents and purposes'('사실상' '현실적으로'란 뜻: 옮긴이)와 'at his beck and call'('명령에 따를 준비가 되어 있는'이란 뜻: 옮긴이)이다. 또 사람들은 노래 가사를 엉뚱하게 듣는다. 가령 빌리 조엘Billy Joel의 한 노래 가사를 "We didn't start the fire. It was always burning, said the worst attorney"로 듣곤 하는데, 실제 가사는 이렇다. "We didn't start the fire. It was always burning since the world's been turning." 마찬가지로 마돈나Madonna의 "Like a virgin, touched for the very first time"도 "Like a virgin, touched for the thirty-first time"으로 잘못 듣는다. 사람들은 번역 실수도 한다. 예를 들어 2009년에 미국 국무장관 힐러리 클린턴Hillary Clinton은 러시아 외무장관에게 어떤 선물을 증정하는 행사를 벌였다. 영어와 러시아어로 "리셋"이라고 말하도록 설정된 큰 빨간색 버튼이 그 선물이었다. 러시아와의 관계에 "리셋 버튼을 누르자"라는 오바마 행정부의 정책을 상징하는 의미였다. 하지만 정책은 잘 진행되지 않았고, 선물마저 어깃장을 놓았다. 힐러리 클린턴은 러시아어로 "리셋"이라고 말하지 않고 "바가지를 씌운다"라고 말해버렸다고 한다.

하지만 이렇게 실수를 하는 인간들의 손을 통해서도 기계들은 언어에 능숙해지고 있다. 아주 빠르게 말이다. AI 전문가들은 '자연언어처리Natural Language Processing, NLP', 즉 NLP라는 용어를 이용해, 어떻게 컴퓨터가 인간의 일상 언어인 자연언어를 구사할 수 있는지 설명한다. 다음 사례들에서 알 수 있듯이, 지난 몇 년 동안은 NLP의 굉장한 성장기였다.

- 아마존의 에코Echo와 구글 홈Google Home 같은 디지털 비서들은 몇 년 전의 투박한 음성-텍스트 변환 프로그램보다 훨씬 우수하다. 이 비서들은 일정을 잡아주고, 식료품 목록을 작성하고, 노래를 고르고, 신용카드로 결제하는 일까지 전부 음성으로 한다. 그 정확도 역시 공상과학 작품에서나 보던 수준으로 높다.
- 구글 번역은 기계 번역 부문에서 눈부신 발전을 보여줬다. 2016년 버전만 해도 100가지가 넘는 언어를 훌륭하게 번역할 수 있다. 속도도 매우 빨라 식당 메뉴나 기차역 표지판에 스마트폰 카메라를 대면 번역문이 곧바로 나온다. 스카이프도 실시간 화상 통화에서 비슷한 기능을 제공한다.
- 인간의 대화를 모방하도록 설계한 소프트웨어 챗봇Chatbot이 디지털 세계의 주류로 떠올랐다. 특히 페이스북 메신저에서 활발히 쓰이고 있는데, 거기서 여러분은 봇에게 여행 관련 검색 엔진 카약Kayak을 통해 여행을 예약하게 하거나 판매자 봇을 통해 구매한 물품의 배송 상태를 확인할 수 있다. 챗봇은 중국에서 훨씬 더 인기

가 많은데, 중국에서는 대다수 스타트업 회사가 자사의 웹사이트를 제작하기도 전에 9억 3,000만 명의 사용자 기반을 가진 위챗에 공식 봇부터 만든다.

오늘날 기계는 글쓰기도 배운다. 미국 연합통신은 박스 스코어box score(각 선수의 실적을 상세히 기록한 시합 결과표: 옮긴이)를 통해 야구 경기의 개요를 대략적으로 정리하는 알고리즘을 이용해왔다. 그리고 요즘에는 그 알고리즘을 이용해 기자 없이 멀리서 벌어지는 대학 야구 경기들을 보도한다. 그 시스템은 심지어 스포츠 기사의 상투어를 삽입할 줄도 안다. 세일즈포스Salesforce의 데이터 과학자들도 최근에 비슷한 프로그램을 개발했는데, 이 프로그램은 자사 직원들이 빠르게 뉴스 내용을 숙지할 수 있도록 긴 기사를 간결하게 요약해준다. 그리고 우리 두 저자는 학자로서 논문의 동료심사peer review를 받는 과정이 매우 고역임을 잘 알기에, 이탈리아에 있는 트리에스테대학교의 연구자들이 어떤 알고리즘을 하나 만들어냈다는 소식을 듣고도 전혀 놀라지 않았다. 실제 학술지 편집자들을 속일 만큼 훌륭하게 가짜 동료심사 보고서를 쓰는 알고리즘 말이다.[1] 그리고 소프트웨어 개발자 앤디 허드Andy Herd의 프로젝트가 있다. 허드는 한 신경망 프로그램을 1990년대 인기 시트콤 〈프렌즈Friends〉의 온갖 대사들로 학습시키면 과연 어떤 종류의 새 에피소드를 써낼지 알아봤다. 확실히 말도 안 되는 대본이 나오기는 했지만 놀랍게도 시트콤풍이기는 했다. 거기서도 모니카는 굉장히 공격적인 성격이며, 챈들러는 맨날 징징대고, 장 클로드 반담Jean Claude Van Damme 같은 1990년대의 영화계 스타들이 카메오로 출연하기도 했다.

반 담
화장실 갈래.

모니카
계속 이야기해!

피비
와! 쟤 좀 봐! 폴짝폴짝 개한테 갈 거면서…… .

챈들러
그래서 피비는 내 바지를 좋아한단 말이야.

모니카
저 머저리!

챈들러
(움찔하더니 여자들한테 달려가서 애원조로) 선물 좀 줄래?[2]

〈프렌즈〉가 총 236편보다 많았다면 어떤 결과가 나왔을까? 시트콤으로서는 장기간 상영이겠지만 신경망이 데이터로 학습하기에는 여전히 미미한 양일 것이다. 따라서 언어를 인식하는 AI 시스템과 함께

하는 미래를 이해하고자 한다면, 기계가 가끔 저지르는 웃기는 실수에만 관심을 가지지 말고, 어떻게 기계가 매우 효과적으로 듣고 말하고 쓰는 법을 배우는지에 관심을 가져야 한다.

이제 컴퓨터는 '통계'로 인간과 대화한다

여기서 두 가지 혁명을 소개하면 의미가 있을 듯하다. 첫째는 1950년대에 절정을 이룬 프로그래밍언어 혁명이다. 둘째는 현재 우리 삶에도 영향을 끼치고 있는 자연언어 혁명이다. 이 두 혁명은 상당히 다르지만, 한 가지 중요한 개념을 공유한다. 바로 기계가 사람의 말을 이해하도록 만들자는 것이다.

그러려면 사람의 말을 기계가 다룰 수 있는 언어로 표현해야 한다. 달리 말해서 말을 숫자로 변환해야 한다. 수십 년 동안 그렇게 하기 위한 유일하고도 효과적인 방법은 미리 정해진 규칙을 바탕으로 한 하향식 접근법, 즉 개괄적인 측면부터 점차 세분화하는 처리 방식이었다. 그 규칙을 두 당사자, 즉 '기계'와 '인간'이 언어로 상호작용하는 방법을 기술한 계약이라고 생각해보자. 여러분이 생각할 수 있는 가장 자세한 법률 계약, 가령 변호사들이 작성한 법률 계약보다 100배는 더 자세할 것이다. 이 자세한 계약이 바로 기계의 프로그래밍언어다. 그리고 이 특수한 언어를 요약해서 설명하자면 아래와 같다.

- 인간을 위한 규칙들의 집합이 있는데, 이를 프로그래밍언어라고

한다(대표적인 예로 파이선Python, 자바JAVA 그리고 펄Perl 등이 있다). 프로그래밍언어는 +, = 같은 수학 기호와 더불어 IF, THEN, WHILE 등과 같이 보통 짧은 길이를 갖는 제한된 어휘의 영어 단어로 구성된다. 프로그래밍언어에는 문법도 있다. 여기서 문법이란 기계가 어떤 특정한 일을 하도록 지시하는 인간의 말을 타당한 '문장'으로 변환시키는 규칙을 가리킨다.

- 기계를 위한 규칙들의 집합은 '컴파일러compiler'라는 것 속에 부호화되어 있다.[3] 이 규칙들은 기계 내부에서 자세한 단계별 명령어들을 제공하며, 인간 프로그래머한테는 보이지 않는다. 이 규칙들을 적용해야 프로그래밍언어로 표현된 문장 각각을 '기계언어', 즉 비트와 벡터로 표현할 수 있다.

이 언어는 직역된다. 만약 여러분이 프로그래밍언어로 문법에 맞게 문장을 작성하면, 기계는 여러분이 말하는 바를 그대로 행해야 한다. 그런데 만약 단어 철자를 틀린다거나 세미콜론을 생략하는 것처럼 아주 사소하게라도 문법에 어긋나게 쓴다면, 기계는 가운뎃손가락을 나타내는 2진 표현 00100을 보여줄지도 모른다.

수십 년 동안 프로그래밍언어는 사람과 컴퓨터가 제대로 대화를 나누게 해주는 유일한 수단이었다. 이 장에서 배우겠지만, 프로그래밍언어는 컴퓨터 시대의 초기에 비하면 거대한 도약이었다. 그 시기에는 사람들이 0과 1로 된 2진 언어로만 컴퓨터와 대화를 나눌 수밖에 없었으니 말이다. 당연히 2진 언어만 사용해서는 컴퓨터를 상대로 인간의 뜻을 자세히 전달하기 어려웠다. 물론 대상을 가리키기, 클릭하기, 마우스로 대상 선택하기 등의 몇 가지 방법으로 사소한 일을 할 수는 있었다. 하지만 다른 사람들에게 손가락으로 무언가를 가리키거나 눈썹 끝에서 내려오는 메뉴만 이용해 의사소통해야 한다고 상상해 보자. 얼마나 볼품없는가. 언어는 훨씬 효과적이다. 그러니 1950년대 이후로 누군가 언어를 이용해 컴퓨터를 거느리고자 했다면 프로그래밍언어는 필수로 익혀야 했다.

하지만 더 이상은 그렇지 않다. 2010년 이후로 AI 분야의 가장 똑똑한 인재들이 계약 용어의 두 번째 집합을 만들어냈는데, 이는 인간-기계언어 상호작용을 위한 일종의 '새로운 거래'였다. 이 거래는 하향식이 아니라 상향식이다. 그리고 이 거래를 통해서라면 미리 규정된 문법 규칙들이 담긴 큰 책 없이도 인간이 일상적으로 사용하는 자연언어로 기계에 말을 걸 수 있다. 기계 역시 영어든 중국어든 한국어든 가릴 것 없이 무슨 언어든 우리가 하는 말의 뜻을 해석해 우리가 정한 언어로 대답할 수 있다. 이때 설령 우리가 세미콜론을 빼먹더라도 개의치 않고 적절하게 대답해준다.

이 새로운 거래를 만들기 위해 우리는 기계에 다음과 같은 세 가지를 제공했다.

1. 장난감: 빠른 GPU와 큰 메모리
2. '단어 벡터word vector'를 기반으로 한 신경망 형태의 고급 소프트웨어. 단어 벡터는 언어와 수학을 결합하는 대단히 멋진 개념으로서, 단어를 숫자로 변환해 우리가 예측 규칙을 만들게 해준다.
3. 지난 20년 동안의 언어 데이터. 인간의 언어 자원을 압도적인 규모

로 디지털화하면서 데이터가 누적된 결과 가능해졌다.

마지막이 가장 중요하다. 가령 우리는 '바지를 내려라drop your trousers'와 '바지를 맡겨라drop off your trousers' 중 하나만이 세탁소와 관련된 말임을 안다. 이런 지식은 명시적인 규칙으로 부호화하기 어려운데, 왜냐하면 규칙이 너무 많이 관여하기 때문이다. 믿거나 말거나, 그런 말을 기계에 가르치는 최상의 방법은 사람들이 어떻게 말하는지에 관한 사례들을 엄청나게 큰 하드드라이브에 한가득 입력한 다음, 기계가 스스로 통계적 모형을 이용해 그런 예들을 구분하도록 만드는 것이다. 이렇게 순전히 데이터 중심적으로 언어에 접근하는 것이 순진해 보일 수 있다. 하지만 얼마 전까지만 해도 인간에게는 그런 방식을 작동시킬 수 있을 만큼 충분한 데이터도, 충분히 빠른 컴퓨터도 없었다.

오늘날 데이터는 제 몫을 단단히 하고 있다. 2017년의 한 기술 콘퍼런스에서 구글이 발표한 바에 따르면, 이제 기계의 언어 인식 능력은 인간과 대등하다고 한다. 단어 받아쓰기 오류율이 4.9퍼센트에 불과한데, 이는 2013년까지만 해도 20~30퍼센트였던 것에 비하면 극적으로 향상된 결과다. 이렇게 획기적인 언어 실력의 도약이야말로 기계가 오늘날 아주 똑똑해진 큰 이유다. 어찌 보자면 AI가 지난 10년 동안 이룬 가장 중요한 성과는 바로 언어 인식 능력이 인간 수준으로 향상된 것이다.

그렇다면 티핑 포인트tipping point, 즉 전환점은 언제였고, 어떻게 그 지점에 이르게 됐을까? '단어 벡터'는 무엇이며, 왜 그렇게 유용할까?

기계가 언어를 배우는 데 데이터가 왜 그렇게나 중요할까? 왜 기계는 우리의 언어 규칙을 바로 따를 수 없을까? 초등학교 3학년한테 문법을 가르치는 것처럼 기계에 파이선을 이해시킬 수는 없을까?

이런 질문들에 답하기 위해 그레이스 호퍼Grace Hopper의 이야기를 들려주려 한다. 호퍼는 별명이 '어메이징 그레이스Amazing Grace'였는데, 그 이유는 우리가 소개하는 인물 중에서 유일하게 호퍼가 미국의 인기 텔레비전 프로그램인 〈레이트 쇼 위드 데이비드 레터맨Late Show with David Letterman〉에 나왔기 때문만은 아니다(호퍼가 레터맨과 나눈 인터뷰는 유튜브에서 쉽게 찾을 수 있다). 호퍼는 1934년 예일대학교에서 수학 박사학위를 받은 뒤, 2차대전 때 미 해군에 들어가서 42년 동안 제복을 입고 국가에 봉사했다. 그러면서 역사상 최초로 컴퓨터에 영어를 이해시키는 사람이 됐다. 따라서 왓슨, 알렉사, 챗봇, 구글 번역 등 디지털 세계에서 언어와 관련된 모든 경이로운 업적의 이야기는 전부 어메이징 그레이스와 함께 시작한다고 해도 무방하다.

컴퓨터 코딩의 여왕, 그레이스 호퍼

호퍼는 1906년 뉴욕에서 태어났다. 어릴 때부터 호퍼는 자신의 집안이 독립심과 애국심이라는 두 가지 가치를 특별히 소중하게 여긴다는 사실을 알아차렸다. 다음은 호퍼가 부모와 함께 뉴햄프셔로 여름 여행을 갔을 때의 일화다. 혼자 호수로 나가서 카누의 노를 젓고 있던 호퍼는 갑자기 돌풍이 불어 카누가 뒤집히면서 그만 호수에 빠지고 말았다. 딸이 첨벙거리는 모습을 본 어머니는 이상하게도 아무런 신경도 쓰지 않았다. 오히려 메가폰을 잡더니 이렇게 외쳤다. "네 증조부님이 해군 제독이셨다는 걸 잊지 마라!" 그러자 호퍼는 즉시 카누를 끌고 뭍으로 헤엄쳐 나왔다.[4]

그 증조부가 알렉산더 윌슨 러셀Alexander Wilson Russell 소장으로, 젊은 시절에는 바르바리 해적과 싸웠으며 남북전쟁 때는 북군 소속 해군으로 복무했다. 하지만 호퍼 집안의 군인 계보는 훨씬 더 먼 과거까지 올라간다. 호퍼의 조상 중에는 1775년에 영국에 맞서 조국을 지키고자 소총을 들고 매사추세츠주 콩코드로 진격한 새뮤얼 레뮤얼 파울러Samuel Lemuel Fowler라는 사람이 있었는데, 호퍼는 평생에 걸쳐 그 이야기를 하곤 했다. 그리고 168년 후에 자신도 똑같이 하게 되는데, 이번에는 영국에 맞서기 위해서가 아니라 함께 싸우기 위해서였다.[5]

1924년 가을 호퍼는 취업을 준비하겠다고 마음먹고 배서칼리지(현재는 남녀공학이지만 당시에는 여자대학이었음: 옮긴이)에 입학했다. 바로 그해에 배서칼리지는 교과목에 세 가지 수업을 새로 포함시켰다. 바로 '모성' '남편과 아내' 그리고 '경제 단위로서의 가족'이었다. 호퍼는 그중 한 과목도 듣지 않았다. 대신에 '전자기장' '확률과 통계' 그리고 '복소변수론'을 선택했다. 어머니가 적극적으로 권유했고 호퍼 자신도 수학에 관심이 많았기 때문이다. 이처럼 호퍼는 당시 여성들에게 열려 있던 전통적인 길을 전혀 따르지 않았지만 대학 성적은 매우 좋았다. 그 결과 1928년 수학과 물리학에서 우등으로 학위를 취득했으며, 곧장 예일대학교의 수학과 박사과정에 들어갔다.

1931년, 아직 박사 논문이 완성되기도 전에 호퍼는 배서칼리지로 되돌아가서 수학과 교수진에 합류했다. 그리고 수학을 향한 자신의 사랑과 호기심을 학생들에게까지 퍼뜨렸다. 호퍼의 강의는 정원이 75명까지였는데, 대기자들이 줄을 이을 정도로 인기가 있었다. 추상적인 설명은 줄이고 실제적인 시연을 늘린 강의 방식도 특이했다. 가령 변위displacement 개념을 가르칠 때는 전 학급을 욕실로 데려가서 시연자가 욕조에 들어가는 모습을 보여주기도 했다.[6] 1934년에 호퍼는 예일대학교로 돌아가 학위 논문을 제출하고 박사과정을 마친 뒤 다시 10년 동안 배서칼리지에서 강의를 계속했다.

호퍼, 최초의 디지털 컴퓨터를 만나다

2차대전이 발발하면서 호퍼의 인생은 완전히 바뀌었다. 1942년 진주만 공습과 위대한 증조부를 추모하며 호퍼는 당시 여성에게 입대가 허용된 몇 안 되는 군대 중 하나인 미 해군 여성 예비군에 입대하려고 했다. 하지만 나이가 너무 많은데다가, 신체 요건에서 키 170센티미터에 몸무게가 47킬로그램으로 7킬로그램 정도 미달했다. 결국 입대를 거부당했지만 국가에 봉사하겠다는 호퍼의 결심은 굳건했다. 그래서 체중 요건을 면제받기 위해 특별한 문서까지 구비해서 입대를 재신청했다. 그리고 마침내 1943년 12월 미 해군 여성 예비군에 들어갔다.[7] 장교 후보생 시절은 빨리 흘러갔다. 호퍼의 표현에 따르면, "명령받는 법을 배우는 데 30일, 명령하는 법을 배우는 데 30일, 그러고 났더니 해군 장교가 되어 있었다".[8] 호퍼는 800명의 학생 중에서 수석으로 졸업한 뒤 1944년 6월 중위로 임관했다.

호퍼는 수학을 전공한 배경 때문에 자신이 암호해독 부대에 배속되리라고 여겼다. 하지만 수학이란 배경에 훨씬 더 잘 맞는 일은 따로 있었다. 호퍼는 매사추세츠주 케임브리지로 출근하라는 지시를 받았다. 그리고 거기서 하버드 마크 IHavard Mark I의 운용법을 배우는 세 번째 사람이 됐다. 하버드 마크 I은 미국 최초로 프로그래밍이 가능한 디지털 컴퓨터였다. 훗날 유명인사가 된 호퍼는 어떻게 컴퓨터 세계에 들어오게 됐는지를 묻는 인터뷰에서 간단히 이렇게 대답했다. "해군으로부터 미국 최초의 컴퓨터한테 가라는 명령을 받았고, 그래서 출근했습니다."[9]

마크 I은 하워드 에이켄Howard Aiken이라는 사람이 구상한 뒤 IBM이 제작해 전시 활동 명목으로 하버드대학교에 기증했다. 하버드대학교는 에이켄이 교수이자 해군 장교로 있는 곳이었다. 마크 I은 거대한 짐승 같았는데, 세미트레일러 차량보다 더 길었고 무게는 4.2톤 이상으로 코뿔소 2마리를 합친 것보다 더 무거웠다. 가로와 세로 및 높이는 대략 15미터, 2미터, 1미터였다. 또한 전선의 총 길이는 850여 킬로미터였고, 전기 스위치는 76만 5,000개였으며, 날렵하고 현대적인 케이스는 미국의 유명 디자이너 노먼 벨 게데스Norman Bel Geddes의 작품이었다. 마크 I은 다목적용이라는 점에서 초기의 여타 컴퓨터들과 달랐다. 미분방정식, 선형대수, 조화해석 및 통계를 다룰 수 있었으며, 프로그래밍을 하면 로켓, 잠수함, 레이더 전파 등 무엇이든 시뮬레이션할 수 있었다. 이런 마크 I을 두고 고안자인 에이켄은 '범용 산수 기계'라고 불렀고, 신문들은 '로봇 두뇌'나 '대수의 특급 두뇌'라고 불렀다.[10] 군대의 거물급 인사들이 방문했을 때, 에이켄은 이렇게 으스

댔다고 한다. 마크 I은 1초 안에 세 가지 수를 더할 수 있고, 긴 나눗셈(장제법)을 14.7초 안에 할 수 있다고.[11] 여담이지만, 그런 수치들을 2017년의 아이폰 X과 비교하면 흥미롭다.

	크기(센티미터)	무게(그램)	초당 연산 횟수
하버드 마크 I(1944)	1,550×250×90	4,284,180	3
애플 아이폰 X(2017)	14×7×1	138	350,000,000,000

단위 부피당 초당 연산 횟수로 측정하면, 아이폰 X이 4×10^{15}배 더 성능이 뛰어나다. 하지만 그때는 마크 I이 수를 처리하는 속도가 사람보다 훨씬 빨랐다. 게다가 신형 아이폰이 나오기까지는 73년이나 남아 있던 때였다.

하버드대학교에 첫 출근한 날, 호퍼의 지휘관은 딱 일주일 시간을 줄 테니 마크 I을 프로그래밍하는 법을 배우라고 지시했다. 여러분도 곧 알게 되겠지만, 문제의 프로그래밍 학습은 지루하고 짜증나는 일이었다. 게다가 사용설명서도, 기술 지원 챗봇도 없었고, 마감 시간도 어길 수 없었다. 때는 마침 연합군이 노르망디 해변을 맹공격하던 1944년 여름이었다. 마크 I팀은 군인들에게 장거리 대포를 어떻게 조준해야 하는지를 알려주기 위해 탄도 사거리표를 계산하는 임무를 부여받았다. 게다가 팀의 중요 프로젝트는 결코 그것만이 아니었다. 가장 큰 프로젝트는 따로 있었다. 1944년 8월에 받은 '문제 K'였다. 뉴멕시코주 로스앨러모스의 한 연구실에서 요청한 굉장히 복잡한 계산 임무로, 일급비밀 프로젝트였다.

1944년에는 컴퓨터에 어떻게 말을 걸었을까?

전쟁이 끝난 뒤에 호퍼는 얼마든지 배서칼리지로 돌아가 수학과 정교수로서 살아갈 수 있었다. 하지만 종신 교수직보다 컴퓨터를 더 좋아한 까닭에, 해군 예비군에 남아 소수의 컴퓨터 전문가들 중 한 명으로 계속 활동했다. 그리고 얼마 지나지 않아 마크 I을 프로그래밍하느라 생기는 짜증을 이겨내고 역사적인 단계로 들어섰다. 바로 영어로 컴퓨터에 말을 건 최초의 사람이 된 것이다.

호퍼는 전쟁이 끝나고 하버드컴퓨터연구소에서 4년 동안 일했다. 그 뒤 유니박UNIVAC이라는 컴퓨터를 만든 에커트-모클리컴퓨터회사Eckert-Mauchly Computer Corporation에서 제안한 일자리를 수락했다. 호퍼 본인에게도 컴퓨터의 미래를 위해서도 필연적인 결정이었다. 유니박이 등장하기 전에는 컴퓨터를 수학과 과학 분야에서 쓰는 거대한 계산 도구로만 여겼을 뿐, 다른 용도로는 거의 쓰지 않았다. 전문가들은 컴퓨터가 미국을 통틀어 20대만 있으면 된다고 생각했고, 그마저도 주로 정부 주도 연구실에나 필요하다고 말했다. 하지만 호퍼의 유니박 연구로 상황이 달라졌다. 호퍼가 입증한 바에 따르면, 컴퓨터는 데이터베이스가 관련되는 사업 문제에도 유용했다. 전쟁 기간 동안 마크 I이 풀지 않은 비非수학 문제에도 쓸모가 많았던 것이다. 호퍼 덕분에 사방팔방에서 이 새로운 기계의 잠재력을 알아보기 시작했다.

US스틸US Steel은 유니박을 구매해 급여 관리에 사용했다. 매트라이프MetLife도 한 대를 구입해 보험료 계산에 이용했다. 또한 듀퐁DuPont, 제네럴일렉트릭General Electric, GE, 인구조사국Census Bureau, 웨스팅하우스Westinghouse 등이 데이터 처리를 위해 제품을 구입함으로써 유니박은 세계 최초로 상업적 성공을 거둔 컴퓨터가 됐다.[12]

하지만 호퍼의 위대한 업적은 따로 있었는데, 이를 설명하려면 1944년부터 제기된 한 질문으로 되돌아가야 한다. 호퍼는 어떻게 하버드 마크 I에 지시를 내렸을까? 어떻게 76만 5,000개의 전기 스위치에 탄도 사거리표를 계산하도록 시켰을까?

호퍼는 그 과정을 이렇게 묘사했다. "수학의 모든 과정을 덧셈, 곱셈, 나눗셈 등 일련의 매우 작은 단계들로 분해하고 (…) 그리고 그것들을 차례차례 놓는다."[13] 말은 간단해 보인다. 하지만 결코 간단하지 않다. 이런 지시들을 마크 I의 '기계언어', 즉 기계가 이해할 수 있는 유일한 언어로 변환하는 과정은 매우 어려운 일이었다.

기계언어가 무엇인지 이해하고 싶다면 차茶를 우리는 컴퓨터 프로그래밍을 상상해보자. 파이선과 같은 현대의 '고급 수준' 프로그래밍 언어를 쓴다면, 다음과 같을 것이다. (1) 찻주전자에 찻잎을 2스푼 넣는다. (2) 물 500그램을 넣고 끓인다. (3) 끓는 물을 찻주전자에 붓고 4분 동안 우려낸다. 하지만 기계언어에서는 이런 지시들을 훨씬 더 세세하고 구체적으로 분해해야 한다. "물을 끓여라"라고 말하는 대신에, 우선 싱크대로 걸어가는 법을 기술해야 한다. 왼발을 움직인 다음에는 오른발을 움직이고, 다시 왼발을 움직이고, 이런 식으로 계속 반복하는 과정의 필요성을 설명해야 한다. 그런 뒤 주전자에 물을 채우는 법을 기술해야 한다. 즉 오른손을 들어서 수도꼭지를 잡고 손잡이를 반시계 방향으로 돌리는 과정을 설명해야 한다. 그다음에는 물을 끓이고 차를 우려내고 차를 따르는 법을 아주 지겨울 정도로 자세하게 기술해야 한다. 게다가 이 모든 지시를 인간의 말이 아니라 긴 테이프 종이에 구멍을 뚫어 수치 부호를 입력하는 방식으로 표현해야 한다. 그래야 마크 I은 내부 회로에서 정확히 어떻게 비트(0과 1로 된 2진수)들을 조작해야 하는지 알 수 있다. 따라서 프로그래머라면 어떤 부호가 어떤 일을 하는지를 습득해야 한다. 차를 우리는 경우, 가령 부호 72 04가 "왼발을 움직여라"라는 뜻인지 아닌지, 61 07이 "수도꼭지를 오른손으로 잡아라"라는 뜻인지 아닌지 알아야 하는 것이다.

72 04, 61 07…… 이것이 전형적인 기계언어다. "사느냐, 죽느냐"와는 너무나 다른 말이며, 심지어 "알렉사, 1980년대 음악 좀 틀어봐"라는 말과는 더더욱 다른 말이다. 퓰리처상 수상작가인 더글러스 호프스태터Douglas Hofstadter는 이렇게 말했다. "기계언어로 쓰인 프로그램은 원자들이 모여 이루어진 DNA 분자와 비슷하다."[14] 오늘날에도 컴퓨터가 '생각하는' 방법은 여전하다. 그리고 디지털 시대가 시작될 무렵에도 컴퓨터에게 무엇을 어떻게 하라고 말할 다른 방법은 존재하지 않았다. 당시의 프로그래머는 기본적으로 2진 배관공인 셈이었다. 수학 문제를 기계언어로 번역하는 방법을 알려주는 부호 일람표의 도움을 받아 비트들을 컴퓨터 회로에 끼워넣는 일을 했으니 말이다. 부호 일람표에서 찾은 항목대로 테이프에 구멍들을 뚫고서 그 테이프를 컴퓨터에 입력한 다음에 행운을 비는 사람이 바로 당시의 프로그래머였던 것이다.

그런데 이런 식으로 컴퓨터에 말을 거는 방법은 지루하고 실수가 잦았다. 설상가상으로 일부 초기 컴퓨터는 통상적인 10진수(기수 10)조차 사용하지 않고 8진수(기수 8)를 사용했는데, 이 때문에 7 + 1 = 10 또는 5 × 5 = 31이 되듯 산수마저 알쏭달쏭했다(통상적인 10진수 8과 25는 8진수로 각각 10과 31로 표현된다). 그래서 프로그래머들이 무척 고생을 했는데, 호퍼도 마찬가지였다. 한번은 몇 주 간에 걸쳐서 바이낙BINAC이라는 컴퓨터에 8진수로 프로그래밍을 한 뒤 수표책을 결산하는데, 아무리 숫자들을 여러 번 입력해도 총액이 맞아떨어지지 않았다. 그러다가 문득 자신이 입력한 숫자들이 은행에서 쓰는 숫자들과 맞아떨어지지 않는다는 사실을 깨달았다. 무심결에 수표책의 숫자들을 전부 8진수로 적었던 것이다.[15]

컴퓨터가 스스로 프로그래밍하도록 만들다

호퍼는 수표책 사건을 통해 컴퓨터의 문제점, 즉 컴퓨터는 인간의 언어로 말하지 않는다는 사실을 뼈저리게 느꼈다. 동시에 컴퓨터가 더 나아질 가능성도 엿봤다. 그 가능성은 나중에 '서브루틴subroutine'이라고 알려지는 흔한 패턴들을 공책에 적어두자는 발상 덕분에 싹을 틔웠다.

농담을 무척 좋아하는 죄수들이 있다고 해보자. 죄수들은 농담을 너무 많이 듣다 보니, 편의상 각각의 농담에 번호를 매겼다. 그리고 한 명이 "31!"이라고 외치면 나머지 죄수들은 웃음을 터뜨렸다. 또 한 명이 "17!"이라고 외치면 더 큰 웃음소리가 터져나왔다. 이어서 세 번째 죄수가 "104!"라고 외치자 이번에는 다들 조용해졌다. 왜냐하면 104는 어떤 식으로 말하느냐에 따라 우스울 수도 아닐 수도 있는 농담이었기 때문이다.

컴퓨터에서 서브루틴은 번호를 매긴 농담과 비슷하다. 서브루틴은 이차방정식의 인수분해나 숫자열을 분류하는 것처럼 반복적으로 등장하는 문제를 해결하기 위한 부호를 말한다. 마크 I을 위한 서브루틴을 작성할 때마다 호퍼는 공책에 옮겨 적었다. 필요할 때마다 일일이 다시 만들어내는 번거로움을 막기 위해서였다. 머잖아 기계언어로 적은 기나긴 서브루틴 목록이 생겼다. 서브루틴 하나를 다시 사용하고 싶을 때는 이 공책을 보고 그대로 테이프에 구멍을 뚫으면 됐다. 하지만 그렇게 하는 데에도 시간이 많이 걸렸고, 단 한 번이라도 실수하면 프로그램 전체를 망치는 것은 마찬가지였다.

그런 와중에 호퍼는 마크 I이 사람보다 훨씬 뛰어난 복사 능력을 가졌다는 사실을 알아차렸다. 그리고 한 가지 아이디어를 떠올렸다. 죄수들이 농담에 붙인 숫자들처럼 수학적 부호로 색인을 붙인 서브루틴 목록을 저장해두었다가, 특정 과제를 수행하느라 서브루틴이 필요할 때마다 컴퓨터가 복사해서 번역(컴파일)하도록 프로그래밍하면 되지 않을까? 다시 말해서 컴퓨터가 스스로 프로그래밍하도록 프로그램을 짜면 되지 않을까?

'컴파일러'라는 개념은 컴퓨터 역사에서 가장 중요한 소프트웨어 혁명이다. 차 우리기 과정으로 되돌아가자면, 이제 프로그래머는 주전자에 물을 채우고 싶을 때마다 더 이상 '오른손을 올려 수도꼭지를 잡아 돌리고'와 같은 지시를 일일이 부호로 적지 않아도 된다. 대신에 주전자에 물을 채우고 물을 끓이기 위한 고급 수준의 적절한 부호 언어를 기계에 입력하기만 하면 된다. 그러면 기계는 그 서브루틴을 차를 우리기 위한 프로그램으로 번역한다. 작성하는 데 일주일이 걸리던 프로그램이 이젠 5분 안에 끝나게 된 것이다. 게다가 각 서브루틴은 작성한 프로그램에 오류가 없는지 미리 확인하는 디버깅debugging을 완료한 상태여서 제대로 작동하지 않는 일은 없다. 농담을 틀리게 말하려야 할 수도 없는 셈이다.

호퍼가 처음 이 아이디어를 상관들에게 보고하자, 미친 생각이라는 반응이 돌아왔다. 컴퓨터는 수학 문제만 다룰 수 있다면서 말이다. 컴퓨터가 스스로 프로그램을 작성할 수는 없고, 오직 인간만이 그럴 수 있다고 여겼던 것이다. 호퍼는 자신이 제일 좋아하는 문구를 꺼내들었다. 이후로도 오랜 세월 여러 번 써먹게 될 문구였다. "언어에서 가장 위험한 표현은 '우리는 늘 그런 식으로 해왔어'입니다." 물론 호퍼가 결국에 증명해냈듯이 호퍼의 상관들은 틀렸다.[16]

호퍼는 거기서 멈추지 않았다. 컴파일러라는 발상을 해낸 덕분에 한 가지 확신이 들었기 때문이다. 컴퓨터의 미래는 컴퓨터에 더 쉽게 말을 거는 방법이 좌우하리라는 것이었다. 그러려면 구식 2진수 표현을 수학적 부호 언어로 대체하는 것으로는 한참 부족했다. 과학자나 해군 연구자들은 상관없었지만, 대다수의 잠재적 컴퓨터 구매자들은 코사인과 같은 수학적 기호를 알 리가 없었기 때문이다.[17] 또 사업가들에게 컴퓨터에 로켓의 궤적을 계산하는 법을 가르칠 언어는 필요하지 않았다. 사업가들한테 필요한 것은 회계, 가격, 매출, 급여, 노동시간 등의 데이터베이스를 다루기 위한 언어였다. 그리고 온갖 상업 분야에서 데이터를 취급할 공통어는 오직 하나, 영어뿐이었다. 결국 호퍼는 영어로 입력할 수 있는 컴퓨터를 프로그래밍해야 한다고 결론 내렸다.

하지만 상관들은 컴퓨터가 영어를 이해한다는 것은 있을 수 없는 일이라면서 자금을 지원하지 않았다. 발상 자체가 터무니없다고 여겼으며, 컴퓨터는 기호와 수학을 이용해서 인간이 프로그래밍해야 하는 것이라고 계속 주장했다. 우리는 늘 그렇게 해왔다면서.[18] 이것이 1953년의 현실이었다.

호퍼가 컴퓨터계의 마초 문화에 도전한 것은 그때가 처음이 아니었다. 물론 마지막도 아니었다. 호퍼는 카누를 타다가 돌풍 때문에 물속에 빠졌을 때 헤엄쳐서 뭍으로 나왔듯이 따로 시간을 내서 자신의 아이디어를 계속 밀어붙였고, 1955년 1월 마침내 시제품을 내놓았다. 그리고 회사의 고위급 중역들을 모아놓고 발표하는 자리에서 유니박이 '데이터 처리 컴파일러'를 통해 영어 프로그램을 이해할 수 있음을 입증했다. 발표 현장에서 그 프로그램을 통해 처음 나온 몇 줄은 아래와 같다.[19]

물품 목록 파일 A와 가격 파일 B를 입력하라.

제품 #A를 제품 #B와 비교하라.

만약 더 크면 작업 10으로 가라.

만약 같으면 작업 5로 가라.

호퍼는 컴퓨터가 이 문구들을 자동으로 번역할 수 있도록 프로그래밍했다. 그 결과 컴퓨터 사용자들은 자신이 아는 것(데이터의 흐름)에만 집중하고 모르는 것(수학적인 세부사항)은 신경 쓰지 않아도 됐다.

그런데 호퍼는 발표 과정에서 실수를 하나 저질렀다. 컴퓨터가 규칙들을 적용해 비트 패턴을 언어 문장과 일치시킬 수 있음을 강조하기 위해 프랑스어로 된 문장 'Lisez-paquet A; Si Fin de Donnes Allez en Operation 14'(파일 A를 읽어라. 끝나면 작업 14로 가라)으로도 시연한 것이다. 호퍼는 당시 상황을 이렇게 묘사했다. "그것 때문에 난리가 났어요! 펜실베이니아주의 필라델피아에서 만든 훌륭한 미국 컴퓨터가 프랑스어를 이해할 수 없다는 것은 너무나도 명백했거든요."[20] 게다가 미국식 영어에 맞지 않는 몇 가지 문구들을 다루는 바람에 그 프로젝트는 4개월 동안 지연됐다.

하지만 호퍼는 끝내 프로젝트를 성공시키고야 말았다. 그리고 데이터 처리 컴파일러인 플로우매틱FLOW-MATIC 개발 자금 지원을 얻어냈다. 시범 연구 결과에 따르면, 고객들은 플로우매틱 덕분에 똑같은 과제를 전처럼 '수학과 기호' 방식으로 수행하는 것보다 4분의 1로 단축된 시간 안에 해낼 수 있었다. 그 결과 고객들이 호퍼의 새로운 접근법에 열광하면서 상관들도 마음을 누그러뜨릴 수밖에 없었다. 호퍼의 뚝심이 결국에는 빛을 발한 것이다.

이로써 프로그래밍언어 혁명이 시작됐다. 1950년대 중반부터 컴퓨터에 말을 건 거의 모든 사람이 호퍼가 내놓은 모형을 이용했다. 기계언어도 여전히 중요했지만, 고등 훈련을 받은 몇몇 전문가들의 몫이 됐다. 수많은 비전문가들은 '수도꼭지를 잡은 다음에 수도꼭지를 돌려라'보다 '주전자에 물을 채워라' 방식에 훨씬 더 가까운 프로그래밍 언어를 이용했다. 이런 모형의 확립을 통해 호퍼는 1945년 이래로 인류 역사에서 가장 중요한 트렌드인 '디지털 기술의 일상화'에 엄청나게 영향을 끼치게 된다.

그레이스 호퍼에서 알렉사까지: 자연언어 혁명

그런데 이 이야기 이후로 우리는 어떻게 세상의 수많은 물건과 컴퓨터를 향해 큰 소리로 말하기만 하면 음식을 배달받는 수준에 도달하게 됐을까? 이야기를 시작하기 전에, 호퍼가 1950년대에 처음 시작한 인간-기계언어 상호작용을 위한 하향식 규칙 기반 모형을 요약해 보자.

- 사람은 엄격히 규정된 문법과 영어 단어로 이루어진 프로그래밍 언어를 사용해 기계에 무엇을 할 것인지 명령한다.
- 기계는 미리 프로그래밍된 거대한 번역 규칙 모음집을 이용해 이 명령을 자신의 언어로 해석한다.
- 애초에 인간 프로그래머가 인간을 위한 프로그래밍 규칙과 기계를 위한 번역 규칙을 하나씩 정의해야 한다.

1950년대부터 1970년대까지 전문가들은 이런 하향식 접근법을 기초로 기계가 자연언어를 이해하게 만들려고 다음과 같이 노력했다.

1. 사용할 수 있는 문법과 어휘를 한정함으로써 인간 사용자에게 제약을 가한다.
2. 기계에 최대한 많은 번역 규칙을 프로그래밍한다. 예를 들어 문장 구조, 발음, 단어 선택 등 기본적으로 인간이 아주 어릴 때 별로 애쓰지 않고도 배우는 모든 규칙과 더불어 초등학교에 진학해서 배우는 모든 문법 규칙을 프로그래밍한다.

이 전략은 프로그래밍언어에 대단히 잘 통했다. 하지만 자연언어에는 별로 통하지 않았다. 신통치 않았음을 보여주는 사례로 컴퓨터 음성인식을 들 수 있다.

최초의 음성인식 시스템은 장난감 수준에 지나지 않았다. 1962년에 IBM은 세계박람회에서 사람이 말한 영어 단어를 듣고 인식하는 기계를 선보였는데, 그 기계는 사람이 애써 또박또박 발음해도 고작 16단어만 인식했다. 1970년대는 헛된 기대가 차오른 시기였다. 미국 카네기멜론대학교 연구자들이 하피Harpy라는 프로그램을 만들었다. 인간이 정확한 문법과 어휘로 말을 걸고 컴퓨터는 굉장히 복잡한 규칙 집합을 이용해야만 음성 언어를 텍스트로 변환하는 호퍼 원리로 만든 프로그램이었다. 하피가 인식하는 단어는 정확히 1,011개로, 걸음마 단계의 아기와 비슷한 수준이었다. 5명으로 구성된 하피 제작팀은 꼬박 2년 동안 음향학, 음운학, 문장 구조, 단어 구분 등에 관한 규칙들을 코드화했다. 그 결과 실험실처럼 잘 통제된 환경에서는 시스템의 단어 인식 정확도가 70퍼센트에 도달했다. 그러자 AI 연구자들은 커다란 흥분에 휩싸였다. 더 나은 규칙과 더 빠른 컴퓨터만 있다면

기계가 인간 수준으로 언어 실력을 갖출지도 모른다는 기대를 불러일으켰기 때문이다.[21]

하지만 그런 기대는 결코 실현되지 못했다. 보통의 조건에서는 단어 인식 정확도가 37퍼센트로 떨어졌기 때문이다. 5년 후 미국 정부는 프로젝트 자금 지원을 중단했다. 그리고 오늘날 순전히 규칙에 기반해서 자연언어를 처리하는 시스템은 사라져가고 있다. 바로 세 가지 문제점, 즉 너무 많은 규칙, 견고성 부족, 언어의 모호성을 극복하지 못한 까닭이다.

문제점 1: 너무 많은 규칙

첫째, 자연언어 규칙은 너무나 많아서 전부 기록하기란 매우 어렵다. 반면에 프로그래밍언어의 규칙은 상대적으로 훨씬 적다. 여러분이 아는지 모르겠으나, 실제로 파이선은 하루면 진도를 꽤 많이 나갈 수 있다. 하지만 한국어는 하루에 진도를 많이 나가기 어렵다.

자연언어 규칙에는 예외가 있다는 것도 문젯거리다. 유명한 언어학자 에드워드 사피어Edward Sapir의 말마따나 "모든 문법은 샌다". 가령 영어를 예로 들어보자.

- 형용사는 명사 앞에 오지만, 이 규칙은 법무부 장관 후보자한테 적용되지 않는다(후보자에 해당하는 원어 'heir apparent'는 '후계자'란 뜻의 heir와 '추정되는'이란 뜻의 apparent가 명사+형용사 구조를 이룸: 옮긴이).

- 'i는 e 앞에 오는데, 단 c 뒤에 올 때는 예외'라는 규칙은 다음 문장에 통하지 않는다. weirdly prescient scientists who drink protein shakes with caffeine(단백질 셰이크와 카페인을 함께 섭취하는 기묘하고도 선견지명이 있는 과학자들).
- Two positives don't make a negative? Yeah, right(어느 영어 교수가 긍정이 2번 겹치면 부정이 되는 현상이 영어에는 없다는 뜻으로 위와 같이 묻자, 한 학생이 "Yeah, right"라고 대답했다는 일화가 있다. 학생은 교수의 말에 반대한다는 뜻으로 "Yeah, right"라고 말함으로써 이 두 긍정 단어를 합치면 부정이 될 수 있다고 넌지시 대답한 것이다. 이 책의 저자는 위의 인용문에 기대어 긍정이 2번 겹쳐도 부정이 되지 않는다는 규칙에 예외가 있음을 피력하고 있다: 옮긴이).

이 예들 말고도 영어의 예외는 수없이 많다. 그리고 예외는 골칫거리를 낳는다. 규칙을 절대적으로 따르지 않는다면 기계는 아무 쓸모없는 쇳덩어리에 지나지 않기 때문이다. 이 문제를 해결할 유일한 방법은 모든 예외를 일일이 별도의 규칙으로 정하는 것이다.

이 말만으로도 힘들어 보이는데, '너무 많은 규칙'의 문제점은 또 있다. 우리가 규칙을 정확하게 모른다는 점이다. 언어학자들이 '말소리 분절speech segmentation' 문제라고 일컫는 것을 살펴보자. 'The weather report calls for rain tomorrow.' 여러분은 이 문장을 'weather' 'rain' 'tomorrow' 등 단어들의 단속적인 열로 인식할 것이다. 하지만 이런 단속성은 인지적 환영일 뿐이다. SF 작품 속의 로봇만이 한 단어씩 …… 끊어서 …… 발음한다. 여러분한테 실제로 들리는 말은 소리의 연속적인 흐름으로, 단어들 사이에 음향학적으로 공백이 존재하지 않는다. 즉 한 단어가 어디에서 끝나고 다음 단어가 어디에서 시작하는지를 알아내는 것은 정말로 어려운 문제다. 언어학자들은 가령 '음소배열론phonotactics'이나 '이음변화allophonic variation' 등 온갖 숨은 청각 규칙들을 찾아내지만, 자신들이 모든 규칙을 찾아내지는 못한다는 것을 알고 있다. 자신들이 찾아낸 규칙들만으로는 우리가 말소리 분절에 능한 이유를 설명할 수 없으니 말이다. 이처럼 규칙을 전부 찾아내지 못하는 우리는 결코 컴퓨터를 상대로 언어 규칙을 완벽하게 가르칠 수가 없다.

문제점 2: 견고성 부족

하향식 규칙을 기반으로 한 모형의 두 번째 문제점은 현실과 마주할 때 대체로 부서지고 만다는 것이다. 간단히 말해서 모형이 견고하지가 않다.

가령 말소리를 주변 잡음과 구분하는 문제를 살펴보자. 여러분의 뇌는 이 문제에 믿기지 않을 정도로 잘 대처한다. 시끄러운 술집에서 잡담 소리가 가득한데도 여러분은 친구의 말을 대체로 알아들을 수 있다. 신경과학자들은 여러분이 어떻게 그럴 수 있는지 100퍼센트 이해하지 못하는데, 바로 그런 까닭에 보청기를 끼는 사람들이 여태껏 계속해서 잡음에 시달리고 있다.

또 여러분이 '실수'라고 부르는 것들이 문제다. 만약 여러분이 오늘 말로든 글로든 영어 문장을 구사할 때 문법 규칙 하나를 무시한다면 어떤 일이 벌어질지 상상해보자. 약간 이상하다고 보는 사람들이 몇몇 있기야 하겠지만, 대다수는 여러분의 말을 제대로 이해할 것이다. 설령 여러분이 파편화된 문장을 사용하든, 〈스타워즈〉의 요다처럼 말하든, 분사를 너저분하게 남용한다는 영어 선생의 지적에도 아랑곳없이 수식어를 주렁주렁 매달든 뜻은 대체로 통한다. 사람들의 언어 이해는 이런 식의 변형에 대해 매우 견고하지만, 그 견고함은 하향식 규칙을 이용해 복제하기가 무척 어렵다.

또 하나의 큰 사안은 발음이다. 미국 뉴햄프셔주 데리 출신인 사람한테 caramel을 발음하라고 해보자. 그다음은 북아일랜드의 데리 출신인 사람한테 똑같이 시켜보라. 두 사람의 발음은 전혀 비슷하지 않을 것이다. 모음도 다르게 발음될 테고, 심지어 음절의 개수도 같지 않을 것이다. 북아일랜드 영어와 미국 영어의 차이다. 그러면 여러분은 이렇게 응답할지 모른다. "좋습니다, 그냥 caramel에 대한 두 가지 규칙을 만듭시다."

그런데 텍사스 사람의 영어와 런던 사람의 영어 그리고 캘리포니아 사람의 영어도 서로 다르다. 이제 문제가 제대로 보이지 않는가. caramel 발음만 해도 규칙은 무한해질 것이다. 그럼에도 동일한 단어를 두고 '캐-러-멜' '크르-믈' 그리고 그 사이의 온갖 변형된 발음들에 일일이 규칙을 만들어 컴퓨터를 프로그래밍한다고 상상해보자. 축하드린다. caramel에 대한 음성인식을 방금 해결했다. 이제 옥스퍼드 영어사전에는 고작 17만 1,475개 단어만이 남았다. 그걸 다 해결하고 나면 속어를 시작할 수 있고, 그다음에는 잘하면 표준 중국어를 시작할 수 있을지도 모른다.

문제점 3: 언어의 모호성

마지막으로 언어의 모호성을 거뜬하게 다룰 규칙을 내놓기가 쉽지 않다. 언어에는 모호성이 가득하다. 가장 뚜렷한 예가 동음이의어다. weather/whether, rain/reign, I scream/ ice cream 등 무수히 많다. 또 언어학자들이 '통사적 모호성syntactic ambiguity'이라고 부르는 것이 있다. 문장을 이렇게도 저렇게도 해석할 수 있는 상태를 말한다. 아래의 사례처럼 신문의 표제 기사에서 종종 이런 문제가 등장한다.

- Defendant gets nine months in violin case : 이 말은 특이한 형태의 감금에 관한 내용이 아니다(여기서 violin case는 바이올린을 담는 케이스가 아니라 바이올린 사건을 뜻한다: 옮긴이).
- Include your children when baking cookies : 이 말은 요리법 제안이 아니다(include your children은 쿠키 반죽에 아이들을 넣으라는 뜻이 아니라, 쿠키를 구울 때 아이들도 요리 과정을 돕게 참여시키라는 뜻이다: 옮긴이).
- British left waffles on Falklands : 이 말은 우유부단한 노동당에 관한 내용이지 아침식사를 버렸다는 뜻이 아니다(영국 좌익이 포클랜드 사태에 관해 미적거린다는 뜻. 잘못 해석하면 영국인이 포클랜드에서 와플을 버렸다는 뜻으로 읽힐 수 있다: 옮긴이).

그래도 우리는 대체로 잘 이해한다. 즉 언어에 관한 한 인간은 오랜 세월 진화를 통해 모호성을 극복하도록 프로그래밍된 대단히 우수한 확률론적 추론 엔진이다. 인간은 문자 메시지에서 빠진 모음들을 거의 알아차리지 못한다. '그림의 떡' 같은 비유적 표현도 잘 이해한다. '우리 잠깐 쉬어야겠다'라는 말을 농구 경기를 할 때 쓰면 몸싸움할 때 쓰는 것과는 의미가 다르다는 것을 안다. 이처럼 인간은 어떤 말을 들을 때 설령 소리만으로 판단하면 다른 의미가 될 수 있는 문장을 문맥 정보를 이용해 올바르게 해석해낸다. 다음 문장을 보라.

- The president's new direction has split his party. : 대통령이 새로운 방향을 취하는 바람에 여당이 분열됐다.
- The president's nude erection has split his party : 대통령이 벌거벗고 발기하는 바람에 여당이 분열됐다.

컴퓨터를 위해 설계된 모든 언어에는 이런 유형의 모호성이 존재하지 않아야 한다. 그렇지 않으면 규칙 작성자들이 골치 아파하기 때문이다. 하지만 인간은 그런 곤란을 거뜬하게 처리한다. 대체 어떻게 하는 걸까?

통계의 가치를 인식한 컴퓨터 개발자들

철학자들은 지식의 두 종류, 즉 '방법적 지식knowing how'과 '사실적 지식knowing that'을 구분하길 좋아한다. '방법적 지식'이란 직관적이고 실용적인 지식을 의미한다. 가령 어떻게 걷는지 그리고 어떻게 자전거를 타는지 아는 것이 여기에 해당한다. 한편 '사실적 지식'이란 객관적이고 교과서적인 지식을 의미한다. 가령 〈위키피디아〉에서 문자 N으로 시작하는 아무 페이지나 읽으면, 나이키가 신발 브랜드이고 나폴레옹이 1812년 러시아를 침공할 때 꽤나 추웠다는 사실을 알 수 있는데, 이것이 사실적 지식에 해당한다.

음성언어는 '방법적 지식'의 정점이라고 할 수 있다. 인지 기능의 기적이라고 해야 할 정도로 우리는 음성언어를 아무런 노력 없이 구사할 수 있다. 다른 사람들이 알아듣게 음성언어를 말할 수 있고, 또한 다른 사람의 입에서 나온 모호한 음파들을 굳이 생각하지 않고서도 해독할 수 있다. 온갖 종류의 부수적 정보들, 예를 들어 단어에 대한 경험, 다른 사람이 어떤 생각을 하는지에 관한 내적인 이해 그리고 미묘하고 수많은 청각적 단서를 이용해 자동으로 추론한다.

앞서 봤듯이 NLP 전문가들은 길고 긴 시간 동안 컴퓨터에 많고 많은 명시적 규칙들을 주입하는 방법으로 자연언어를 이해시켰다. 컴퓨터에 제공하는 규칙들은 아이들이 언어를 배울 때 자연스럽게 습득하는 노하우know-how를 모방해서 정했다. 하지만 아무리 훌륭하다 해도 그런 규칙에 기반한 접근법은 오류가 많았다. 성인은 말할 것도 없고 전형적인 다섯 살배기 어린이의 언어 실력에도 한참 못 미치는 규칙이었던 것이다.

30년 동안 온갖 시행착오를 겪고 나서야 NLP 전문가들은 새로운 접근법이 필요함을 뼈저리게 느꼈다. 새로운 접근법은 유연해야 했다. 결정론적이지 않고 확률론적이어야 했다. 하향식이고 방대한 규칙들보다는 상향식이며 현실 데이터에 기반을 두어야 했다. 무엇보다도 문법학자의 요구보다는 사람들이 실제로 말하는 방식을 다룰 수 있어야 했다.

그래서 1980년대에 들어오면서 과학자들은 새로운 시도를 했다. 기존 방식에 이의를 제기하면서 규칙들을 버린 뒤에 이렇게 말했다. "그냥 데이터를 이용합시다." 그렇게 이전과는 전제부터 완전하게 다른 새로운 알고리즘을 발명했다. 그 전제란 '인간의 언어 지식은 규칙을 통해 기계에서 재현하기가 너무 어렵다. 하지만 우리가 실제로 말하고 쓰는 방식을 통해서는 통계상으로 파악할 수 있을 것으로 보이는데, 이를 활용하면 어떨까?'였다.

가령 'weather report'가 'whether report'보다 더 타당한 표현이라면, 실제 문장들을 모아놓은 방대한 집합에는 후자보다 전자의 사례들이 훨씬 많이 들어 있을 것이다. 두말할 것도 없이 그렇다. 실제로 우리는 구글엔그램뷰어Google Ngram Viewer(n-gram은 n개 항목을 포함하는 문구를 가리키는 기괴한 언어학 용어다. 가령 'weather report'는 단어 2개로 이뤄진 문구이기에 2-gram이다)라는 온라인 도구를 사용해서 조사해봤다. 이 프로그램을 이용하면 영어로 출간된 모든 책에 나오는 단어와 짧은 문구가 각각 얼마만큼 인기 있는지 추적할 수 있다. 조사 결과 1950년에서 2000년까지 출간된 책들에서 매년 두 단어로 된 문구가 10억 개씩 나왔는데, 그중에서 약 150개가 'weather report'(0.0000155797퍼센트)였다. 주로 언어유희 또는 음성학적 모호성의 사례로 이용된 'whether report'(0.0000000652퍼센트)보다 250배나 빈번했다.

1980년대부터 NLP 연구자들은 이러한 통계의 가치를 인식하기 시작했다. 그리고 이전에는 어느 특정한 과제를 어떻게 수행하는지 일일이 규칙들을 작성했지만, 이제는 사람이 언어 과제를 어떤 방식으로 수행하는지 예측하는 통계적 모형을 컴퓨터에 학습시키고 있다. 즉 NLP는 '이해'에서 '모방'으로 전환했다. '방법적 지식'에서 '사실적 지식'으로 초점을 이동한 것이다.

이 새로운 모형에는 데이터가 많이 필요했다. 사람들이 언어를 사용하는 방식과 관련된 최대한 많은 사례를 기계에 입력해야 했으며, 기계가 확률 규칙을 이용해 그런 사례들에서 패턴을 찾도록 프로그래밍해야 했다. 우주의 크기를 재는 법을 알려준 레빗이나 심층학습을 이용해 오이를 분류한 일본 농부처럼 언어는 입출력 쌍을 기반으로 한 예측-규칙 문제가 됐다. 가령 이런 식이다.

- 음성인식을 하려면, 목소리 녹음(입력 = ahstinbrekfustahkoz)을 올바른 텍스트(출력 = Austin breakfast tacos)와 짝짓는다.
- 영어를 러시아어로 번역하려면, 영어 단어나 문장(reset)을 올바른 러시아어 번역(perezagruzka)과 짝짓는다.
- 감정을 예측하려면, 문장('자동차등록국DMV에서 줄을 서 있으니 얼마나 즐거운 아침인가')을 이모티콘과 짝짓는다.

모두 기계가 데이터를 이용해 입력을 출력에 올바르게 대응시키는 예측 규칙을 배워야 하는 경우다. 1980년대에 이 원리에 기반한 음성인식 소프트웨어가 유행하기 시작했다. 이런 시스템들은 수천 단어를 인식할 수 있긴 했지만, 오직 여러분이 로봇처럼 말할 때만 가능했다.

1990년대와 2000년대에는 점점 성능이 향상되어 자연스러운 속도로 말해도 알아듣는 모형들이 많아졌다.

하지만 데이터의 가용성이라는 큰 걸림돌이 남아 있었다. 2장에서 설명한 '과적합' 문제를 기억하는가? 복잡한 모형이 작은 규모의 데이터 집합에서 기저에 깔린 패턴을 학습하지 못한 채 무작위 노이즈만 기억하게 되는 경우다. 여기서도 똑같은 문제가 생겼다. NLP 연구자들은 충분히 많은 데이터를 확보하지 못하다 보니, 과적합 문제를 일으키지 않고 인간의 언어를 기술할 만큼 충분히 복잡한 모형을 제작할 수 없었다. 그 결과 2000년대에 음성인식 연구는 단어 수준의 정확도가 대략 75~80퍼센트인 지점에서 다시 정체되고 말았다. 그리고 10년이 지나도록 진전은 맥이 빠질 정도로 더뎠다. 음성인식 분야뿐만 아니라, 기계번역부터 감정 분석에 이르기까지 데이터 부족으로 주춤거리고 있던 다른 자연언어 처리 과제들도 마찬가지였다.

방대한 데이터가 혁명을 촉진시키다

2010년 즈음에 모든 것이 달라지기 시작했다. 처음에는 느리게 흘러가던 혁명이 놀라운 속도로 움직이기 시작했다. 이 변화를 견인한 것은 바로 데이터의 방대한 유입이었다.

호르헤 루이스 보르헤스Jorge Luis Borges는 《바벨의 도서관La biblioteca de Babel》이라는 소설을 쓴 적이 있다. 바벨의 도서관은 있을 수 있는 모든 글이 담긴 책들을 소장한 도서관이다. 즉 이 도서관은 알파벳 문자와 기본 구두점의 가능한 모든 배열로 쓴 책들을 소장한다. 바벨의 도서관이 소장하는 대부분의 책은 원숭이가 타자기로 친 글처럼 말도 안 되는 내용이지만, 어떤 책에서는 이 세상 어딘가에 쓰여 있을지 모르는 연애담, 모험담 또는 천재적인 글 등 존재할 수 있는 모든 문장을 찾을 수 있다.

현실 세계에도 이런 바벨탑이 존재하는데, 바로 인터넷이다. 아직은 보르헤스 소설 속의 수준까지는 아니지만 꽤 가까이 다가갔다. 세계 주요 기술 회사들의 서버에 담긴 엄청난 분량의 구어 및 문어 형식의 영어 문장들을 생각해보자. 책, 잡지, 신문, 학술지, 노래 가사, 영화 대본 및 희곡 모두를 소장한 도서관을 생각해보자. 더 넓혀서 모든 웹페이지, 역사상의 모든 이메일, 모든 구글 검색 내용, 모든 제품 리뷰, 모든 문자 메시지, 슬랙Slack이나 스카이프의 모든 대화 내용, 페이스북이나 트위터의 모든 게시글, 유튜브나 인스타그램의 모든 댓글을 생각해보자. 이 데이터 총량은 미국 국회도서관을 3등급 순회도서관으로 전락시킬 정도로 방대하다. 그리고 2010년경에 AI 분야의 최고 인재들이 이처럼 방대한 데이터를 효율적으로 활용하는 도구를 개발했다.

이 방대한 데이터 중 일부는 거대 기술 회사들에 넘어갔다. 그리고 그 회사들은 더 많은 데이터를 모으기 위해 온갖 수단을 썼다. 한 예로 2007년에 처음 등장한 구글 411Google 411을 들 수 있다. 미국에서는 411번을 누르면 통화 1건당 1달러에 지역 업체의 전화번호를 알려주는 서비스가 있었다. 구글 411은 1-800-GOOG-411을 누르면 그런 서비스를 무료로 제공해줬다. 스마트폰의 대중화 이전에는 유용한 서비스였으며, 구글로서도 음성 질문의 방대한 데이터베이스를 구축하기에 대단히 좋은 방법이었다. 그런 데이터베이스로 음성인식을 위한 통계 모형들을 학습시킬 수 있었기 때문이다. 그 시스템은 2010년에 갑자기 중단됐는데, 아마도 구글이 필요한 데이터를 모두 확보했기 때문인 듯하다.

물론 (구글 411이 등장한) 2007년 이후로 그 모든 데이터를 좋은 예측 규칙으로 변환하기 위해서 엄청나게 많은 호퍼식 코딩이 이루어져 왔다. 그래서 10년이 지난 지금 어떤 결과가 나왔을까? 여러분의 스마트폰에서 빈 이메일을 하나 열고, 다음의 시험 문장을 받아쓰게 해보자. "The weather report calls for rain, whether or not the reigning queen has an umbrella(권좌에 올라 있는 여왕에게 우산이 있든 없든, 일기예보에는 비가 올 것이라고 한다)." 만약 여러분이 영어 원어민이고 스마트폰 운영체제가 iOS나 안드로이드면, 스마트폰은 weather/whether 또는 rain/reign을 혼동하지 않고서 거의 정확하게 받아쓸 것이다.

그 소프트웨어는 어떤 문맥에서 whether와 reign을 통계적으로 더 빈번하게 쓰고, 또 어떤 문맥에서 weather와 rain을 더 빈번하게 쓰는지 안다. 단어의 의미를 어떻게든 이해하기 때문이 아니다. 인터넷에서 음성언어로 표현되는 모든 영어 단어와 구절이 특정 문맥(여기서 '문맥'이란 단지 문장 속의 다른 단어들을 의미한다) 속에서 사용될 확률들의 풍부한 집합을 알고 있기 때문이다. 음성 데이터가 모호하면 스마트폰은 이 확률들을 이용해 결론을 낸다. 그리고 이것은 여러분이 데이터의 위력에 매혹당할 아주 사소한 사례일 뿐이다. 여전히 성능이 조금 떨어지기는 하지만, 이 소프트웨어는 앞으로 더 우리를 놀랍게 할 전망이다.

다른 NLP 시스템들도 빠르게 발전하고 있는데, 이유는 동일하다. 기계번역을 살펴보자. 오랫동안 구글 번역이 저지른 실수만을 모아놓은 인터넷 유행어 모음집이 있다. 어떤 똑똑한 친구가 2011년에 짚어낸 바에 따르면, 구글은 "Will Justin Bieber ever reach puberty(저스틴 비버한테 사춘기가 오기나 할까)?"라는 영어 문장을 "저스틴 비버한테는 사춘기가 절대 오지 않는다"라는 베트남어 문장으로 번역했다.[22] 대체로 올바르게 입력은 받았지만, 종종 번역할 때 단어 순서를 엉망으로 만드는 바람에 틀리거나 말이 안 되는 결과를 내놓곤 한 것이다. 이런 종류의 구문 오류는 구식 기계번역 알고리즘의 전형적인 고장 유형이다.

더 많은 데이터를 사용할 수 있게 되고 자연스레 언어 통계 모형이 발전하면서 이런 실수들은 빠르게 감소했다.[23] 게다가 번역 규칙들이 예전만큼 중요하지 않았다. 가령 누구도 구글 번역에 영어는 'programmers love coffee'처럼 어순이 주어-동사-목적어 순이고, 한국어는 '프로그래머는 커피를 좋아한다'처럼 주어-목적어-동사 순임을 알려주지 않았다. 알고리즘이 단지 영어와 한국어를 나란히 대응시켜 만든 수백만 건의 훈련용 데이터 문장, 즉 통계로부터 문법을 학습했을 뿐이다.

오늘날 절대다수의 훌륭한 NLP 시스템은 철학자들이 얘기한 두 번째 지식 유형의 궁극적인 사례다. 즉 그런 시스템들은 '방법적 지식'과 반대되는 '사실적 지식'의 위대함을 드러낸다고 할 수 있다.[24]

소프트웨어에게 중요한 것은 '사실'이다. 그리고 데이터 집합이 아주 크고 알고리즘이 매우 정교하기 때문에 '사실'의 양은 대개 충분하다.

단어는 어떻게 숫자가 되는가

그러면 이제 알고리즘에 관한 질문으로 넘어가자. 여러분한테 영어부터 중국어와 페르시아어까지 100가지 이상의 자연언어로 구성된 바벨의 도서관 같은 거대한 데이터베이스가 있다고 가정하자. 그렇다면 어떻게 언어 관련 과제를 처리할 AI 시스템을 제작하고 실제로 작동시킬 것인가?

그 과정은 너무 복잡한 까닭에 이 책에서는 다룰 수 없는 내용이 많다. 그 때문에 구글 같은 회사는 박사학위 소지자들을 포함한 7만 명의 직원과 더불어 여러분들이 평생 봐온 것보다 많은 컴퓨터를 거느리고 있다. 하지만 핵심 개념만큼은 어렵지 않게 설명할 수 있을 듯하다. 바로 '단어 벡터word vector'다. 구체적으로 말하자면 구글의 유명한 워드투벡Word2Vec 모형을 설명하고자 한다. 모든 영어 단어를 수치(벡터)로 기술해주는 모형이다. 워드투벡을 이해하고 나면 지난 10년 동안 AI 시대를 이끌어온 개념 중 하나를 이해할 수 있다. 워드투벡은 심지어 이 알고리즘을 사용하지 않는 시스템에서도 사용될 정도로 중요한 개념이다.

워드투벡은 다음과 같은 단순한 질문에 답한다. '단어를 숫자로 어떻게 변환해야 비슷한 의미를 지닌 단어들이 비슷한 숫자들로 변환될 수 있는가?' 말도 안 되는 소리 같거나 심지어 해법이 없는 질문 같다. 어떻게 '토스터'나 '용기'와 같은 단어들 또는 '토론토메이플리프스 Toronto Maple Leafs'(캐나다의 하키팀 이름: 옮긴이)와 같은 구절이 숫자로 표현될 수 있단 말인가? 하지만 그다지 어렵지는 않다. 게다가 어린아이들도 늘 하고 있는 일이다.

스무고개의 수학

찰스 디킨스의 소설《크리스마스 캐럴Christmas Carol》에는 스크루지 영감의 조카인 프레드의 거실에서 이런 장면이 펼쳐진다. 프레드가 크리스마스 저녁 식사에 부유한 구두쇠 삼촌을 초대했다가 다음처럼 거절당한다. "'메리 크리스마스'라고 떠들고 다니는 얼간이들은 죄다 푸딩과 함께 푹푹 삶아서 호랑가시나무 말뚝을 가슴에 박아 매장해야 마땅해." 하지만 얼마 뒤 세 유령이 차례로 나타나서 구두쇠로 살아온 스크루지의 삶과 운명을 보여준다. 이때 세 번째 유령인 크리스마스 선물의 유령이 스크루지를 크리스마스에 프레드의 집으로 데려간다. 둘은 남들에게 보이지 않는 상태로 프레드 가족이 예/아니요 놀이를 하는 모습을 지켜본다. 스크루지의 조카 프레드가 무언가를 마음속으로 정하면, 방에 있는 다른 사람들이 질문을 던지고 오직 프레드의 예/아니요 답변만으로 무엇인지 알아맞히는 놀이였다.

> 활기찬 질문 공세를 통해 (프레드가) 마음속으로 생각하고 있는 것을 차츰차츰 끄집어내는데, 그것은 동물이고, 살아 있는 동물이고, 기분

이 좋지 않은 동물이고, 흉포한 동물이고, 가끔 으르렁대거나 낑낑대는 동물이고, 때때로 말도 하고, 런던에 살고, 거리를 어슬렁거리고, 구경거리는 못 되고, 누가 데리고 다니지는 않았고, 서커스용 동물 사육소에서 살지는 않았고 (…).

도대체 무엇일까? 아이들은 재미있다고 낄낄댄다. 프레드가 곰이나 말, 호랑이나 당나귀를 생각하는 것이 아님을 알아차리고서, 아이들은 이렇게 저렇게 추측한다. 그러다가 마침내 프레드의 처제가 답을 내놓는다. "아, 뭔지 알겠어요! 뭔지 알아요! 바로 스크루지!" 정답이다.

미국 아이들은 이 놀이를 가리켜 스무고개20Questions라고 하는데, 겉보기와 달리 매우 수학적인 놀이다. 사실 스무고개는 AI 시스템과 마찬가지로 어떻게 단어를 숫자로 바꾸는지 알려준다. 프레드의 거실에서 벌어진 놀이에서 나온 단어 '스크루지'를 예로 들어보자. 이 단어의 수치 표현은 아래와 같다.

	동물	기분이 좋다	으르렁대거나 낑낑댄다	말을 한다	런던에 산다	곰이다
스크루지	1	0	1	1	1	0

이것을 '단어 벡터'라고 한다(수학에서 벡터는 어떤 한 동일 대상과 연관된 모든 숫자의 집합이다). 자세하게 말하자면, 이것은 '2진', 즉

0/1 벡터인데 1은 예를, 0은 아니요를 뜻한다. '타이니 팀Tiny Tim'(《크리스마스 캐럴》의 등장인물 중 하나: 옮긴이)이나 '곰돌이 패딩턴Paddington Bear'(아동문학에 나오는 곰 캐릭터: 옮긴이)은 동일한 질문에 대해 다른 답이 나오므로 단어 벡터가 다를 것이다. 만약 그런 벡터들을 전부 모아서 행렬을 만들면 아래와 같은 모습이 된다. 참고로 각 가로줄은 단어이고 각 세로줄은 질문이다.

	동물	기분이 좋다	으르렁대거나 낑낑댄다	말을 한다	런던에 산다	곰이다
스크루지	1	0	1	1	1	0
라파엘 나달	1	1	1	1	0	0
타이니 팀	1	1	0	1	1	0
패딩턴 곰	1	1	0	1	1	1
트라팔가광장 크리스마스트리	0	1	0	0	1	0

AI는 어떻게 스무고개를 하는가

따라서 스무고개 놀이를 이용해 단어를 숫자로 바꾸기는 사실 꽤 쉽다. 이제 규칙을 세 가지 방식으로 변경해보자. AI 시스템이 다루기에 훨씬 더 적합한 형태로 변환하고, 아울러 우리가 얻는 단어 벡터들을 최대한 의미 있게 만들기 위해서다.

첫 번째 규칙 변경. 단지 맞거나 틀리기 둘 중 하나에서 벗어난다.

대신에 '의미론적 근접성semantic closeness', 즉 단어의 기본 의미와 가까운 정도에 따라 점수를 얻는다. '가깝다'가 무엇을 의미하는지 너무 자세히 들어가지는 말자. AI에는 수학적으로 정확한 답이 존재하지만, 여러분은 그냥 여러분이 아는 가장 공정한 사람이 재판관 역할을 한다는 정도로만 생각하면 된다. 가령 답이 '곰'이라고 가정하자.

- 최종적으로 내놓은 답이 곰이면, 여러분은 100점을 받는다.
- 개나 울버린(북유럽, 북미 등에 서식하는 작은 곰처럼 생긴 야생동물: 옮긴이)을 떠올리면, 90점을 얻을지 모른다. 계통발생학적으로 꽤 가깝게 추측했기 때문이다.
- 모기를 떠올리면, 50점을 얻을지 모른다. 적어도 생물을 생각하긴 했기 때문이다.
- 기침약을 떠올리면, 2점을 얻을지 모른다. 한참 빗나가긴 했지만, 기침이 으르렁거리는 곰의 모습을 조금이나마 연상시켰을 수 있기 때문이다.

이런 식의 점수 매기기는 대다수 NLP 시스템의 설계 요건에 부합한다. 가령 여러분이 독일어 문장 'Ich bin ein Berliner'(나는 베를린 사람이다)를 'I am a German'이란 영어로 번역한다고 해보자. 틀린 번역이긴 하지만, 'I am a cronut'(나는 크로넛이다)이라고 번역한 것보다는 훨씬 정답에 가깝다(크로넛은 크루아상과 도넛을 합친 페스트리: 옮긴이).

두 번째 규칙 변경은 단지 '예' 또는 '아니요'로 답하는 대신에, 각각의 답이 0(완전히 아니요)과 1(완전히 예) 사이의 수가 되게 하는 것이다. 가령 '그것은 곰인가?'라는 질문을 예로 들어보자.

- 당신이 생각하는 것이 실제 살아 있는 곰이면, 1이라고 대답할 것이다.
- 패딩턴 곰처럼 말하는 곰을 생각했다면, 0.9라고 대답할 수 있다. 그것도 곰은 곰이긴 하지만, 플라톤적 의미에서의 곰은 아니기 때문이다.
- 스크루지를 생각했다면, 0.65라고 대답할 수도 있다. 스크루지가 실제로 곰은 아니지만 곰과 비슷한 성향이 있기 때문이다(《크리스마스 캐럴》에서 프레드의 가족은 '그것은 곰인가?'에 대한 답이 '예'여야 했다고 불만을 늘어놓았다. 답이 틀렸다고 하는 바람에 스크루지가 아닌 줄 알았으니까).
- 세계적인 테니스 선수 라파엘 나달Rafael Nadal인 경우라면, 0.2라고 답해도 된다. 곰과는 딴판인 멋진 모습으로 텔레비전에 나오지만, 어쨌든 나달은 살아 있고 자주 으르렁거리니까.

이렇게 규칙을 바꾸면, 단어 벡터는 연속적인 숫자가 된다. 각각의 질문에 대해 0 또는 1이 아니라, 0에서 1 사이의 숫자가 된다. 검정과 흰색 둘 중 하나가 아니라 회색이 되는 셈이다.

마지막으로 가장 중요한 규칙 변경이 남았다. 바로 모든 놀이에 동일한 질문을 해야만 한다는 점이다. 이렇게 하면 집 안에서 사람들끼리 모여 하는 놀이의 재미가 없어질 게 분명하다. 모든 스무고개 놀이를 똑같은 한 가지 방식의 설문조사 양식에 답변하는 지루한 인구조사로 전락시키기 때문이다. 하지만 그런 염려는 접어둬도 좋다. Scrooge에서 screwdriver까지, barbecue에서부터 basketball까지, erythrocyte(적혈구)에서부터 epistemology(현상학)까지 가능한 모든 단어를 구별할 수 있을 만큼 폭넓고 많은 질문을 내놓는다고 상상해 보자. 분명 쉽지는 않을 것이다.

AI의 자연언어 처리 모형들은 실제로 그런 방식으로 작동한다. 한 가지 차이점이 있다면 질문의 개수가 20개보다 훨씬 많다. 나중에 나올 질문들을 이전에 나온 답에 맞게 조정할 수 없기 때문이다. 그래서 AI에서는 스무고개 대신에 삼백고개를 한다.

무슨 질문을 해야 할지 우리가 직접 이야기할 생각은 없다. 대신에 그 과정에 관해 이야기해보자. 과정이라는 말을 들으면 보통은 위원회를 소집해야 한다는 생각부터 들지 모른다. 실내에 똑똑한 사람들을 모아놓고 영어의 모든 단어나 구절 각각을 고유하게 부호화할 수 있는 질문을 300개 내놓기 전에는 밖으로 나가지 못하게 하는 것이다. 흥미로운 폐쇄형 사회학 실험처럼 보일지 모른다. 하지만 그런 방법이 통하리라고 여긴다면, 여러분은 위원회를 우리가 기대한 것보다 훨씬 더 신뢰하는 모양이다. 그리고 아무리 적게 잡아도 그 실험에는 기나긴 시간이 든다. 하지만 우리는 그 위원회가 뭐라도 결정하고 나서가 아니라 지금 당장 스마트폰에 대고 피자를 주문하고 싶단 말이다.

그러니 좋은 방법은 단 한 가지다. 즉 알고리즘이 선택하게 하는 것이다. 그런데 과연 알고리즘은 어떤 종류의 질문을 던질 수 있을까?

의미에 관한 질문들은 배제된다. 기계는 의미를 이해하지 못하기 때문이다. 대신 '단어 연어collocation'(콜로케이션) 통계를 이해한다. 즉 특정 단어가 인간이 쓴 실제 문장에서 대체로 어떤 단어들과 같이 등장하는지를 이해한다. 이런 사고 노선에 따른 한 가지 예시 질문을 들자면, 이렇다. "'fries' 'ketchup' 'bun'이 든 문장들을 전부 택하라. 이 단어가 그런 문장들에서도 자주 등장하는가?" 이것이야말로 기계가 묻고 답할 수 있는 질문인데, 왜냐하면 이해가 필요치 않고 단지 셈만 하면 되기 때문이다.

물론 질문을 300개만 뽑아야 한다면 위에 나온 특정한 질문은 여기 포함시키기에 너무 제한적이다. 하지만 '단어 연어 통계에 관해 질문하기'라는 기본 전제는 벗어나지 않는다. 여기서 세세한 내용은 생략하겠지만, 그거야말로 워드투벡이 기본적으로 하는 일 아닌가. 워드투벡은 시행착오를 거쳐 탐색 단어들(위의 예에서 fries, ketchup, bun에 대응하는 단어들)로 이루어진 300가지 집합을 학습한다.[25] 그런 다음에 삼백고개를 계속 반복적으로 하면서, 탐색 단어들과의 단어 연어 통계를 바탕으로 영어의 각 단어나 구절에 대한 단어 벡터를 배운다.

그 결과로 생긴 단어 벡터들은 몇 페이지 전에 나온 '스크루지'와 '타이니 팀'의 경우처럼 한 줄에 한 단어씩 나오는 행렬 형태로 표현할 수 있다. 이것은 엄청나게 큰 행렬로서, 열이 300개이고 행이 수백만 개에 달한다. 여기서는 오른쪽에 있는 표처럼4개의 열과 40행으로 이루어진 부분집합 하나를 통해 알고리즘이 묻는 질문이 무엇인지 헤아려보자.

알고리즘이 스무고개를 하는 법

	질문 1 컴퓨터	질문 2 대학	질문 3 요리	질문 4 법
엔비디아	1	0.045	0.156	0.083
서버	0.999	0.944	0.214	0.184
사용자명	0.999	0.468	0.842	0.963
이더넷	0.999	0.587	0.617	0.072
인터페이스	0.999	0.355	0.831	0.032
라우터	0.998	0.697	0.986	0.911
디스플레이	0.998	0.693	0.111	0.174
포트	0.997	0.646	0.583	0.184
픽셀	0.997	0.253	0.017	0.21
방화벽	0.995	0.729	0.957	0.636
학부생	0.089	0.999	0.107	0.627
교수진	0.365	0.999	0.114	0.944
장학금	0.063	0.999	0.291	0.398
지원자	0.153	0.999	0.22	0.77
단과대학	0.206	0.997	0.132	0.514
펠로십	0.216	0.997	0.035	0.688
위원회	0.32	0.996	0.912	0.824
학과	0.42	0.994	0.502	0.77
숙박시설	0.145	0.993	0.569	0.801
출판물	0.173	0.993	0.524	0.938

구운	0.778	0	1	0.767
훈제한	0.596	0.012	1	0.799
맥주	0.815	0.043	1	0.613
바비큐	0.182	0.077	1	0.039
옥수수	0.827	0.044	1	0.122
소고기	0.471	0.015	0.999	0.699
칠리	0.403	0.002	0.999	0.425
후추	0.398	0	0.999	0.572
석쇠에 구운	0.531	0.001	0.999	0.46
풍미	0.281	0.026	0.997	0.248
보석	0.221	0.63	0.923	1
구류	0.509	0.536	0.943	1
체포	0.149	0.444	0.839	1
기소	0.002	0.157	0.57	1
벌금	0.44	0.105	0.413	0.999
소유	0.123	0.304	0.73	0.999
불법	0.045	0.406	0.478	0.999
유죄 판결	0.015	0.121	0.928	0.999
소송	0.175	0.147	0.735	0.999
보안관	0.275	0.305	0.882	0.999

가령 첫 번째 열에는 '인터페이스' '라우터' '픽셀' 그리고 '방화벽'

같은 단어들이 나오는데, 질문 1에 대한 이 단어들의 답은 전부 값 1에 매우 가깝다(앞에서 언급했듯이, 수정된 규칙에 따라 1은 '완전히 예' 그리고 0은 '완전히 아니요'를 의미한다). 알고리즘은 '단어가 컴퓨터 단어들과 함께 등장하는 경향이 있는가?'라는 노선을 따라 질문을 제기하는 법을 배운 게 분명하다(물론 알고리즘은 질문이 '컴퓨터에 관한 것'인지는 알지 못한다. 단지 그 질문이 컴퓨터에 관한 것이라고 해석되는 다른 단어의 연어 통계에 관한 것인지만 안다). 마찬가지로 세 번째 열에는 '구운' '훈제한' '옥수수' '소고기' '석쇠에 구운'과 같은 단어들이 나오는데, 전부 답이 값 1에 가깝다. 알고리즘이 불로 요리하기에 관해 질문하는 법을 배운 게 틀림없다. 대학과 형법에 관해 질문하기도 배웠는데, 저 행렬에는 보이지 않는 다른 열에는 동물, 경찰, 스포츠, 건강 등 다른 수백 가지 주제에 관한 질문들도 나온다.

덧셈과 뺄셈으로 표현하는 인간의 언어

이 접근법은 언어를 온갖 맥락에 맞게 표현할 수 있도록 해줬다. 심지어 AI 연구자들은 단어 벡터의 풍부함을 뽐내는 숨은 재주도 발휘했다. 더하기와 빼기만으로 SAT 양식의 유추 질문에 답을 내놓은 것이다. 가령 '남자가 왕이 될 수 있다면 여자는 무엇이 될 수 있는가?'와 같은 유추 문제를 예로 들어보자. 어떻게 우리는 이 유추 문제를 단어 벡터로 기술하기에 적합한 수학 질문으로 변환할 수 있을까?

방법은 이렇다. '왕'에 대한 벡터를 취한 다음에 '남자'에 대한 벡터를 뺀다(벡터는 숫자이므로 우리는 보통의 숫자처럼 벡터들을 더하고 뺄 수 있다). 직관적으로 볼 때, '왕'에서 '남자'를 빼면, 단어 '왕'은 남성 요소가 제거되므로 왕족에 대한 중성적 개념을 나타내는 새로운 벡터가 생긴다. 이 새로운 벡터에 이제 단어 '여자'의 벡터를 더한다. 그러면 수학적으로 성 요소가 재도입된다. 달리 말해서, '단어 '왕'을 택해서 그것을 여성으로 만들어라'를 산수의 관점에서 '왕 - 남자 + 여자'로 표현할 수 있다. 워드투벡은 정확한 답을 내놓는다. 워드투벡으로 실제 산수를 해보면 '여왕'이라는 단어 벡터가 어김없이 나온다.

다른 종류의 유추도 똑같이 벡터의 덧셈과 뺄셈을 이용해 답을 얻을 수 있다.

- 각국 수도: 런던 - 영국 + 이탈리아 = 로마
- 단어 시제: captured - capture + go = went
- 어떤 하키팀이 어느 도시에서 경기하는가: 캐너디언스Canadiens - 몬트리올 + 토론토 = 메이플리프스

워드투벡은 SAT 수학 시험을 통해 얻은 실력만을 이용해 SAT 언어 시험을 치르는 법을 배웠다. 그런데도 워드투벡의 기본 모형은 군주제, 젠더, 지리, 문법, 하키를 포함해 현실 세계의 어떤 것이든 정확하게 이해하지 못한다. 아는 것이라고는 학습 데이터를 통해 얻은 단어 용법의 통계적 특성과 확률의 규칙뿐이다.[26]

이 AI 연구자들의 숨은 재주는 한 가지 중요한 점을 내포하고 있다.

바로 단어를 벡터로 바꾸기만 하면, 그 벡터로 수학을 할 수 있다는 것이다. 이 변환은 언어를 위한 AI 시스템을 제작하는 데 반드시 필요한 과정이다. 컴퓨터는 단어를 이해하지 못하지만, 수학은 이해한다.

알렉사나 구글 보이스Google Voice 같은 유형의 음성인식 소프트웨어를 예로 들어보자. 이 모든 소프트웨어가 다룰 수 있는 수학적 언어로 한 문장의 문맥을 부호화하는 것은 모두 단어 벡터가 있어서 가능한 일이다. 결정적으로 단어 벡터는 rows와 rose 같은 동음이의어 관련 문제를 해결해준다. 이 단어들은 소리가 비슷하긴 하지만 AI의 스무고개에서 서로 다른 답이 나오듯이 다른 단어다. 다시 말해 이 벡터들 중 하나는 임의의 특정 문장에서 주위 단어들의 벡터들과 대체로 잘 들어맞는다. 솔직히 '더 잘 들어맞는다'가 무엇을 의미하는지는 매우 복잡한 문제이며, 여기서 깊이 파헤쳐봐야 소용이 없다. 요점만 말하자면 이 문제는 벡터 산수를 포함하는 멋진 계산으로 귀결되며, 이로써 다음과 같이 음향 정보가 모호할 때 어느 한쪽으로 결정을 내릴 확률이 얻어진다.

How	lovely,	it	smells	like	a	[skunk /	rows /	**rose** /	goat /	sewer ...]
0.45	0.61	0.83	0.39	0.45	0.43	0.66	0.22	**0.71**	0.32	0.20
0.37	0.18	0.51	0.39	0.71	0.98	0.22	0.31	**0.48**	0.87	0.26
...	...	...	...	...	...	...	...	**...**	...	...
0.99	0.33	0.39	0.24	0.29	0.19	0.68	0.71	**0.30**	0.26	0.06

또는 이렇게……

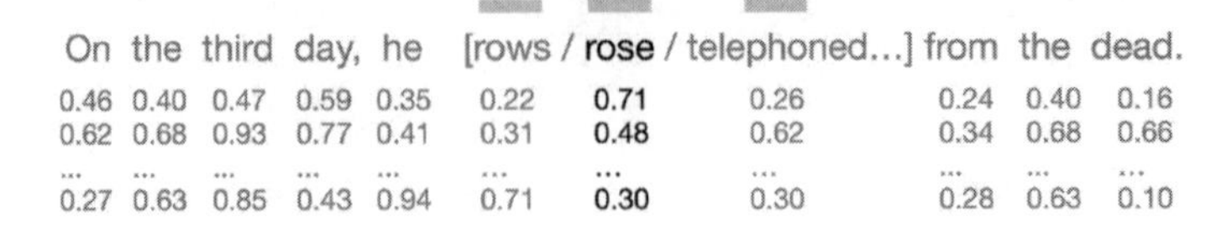

또는 이렇게 말이다.

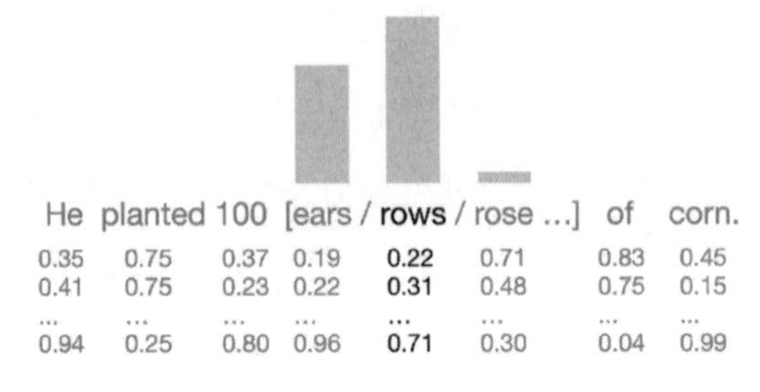

사람한테는 너무나 쉬워 보이지만 컴퓨터는 제대로 판단을 못 내리는 문제, 가령 어떤 단어가 더 잘 어울리고 또 다른 때는 어떤 단어가 더 잘 어울리는지를 단어 벡터는 수학적으로 명확하게 기술해준다. 그리고 똑같은 수학이 적절하게 변형되어 번역, 챗봇, 음성검색 시스템 그리고 야구 기사를 쓰는 신경망도 작동시킨다.

호퍼는 역사상 처음 영어로 컴퓨터에 말을 걸었는데, 결코 거기서 멈추지 않았다. 유니박으로 선구적인 연구를 마친 뒤에는 민간 산업과 해군 양쪽에서 오랫동안 활동하다가 1966년에 예순의 나이로 은

퇴했다. 그리고 이듬해 뜻밖에도 해군 현역으로 재소집되어 19년을 더 복무했다. 의회의 특별 승인 덕분에 의무 은퇴 연령을 한참 넘긴 나이까지도 복무할 수 있었다. 그동안 호퍼는 국방부의 컴퓨터 인프라 갱신 작업을 도왔고, 해군 역사상 최초로 장성 계급에 오른 여성이 됐다. 1983년에 준장으로 진급하는 자리에서 로널드 레이건Ronald Wilson Reagan 대통령과 악수를 하며 호퍼는 이렇게 말했다. "제가 대통령님보다 나이가 더 많습니다." 그리고 마침내 1986년에 일흔아홉의 나이로 영원히 은퇴했다.

호퍼는 1992년에 세상을 떠났지만 그 유산은 여전히 살아 있다. 호퍼는 오랜 세월에 걸쳐 자신의 이름이 붙은 많은 것을 남겼다. 한 해군 함정과 크레이 슈퍼컴퓨터Cray Supercomputer 그리고 예일대학교의 그레이스호퍼단과대학에 이름이 남았다. 2013년 12월에는 구글이 홈페이지 로고로 호퍼의 탄생 107주년을 기념했다. 아울러 2016년 11월에는 호퍼의 증조부인 해군 제독이 자랑스러워할 미국 대통령 자유훈장이 수여됐다. 오늘날의 AI 시대를 살아가는 우리는 사람과 기계가 언어를 통해 조금 더 가까워지도록 만든 그레이스 호퍼라는 사람을 기억해야 한다.

기계와 인간이 대화하는 미래

현재 기계의 자연언어 처리 능력은 기존의 한계를 뛰어넘어 새로운 국면을 맞이하고 있다. 이런 발전이 가능했던 데에는 빠른 컴퓨터와 더불어 신경망과 워드투벡 같은 똑똑한 알고리즘들이 일조했다. 더 근본적으로는 인간의 데이터가 그런 발전을 견인했다. 말하는 기계라고 해서 언어의 새로운 면모를 열어젖히지는 않는다. 기계는 다만 우리의 모습을 되비쳐줄 뿐이다.

기계와 인간이 대화하면 세상은 이렇게 바뀔 것이다

앞으로 미래는 어떻게 될까? 물론 미래를 정확히 알 수는 없지만, 몇 가지 두드러진 경향은 분명 드러난다.

첫째, 언어 모형들이 개인화된다. 여러분 주위의 기계들은 여러분이 말하는 방식에 적응할 것이다. 마치 넷플릭스 추천 시스템이 여러분의 영화 감상 취향에 적응한 것처럼 말이다. 그 결과 기계들은 개개인을 훨씬 더 잘 이해하게 될 것이다. 가령 아이폰의 역사적인 발자취를 살펴보자. 아이폰6를 사용하려면, 사용자의 엄지손가락 지문을 알려줘야 한다. 아이폰X을 사용하려면, 사용자의 얼굴을 알려줘야 한다. 미래에는 아이폰을 쓰려면 먼저 옛날이야기라도 들려줘서 사용자의 목소리를 가르쳐야 하는 상황도 어렵잖게 상상할 수 있다.

둘째, 새로운 NLP 시스템들이 안겨주는 혜택은 엄청날 것이다. 좋은 정책과 사려 깊은 규제를 실시해야 하지만 말이다. 〈프렌즈〉 대본을 쓰는 알고리즘은 그다지 유용하지는 않더라도 귀엽게 보일 것이다. 하지만 선거철에 가짜 뉴스를 인터넷에 뿌리도록 프로그래밍된다면 사회에 매우 해로울 것이다. 우리는 정책 전문가가 아니기에 이런 문제의 해법을 알지는 못한다. 하지만 그런 문제 자체도 논의되어야 하는 건 분명하다. 불부터 유전자 재조합에 이르기까지 모든 신기술의 발전 역사에는 언제나 '빨리 움직여서 상황을 돌파하는' 방식을 멈추고 도덕적으로 더욱 성숙한 상태를 추구하는 순간이 있었다. 컴퓨터와 언어에 관해서도 그런 순간에 도달했다. 하지만 부정적인 면이 있다고 해서 긍정적인 면을 잊지는 말도록 하자.

오늘날 수억 명이 스마트폰에게 이메일을 받아쓰게 하고, 구글 번역을 이용하고, 페이스북이나 위챗의 봇과 이야기하고 있다. 이런 상호작용 각각은 더 풍부한 모형들과 더 나은 성능으로 이어질 것이다. 기계들은 우리가 남기는 대용량 데이터를 계속 이용해 꾸준히 발전해나가기 때문이다. 기계들이 더 발전할수록 모든 직종에서 그리고 모든 일상생활에서 없어서는 안될 도구가 되리라고 예상한다.

부주의한 기술 낙관론자라고 불러도 좋다. 우리는 지금의 발전이 경이롭다고 생각한다. 단조롭고 고된 일은 누구에게도 강요하고 싶지 않은 일이다. 그리고 하다못해 잘사는 나라에서도 단조롭고 고된 일 대다수는 전자 장비로 하는 일이며, 이는 사람들을 오랫동안 앉아 있으면서 질리게 만든다. 왜 의사들이 몇 시간을 들여서 데이터를 입력해야만 하는가? 왜 시각장애인은 어쩔 수 없이 점자 키보드를 사용해야만 하는가? 변호사는 꼭 기나긴 시간을 들여 수백만 페이지의 문서를 훑어봐야 하는가? 왜 사무실 노동자들은 수십 년 동안 이메일을 타이핑해야 하는가? 왜 유럽연합은 해마다 몇억 유로씩 써가며 모든 말을 20가지가 넘는 공식 언어로 번역해야 하는가? 왜 여러분은 꼭 그 둔해빠진 엄지손가락으로 스마트폰에 뭘 할지 알려줘야 하는가?

우리는 사람이 바닥에서 먼지를 흡입하거나 메일함에서 스팸을 걸러내기를 기대하지 않는다. 그런 일에 쓸 진공청소기와 알고리즘이 있으니까. 그러니 타이핑 말고 전혀 다른 입력 방법이 존재하지 못할 이유가 뭔가?

[V]

행운과 스캔들 사이,
'이상'을 탐지하라

변동성

세기의 수학 천재 뉴턴도 찾아내지 못했던 비밀 하나로

우리는 지금 스포츠팀 운영에 혁신을 일으키는 것은 물론

가스 누출, 금융사기 등 일상 속 이상 현상을 탐지하고 있다.

만약 여러분이 미국 프로 미식축구리그National Football League, NFL 팬이라면, 그리고 코네티컷 중부에서 마인주로 이어지는 좁은 띠 모양의 땅 바깥에 산다면, 아마도 지난 15년간 가장 성적이 좋은 미식축구팀 뉴잉글랜드 패트리어츠New England Patriots를 짜증과 의심이 섞인 눈길로 바라볼 것이다. 우선 그 팀이 거둔 수많은 승리는 다른 31개 팀의 팬들을 발끈하게 만든다. 그리고 패트리어츠에는 무뚝뚝한 수석코치인 빌 벨리칙Bill Belichick이 있는데, 코치의 찌푸린 인상과 두건 달린 점퍼는 영화 〈스타워즈〉에 나오는 사악한 황제를 묘하게 닮았다. 하지만 설령 미식축구 팬이 아니더라도 여러분이 공정한 팬이라면, 여전히 온 세상에 널리 알려진 속임수 사건들 때문에 패트리어츠를 언짢게 생각할지 모른다. 가령 다른 팀의 연습 과정을 훔쳐본다거나 추운 날씨에는 자기 팀에 유리하도록 공의 바람을 뺀다는 소문을 들으면 말이다.

하지만 패트리어츠라도 설마 경기 시작 직전에 하는 동전 던지기를 속일 수 있을까? 믿거나 말거나, 많은 사람이 그럴 거라고 생각한다. 2014년과 2015년의 NFL 시즌 동안 패트리어츠는 25번의 동전 던지기에서 19번을 이겼다. 승률은 76퍼센트, 의심스러울 정도로 높았다. 한 텔레비전 해설자는 이 '스캔들'에 관심을 가지면서 이렇게 말했다. "이 결과는 하나님 아니면 악마가 패트리어츠의 팬이라는 뜻인데, 결코 하나님이 팬일 리는 없겠죠."[1]

이 이상한 현상을 설명하려고 종교나 어떤 힘을 끌어들이기 전에 운이 좋았을 뿐이라는 팀의 항변부터 살펴보자. 매번 동전을 던질 때 이길 확률은 50퍼센트다. 하지만 고려해야 할 변동성도 존재한다. 동전 던지기를 거듭 반복해서 하면, 우연으로 연거푸 이기는 경우가 있기 때문이다. 그렇다고 해도 그토록 운이 좋을 수가 있을까?

'정말로 운이 좋은 사람'은 있는가

이 질문의 답을 구하는 과정은 한 가지 사실 때문에 복잡해진다. 만약 처음 그런 스캔들이 일어난 2007년 이후로 그 25경기처럼 미심쩍은 행운의 연속이 한 번이라도 더 있었다면 사람들이 몰랐을 리가 없다는 점이다. 따라서 그 특정한 25경기 구간만 보기 좋게 골라내놓고 이렇게 이례적인 일이 또 어디 있겠냐고 물어서는 안 된다. 올바른 질문은 다음과 같아야 한다. 패트리어츠가 지난 11시즌 동안 '임의의' 25경기에서 적어도 19번 넘게 동전 던지기를 이길 가능성이 얼마나 되는가?

이 질문에 답하려고 우리는 동전 던지기 시뮬레이션을 했다. 무려 1,700만 번 넘게! 우리는 직접 컴퓨터 프로그램을 만들어 2007년부터 2017년까지 총 176번의 NFL 정규 시즌 패트리어츠 경기에서 동전 던지기를 공정하게 시뮬레이션했다(2007년 첫 경기 이전에 치른

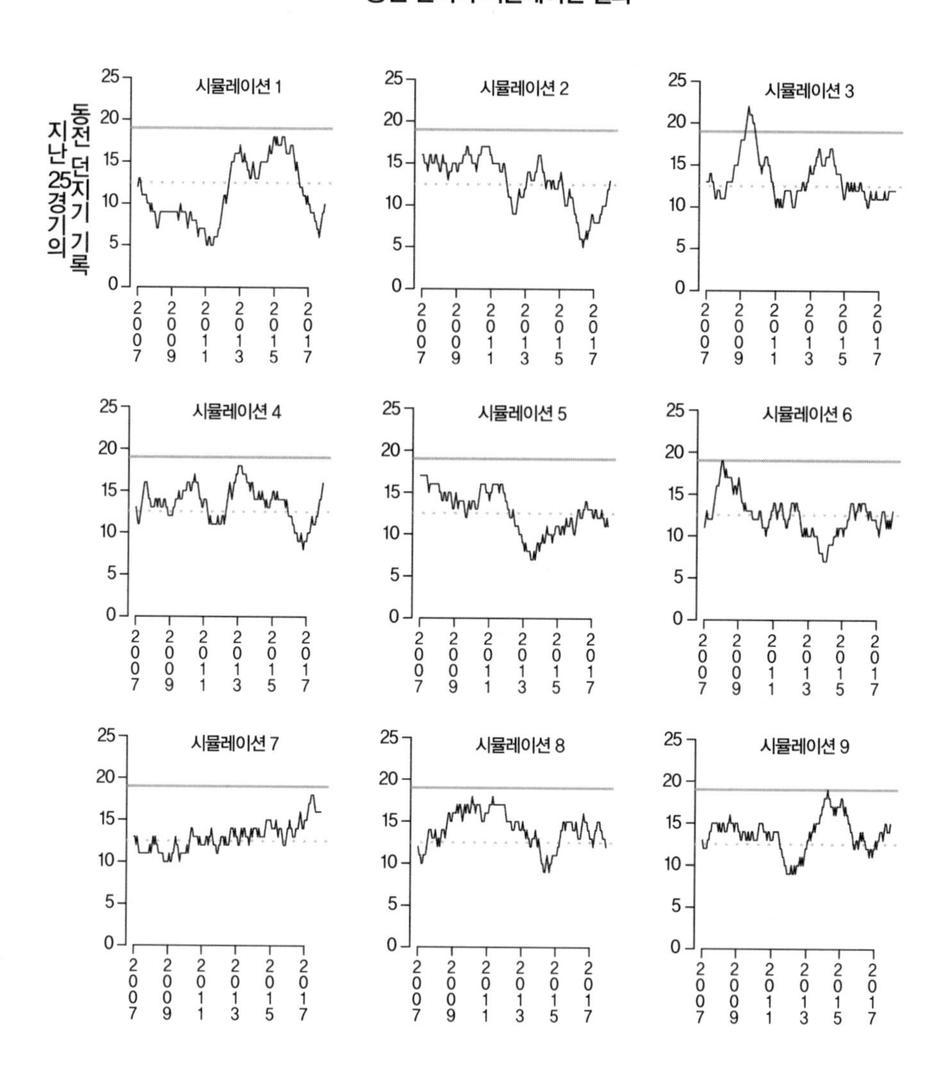

그림 5.1 각 그래프는 2007~2017년 사이 11시즌 동안 패트리어츠가 25경기에서 행한 동전 던지기 기록의 시뮬레이션이다. 세로축은 동전 던지기에서 이긴 횟수다. 수평의 회색 직선은 19번 이기는 지점에, 점선은 장기 기대 평균치인 12.5번 이기는 지점에 표시돼 있다.

24경기도 시뮬레이션했는데, 176번의 경기를 시작하는 시점에 25경기의 평균이 잘 설정되도록 하기 위해서였다. 따라서 2007년의 첫 경기부터 계산된 전체 승률은 2005년 중반까지 거슬러 올라간다). 우리는 이 시뮬레이션을 10만 번 반복하면서 패트리어츠가 25번 연속으로 경기하는 동안 적어도 동전 던지기를 최소 19번 이기는 구간이 있는지 매번 확인했다. 그림 5.1은 10만 번의 시뮬레이션 중 9가지 경우다. 대체로 패트리어츠의 25경기 동전 던지기 기록은 12 내지 13번 승리 주위에서 오르락내리락하는데, 이는 당연히 예상되는 값이다. 하지만 변동성은 크게 나타난다. 때때로 패트리어츠에게 행운이 따를 때가 있는데, 시뮬레이션 3, 6, 9를 보면 25경기 중 적어도 19번의 동전 던지기 승리를 낚아챈다. 시뮬레이션 3에서는 심지어 22번이나 이겼다.

종합해보면, 패트리어츠는 10만 번의 시뮬레이션에서 23퍼센트의 확률로 19번 이김이라는 문턱값에 도달했다(통계학 수업과 귀무가설 개념을 알고 있는 사람이라면 이 결과를 이해할 것이다. 하지만 모른다고 해도 내용 이해에는 문제가 없으니 그냥 23퍼센트라는 숫자만 알고 넘어가자). 이는 결코 낮은 확률이 아니다. 하지만 행운이 따르지 않았다고도 볼 수 없다. 따라서 염탐용 카메라나 바람 빠진 공이 있었는지는 우리가 알 길이 없지만 패트리어츠가 동전 던지기를 조작했다는 증거는 어디에도 없다. 2014~2015년 시즌 동안 그 팀에 행운이 따랐을 뿐이다(시뮬레이션에서 23퍼센트라는 결코 낮지 않은 확률이 나왔으므로, 25번의 경기 중 19번 동전 던지기 승리는 조작이 아니라 행운이 따라주면 충분히 일어날 수 있는 일이라는 뜻이다: 옮긴이).

뉴잉글랜드 패트리어츠의 동전 던지기 기록은 중요한 원리 하나를 드러낸다. 이상 현상인지 판단하려면, 반드시 두 가지를 알아야 한다는 것이다.

1. 평균적으로 기대되는 값
2. 평균에서 벗어나는 변동성의 통상적인 범위

가령 패트리어츠의 동전 던지기 승률이 장기적인 평균값인 50퍼센트 주위에서 얼마만큼 변하는지 변동성을 이해하지 못한다면, 여러분은 진짜 이상한 현상을 정상 범위 안에서 무작위로 생기는 오르내림과 결코 구별할 수 없을 것이다.

이런 인식을 바탕으로 이 장의 주제인 이상 탐지anomaly detection를 위한 실시간 모니터링에 관해 알아보자(이상 현상에 대한 동의어로 여러분이 들어봤을 법한 것 두 가지는 '노이즈 속 신호' 또는 '귀무가설의 위반'이다). 실시간 모니터링은 데이터 점들의 흐름을 스캐닝해 전형적인 패턴과 일치하지 않는 것을 찾아내는 과정이다. 이로써 돈을 절약하거나 많은 생명을 구할 수 있으며, 아울러 다음과 같이 새로운 사실을 알 수도 있다.

- 은행은 비정상적인 지출 패턴을 찾는 소프트웨어를 이용해 고객의 신용카드가 도난당했는지 알아낸다.
- 대기업은 사내 인터넷망에서 비정상적인 트래픽을 모니터링해 해킹 시도를 알아낸다.

- ‘스마트 시티’의 데이터 분석가들은 어느 특정 지역에서 범죄율의 비정상적인 쏠림 현상을 찾아내 치안 유지 전략을 발전시킨다.
- 의료보험 청구 데이터 조사관들은 이상 패턴을 찾아내 보험 사기를 탐지해낸다.
- 스포츠팀들은 선수들의 신체 착용 기기들을 모니터링해 부상 위험을 알려주는 이상 패턴을 찾아낸다.

이러한 예를 포함해 수천 가지가 넘는 응용 사례에서 이상 탐지는 데이터의 변동성을 이해하는 일과 동의어라고 할 수 있다.

17세기 영국 경제위기가 놓친 것, 변동성

이 원리의 중요성을 설명하기 위해 우선 그 원리에 대단히 어긋난 어떤 사람의 예부터 시작하겠다. 이 사람은 그냥 아무개가 아니라 인류 역사를 통틀어 가장 위대한 천재 중 한 명이다. 이 사람을 만나려면 1696년의 영국으로 가야 한다. 역사상 가장 오랜 기간 동안 시행된 이상 탐지 시스템도 같이 살펴봐야 하기 때문이다. ‘견본화폐검사Trial of the Pyx’라 불린 이 시스템은 영국의 돈을 제조하는 왕립조폐국에서 위조를 방지하기 위해 고안됐다. 이 시스템이 흥미로운 까닭은 다름이 아니라 실패했기 때문이다. 수 세기 동안 이상 현상을 탐지하지 못했고, 이로써 경제 위기가 일어나 광범위한 고통과 분노를 초래하는 데 미묘하지만 중대한 역할을 했다.

1696년에 그 모든 사건의 중심에 선 인물은 아이작 뉴턴Isaac Newton이다. 그렇다. 미적분의 발명자, 만유인력을 알아낸 사람, 시인 알렉산더 포프의 "자연과 자연의 법칙들은 암흑 속에 있었네/ 하나님이 '뉴턴이 있으라' 하시자 모든 것이 밝아졌네"라는 유명한 시구를 통해 불멸의 존재로 드높여진 바로 그 뉴턴이다. 1696년에 쉰네 살의 뉴턴은 과학계 거물로서 케임브리지대학교에서 종신 교수직을 보장받고 있었다. 강의 의무도 지지 않은 채 원하는 것은 무엇이든 연구할 수 있었다. 물리학이든 연금술이든 사과 저글링이든 뭐든. 그런데 그해에 돌연 교수직을 그만두고서 런던으로 거처를 옮기더니, 정부 관리인 친구가 제안한 한직을 수락했다. 왕립조폐국 감사 직책이었다.

전반적으로 뉴턴은 새 업무를 잘 수행했다. 그러나 결정적인 실수를 하고 말았다. 향후 5년 동안 자신의 발목을 잡게 되는 중요한 통계 원리 하나를 오해했던 것이다. 오늘날 그 원리는 AI로 작동하는 모든 실시간 모니터링 시스템의 핵심에 놓여 있다. 실리콘밸리, 스마트시티, 모든 스포츠팀의 분석실 그리고 모든 은행의 위조 방지 시스템에 그 원리가 쓰인다. 그러니 AI 실시간 모니터링 시스템과 그 원리를 이해하고 싶다면, 왕립조폐국의 뉴턴 이야기에서 세 가지 주요한 가닥을 알아야 한다.

1. 17세기 후반 영국 경제에 큰 위기가 닥쳤는데, 거기에 왕립조폐국이 미묘하면서도 막대한 영향을 끼쳤다.
2. 1696년 뉴턴이 취임한 시기에 영국 정부가 경제 위기를 타개하기 위해 고안한 통화 정책인 대주화개혁Great Recoinage이 시행됐다.

3. 이상 현상을 탐색할 때 통계적 변동성이 중요한데, 뉴턴은 이와 관련해 최악의 수학적 실수를 저지르고 말았다.

뉴턴의 두 번째 경력이 시작됐을 때 영국에는 경제 위기가 도래했다

뉴턴이 왕립조폐국에서 근무하기 시작한 1696년은 화폐 위기가 극성이던 때였다. 당시는 영국 경제를 거의 주저앉힐 정도로 화폐 위기가 한창이었다. 그러니 조폐국에서 뉴턴이 펼친 활약을 이해하려면 먼저 그 위기의 근원부터 이해해야 한다.

문제는 이랬다. 1696년을 기준으로 적어도 지난 30년 동안 영국 돈은 유통량이 계속 감소하고 있었다. 당시 영국은 은본위제였다. 동전의 무게와 은 함량에 따라 동전의 가치가 결정되는 제도였다. 하지만 9년전쟁Nine Year's War(1688년부터 1697년까지 영국과 네덜란드, 스페인 그리고 여러 유럽 세력들이 동맹을 맺고 태양왕 루이 14세가 이끄는 프랑스에 대항하며 벌인 전쟁: 옮긴이)으로 대륙에서 은의 수요가 치솟는 바람에 당시 영국 동전은 귀금속으로 인정받는 가치가 화폐로서 책정된 가치보다 더 커졌다. 그 결과 영국 사람들은 여러분이 예상하는 그대로 했다. 동전을 프랑스나 네덜란드로 가져가 녹여서 금으로 교환한 다음, 영국으로 돌아와 그 금으로 더 많은 은화를 샀다. 사람들은 그렇게 쉬운 방법으로 부유해졌다. 반면 은이 점점 더 많이 영국해협 너머로 유출되면서 영국이라는 나라의 돈은 문자 그대로 바닥나기 시작했다.[2]

은이 사라지는 또 다른 이유도 있었다. 바로 동전 테두리 깎기의 성행이었는데, 이것이 은화 유출 사태와 맞물려 1600년대 내내 영국 화폐 유통에 대재앙을 초래했다. 동전을 깎는 과정을 살펴보면, 먼저 테두리를 따라 은이 약간 돌출된 부분을 찾아낸다. 그런 다음 돌출 부분을 깎아내고 손상된 동전에 줄질을 해서 매끄럽게 만든다. 은 동전 하나로는 은을 많이 모으지 못하지만, 많은 동전을 깎으면 은을 한 무더기 모을 수 있다. 그래서 동전 깎기는 엘리자베스 1세가 통치하던 이래로 교수형에 처하는 중범죄였다. 하지만 그런 처벌에도 동전 깎기는 성행했다. 1690년의 의회 조사에 따르면, 세공사 3명이 각자 유통되는 동전 100파운드어치를 모았는데 이 동전들을 다 합쳐서 무게를 재었더니 약 19킬로그램밖에 되지 않았다. 정상적인 동전이라면 약 37킬로그램이어야 했다. 따라서 깎은 동전임이 명백했지만, 현행범을 붙잡지 않는 이상 누가 범인인지 알아내기가 거의 불가능했다.[3]

동전 깎는 자들은 변동성을 좋아했다

동전 깎기가 유독 성행한 까닭이 있다. 1662년 이전에는 모든 영국 동전을 직접 때려 만들었기 때문이다! 그러니까 세공인이 녹은 은 덩어리를 모루에 대고 망치로 두드려서 원반 형태로 만들었다는 얘기다. 이런 수타 동전은 형태와 무게 두 가지 면에서 변동성을 갖게 마련이었고 이 변동성이야말로 동전 깎기에 필연적이었다. 형태의 변동성 때문에 애초에 깎을 수 있는 작은 돌출 부위가 생겼고 무게의 변동성 때문에 언제든지 약간 더 무거운 동전이 나왔다. 그리고 동전을 깎은 사람은 처음부터 조금 가벼운 동전으로 만들어진 것이니 자기는 모르는 일이라고 어깨를 한번 으쓱하면 그만이었다.

1662년 문제의 심각성을 알아차린 의회는 조폐국에 '동전 테두리를 기계로 오돌토돌하게 가공'(밀링milling)하는 데 드는 자금을 제공했다. 목표는 간단했다. 동전의 형태와 무게에서 변동성을 제거해 동전 깎기를 근절하자는 것이었다.

새로 도입한 이 가공 방법에 관해 자세히 살펴볼 필요가 있다. 그래야만 뉴턴이 나중에 물려받는 작업을 잘 이해할 수 있기 때문이다. 먼저 동전의 가공 과정은 은을 섭씨 1,000도의 커다란 용광로에 넣고 녹이는 작업부터 시작한다. 그다음에 액체 상태의 은을 주형틀에 넣어 주괴를 만든다. 주괴가 식으면, 말 4마리가 움직이는 거대한 롤러 장치로 펴서 납작하게 만든다. 그리고 동그란 쿠키 자르기 틀처럼 생긴 기계가 넓은 은판에 구멍을 뚫는 방식으로 원반들을 만든다. 이 원반들을 압착기에 넣으면 소전素錢, coin blank(도안, 액면가, 발행 연도 등이 새겨지지 않은 원형 상태의 동전: 옮긴이)이 만들어진다.

이어서 기계가 각 동전의 얼굴에 도안을 찍는다. 이 과정은 매우 위험하다. 한 사람이 소전을 작업 라인 가운데에 있는 작은 용기 안에 넣는다. 그리고 다른 4명의 사람이 밧줄을 잡아당겨 어떤 바퀴를 180도 돌리면, 거대한 프레스가 작동해 동전 위에 왕의 얼굴을 선명하게 새긴다. 그런 다음, 바퀴를 다시 180도 돌려 프레스가 들려지면, 그 사이에 동전을 용기에서 빼내고 새 소전을 집어넣는다. 바퀴를 돌리는 4명은 작업을 15분만 해도 탈진해버렸고, 소전을 집어넣는 사람은 손가락이 망가질까 늘 노심초사했다.[4]

마지막으로 밀링은 두 단계로 이뤄졌다. 먼저 둥근 테두리 주위로 오돌토돌한 패턴을 새겼다. '톱니형 테두리milled edge'라고도 하는 이 패턴은 미국의 25센트짜리 동전과 영국의 2파운드짜리 동전을 포함해 현대의 여러 동전에서 지금도 찾을 수 있다. 그리고 라틴어로 'Decus et Tutamen'라는 문구도 새겼다(이 문구는 2017년까지 영국 동전에 남아 있다가, 아쉽게도 최근에 나온 1파운드짜리 동전에서 삭제됐다). 베르길리우스의 《아이네이스Aeneis》에 나오는 이 문구는 '장식과 보호'를 뜻한다. 라틴어 뜻에서 알 수 있듯이, 동전 깎기를 방지하는 것이 목적이었다. 조금이라도 테두리를 깎으면 흔적이 확연히 남을 테니 시도조차 못하게 만든 것이었다.

그런데 이런 동전의 등장으로 동전 유통량의 변동성이 사라지고 영국의 통화 문제가 해결됐을까? 사실 1662년 이후 문제는 더 나빠졌다. 이유인즉 이전에 발행한 수타 동전들이 여전히 유통됐을뿐더러 상인들은 그 동전들을 액면가로 계속 받았기 때문이다. 영국에는 사실상 두 가지 화폐가 나란히 존재하게 된 셈이었다. 그런데 1662년 이전에 발행한 수타 동전들은 너무 가치가 하락한 탓에 녹여서는 수지가 맞지 않았다. 반면에 기계로 테두리를 가공한 동전들은 쉽게 테두리 깎기를 할 수 없었기에 가치가 보존됐다. 그래서 새 동전들은 녹아서 유럽 대륙으로 새어나갔고, 영국에서는 오직 기존의 수타 동전들만 유통됐다.[5]

경제학자들은 나쁜 돈이 좋은 돈을 몰아내는 이 현상을 가리켜 '그레셤의 법칙Gresham's law'이라고 일컫는다. 하지만 굳이 경제학자의 이름을 딴 이 법칙은 그레셤이 살던 때보다 2,000년도 더 전에 고대 그리스의 희극작가 아리스토파네스의 희극 《개구리The Frogs》에 다음과 같이 등장한다. "아테네인들의 자랑이던 '실질화폐 동전fullbodied coin'(액면 가치와 실제 가치가 동일한 동전: 옮긴이)은 더 이상 쓰이지 않고 대신에 싸구려 놋쇠 동전만이 통용되고 있다." 이것은 상식이다. 만약 여러분이 식료품점에서 물건값을 치르는데 실질화폐 동전과 싸구려 놋쇠 동전 중에서 선택할 수 있다고 하면, 후자를 낼 것이다. 점원도 거스름돈을 줄 때 여러분과 똑같이 행동할 것이다. 그러므로 시장에는 나쁜 화폐만이 유통된다.

바로 그런 일이 영국에서 벌어졌다. 그 결과 뉴턴이 1696년 조폐국에 들어왔을 때, 영국의 상업 활동은 거의 엉망진창이었다. 당시에 유행한 농담 중에는 이전의 제임스 국왕 치하에서는 세금이 높긴 했지만 그래도 세금을 낼 화폐 자체는 있었다는 말이 나돌 정도였다. 그만큼 당시 많은 사람이 아예 화폐를 가지고 있지 않았고, 설령 가지고 있는 사람들이라고 해도 지출하기보다는 보유하려고만 했다. 내일이면 값이 더 오를 테니까. 그러한 현상을 두고 역사가 찰스 매콜리Charles Macaulay는 이렇게 썼다. "모든 거래, 모든 산업이 치명타를 입었다. 어떤 계급에 속한 사람이든 시시각각 재앙을 실감했다." 동시대의 또 다른 목격자는 친구에게 당시 상황을 이렇게 설명했다. "당사자 간에 믿음이 없는 한 어떤 거래도 이루어지지 않는다. 세입자는 세를 낼 수가 없다. 곡물 상인은 곡물을 사려고 해도 치를 대금을 구할 수가 없으니, 거래가 실종되고 모든 것이 멈춰버렸다."[6] 당시 상황을 매콜리는 이렇게 요약했다. "나쁜 화폐가 단 1년 동안에 끼친 해악은 나쁜 왕들, 나쁜 장관들, 나쁜 의원들 그리고 나쁜 판사들이 지난 사반세기 동안 영국에 몰고 온 모든 해악을 무색하게 만들 정도로 심각했다."[7]

세기의 수학 천재 뉴턴도 넘지 못한 함정

지금까지 우리는 1696년 영국의 경제 상황에 관해 다음 세 가지 사실을 알았다.

1. 1662년 이전에 발행한 모든 수타 은 동전이 심각한 문젯거리였다. 사람들은 화폐 가치를 놓고 매일 실랑이를 벌였고, 수타 동전들의 가치가 하락하면서 기계로 테두리를 가공한 실질화폐가 제대로 유통되지 못하고 영국 밖으로 새어나갔다.
2. 수타 동전의 가치가 하락한 원인은 동전 깎기다.
3. 동전 깎기가 성행한 주된 이유는 변동성이다. 동전의 형태와 무게의 불균일성을 악용했던 것인데, 범죄자들은 고의로 동전을 약간 가볍게 만들어놓고서는 원래 그런 동전인 척했다.

그렇다면 영국 경제의 위기를 이해하기 위한 결정적 질문은 이렇다. '영국 동전은 애초에 왜 그렇게 변동성이 컸는가?' 어느 정도의 변동성이란 불가피하게 발생하기 마련인데, 수타 동전이라면 특히 더 그랬다. 영국 정부에서도 차츰 이런 점을 인식해 변동성의 허용 범위를 법적으로 제한했고, 제한이 제대로 지켜지도록 보호 조치를 시행했다. 하지만 제도는 실패했다.

왜 그런지 설명하기 전에 먼저 견본화폐검사가 무엇인지 살펴보자. 견본화폐검사는 1150년대 이후로 오랜 기간 시행된 이상 탐지 시스템이다. 자세한 내용은 세월이 흐르며 변화했지만 목적은 변하지 않았다. '조폐국이 부정행위를 하거나 태만한지 또는 그 둘 다인지 확인하는 것.' 가령 조폐국 관리들은 동전을 일부러 가볍게 만들어서 남는 은을 착복할 수 있다. 아니면 그냥 품질 관리를 게을리해 어떤 동전은 너무 무겁고 또 어떤 동전은 너무 가볍게 만들 수 있다. 그러면 눈썰미 좋은 상인들이 무거운 동전들을 알아보고 녹여 이득을 취할 것이다.

견본화폐검사는 그런 몹쓸 짓을 방지하기 위해 고안됐다. 과정은 이렇다. 조폐국이 발행하는 1파운드짜리 은 동전 60개마다 1개씩 따로 빼둔다. 이 동전을 몇 년에 걸쳐 모으면 수천 개가 되는데, 세공 판정단이 검사해서 무게와 은 함량이 법적 기준에 맞는지 확인한다.[8]

하지만 패트리어츠 사례에서 배운 교훈을 기억하자. 이상 여부를 확인할 때 변동성을 고려해야 한다. 설령 부정행위가 없더라도 동전의 무게가 법적으로 정해진 무게와 '정확하게' 같을 수는 없다. 조폐국의 동전 제조 과정이 필연적으로 불완전하기 때문이다. 물론 1345년 이래로 영국 법은 이 변동성을 감안해 동전 무게의 허용 범위를 정해놓았다. 이 범위를 가리켜 '공차公差'라고 하는데, 목표 무게에서 대략 ±1퍼센트로 설정했다.[9] 만약 동전이 이 범위 밖이면 조폐국 관리들은 동전에 부족분만큼 '조치'를 취해야 했다. 안 좋게는 1280년의 조폐 약정서에 따라 목숨과 팔다리를 왕자의 처분에 맡겨야 했다.[10]

견본화폐검사가 효과가 없었던 까닭은?

견본화폐검사는 조폐국 관리들이 동전 표본 집단의 평균 무게를 계산해, 그 평균이 목표 무게에 '충분히 가까운지' 판단한다. 21세기 통계학 교수가 학생들에게 숙제로 낼 만한 문제다. 데이터 과학의 관점에서 보면 견본화폐검사는 언뜻 훌륭한 방법인 듯하다. 검사는 편향성 없이 잘 추출된 표본들을 가지고 진행했다.

하지만 '충분히 가깝다'는 것을 어떻게 결정한단 말인가? 조폐국 관리들은 이 질문의 답이 명백하다고 추정했다. 법률상 동전 하나의 무게가 목표 무게의 1퍼센트 범위 안에 있어야만 하므로 평균 무게도 목표 무게의 1퍼센트 범위 안이어야만 한다고 여긴 것이다. 하지만 이 1퍼센트 규칙이 견본화폐검사가 안고 있는 문제점이었다. 이 '명백한' 답은 틀려도 단단히 틀렸다. 그렇게 하면 이상 여부의 판단 범위가 너무 넓어지는 탓에, 의도치 않게 동전 깎는 자들에게 유리했던 것이다.

무엇이 잘못이었는지 이해하기 위해, 2,500개의 실링(영국의 구화폐 단위. 1파운드가 20실링이다: 옮긴이)이 여러분 앞에 있다고 상상하자. 각각의 실링은 무게가 100그램(기댓값expected value)이고, 허용 오차는 ±1그램이다. 여러분은 이 동전들의 무게가 기댓값에서 ±1그램 이내에 해당하는지 알아내야 한다. 가장 확실한 방법은 동전 2,500개의 무게를 일일이 재는 것이다. 하지만 얼마나 지루할지 상상해보라. 당시는 1600년대다. 피리를 불거나 공개 처형 행사에 구경 가거나 시간을 재미있게 보낼 다른 방법이 수두룩하다. 그래서 여러분은 동전들의 평균 무게를 계산해서 검사 시간을 아끼기로 한다. 하나의 저울로 모든 동전의 무게를 한꺼번에 재서 그 결과를 2,500으로 나눈다. 이때 나온 평균값이 100그램에 가까우면, 대다수의 동전은 틀림없이 100그램에 꽤 가까울 것이다. 만약 평균이 100그램에서 많이 벗어나면, 적어도 개별 동전 중 일부는 100그램에서 틀림없이 벗어나 있다.

당시 조폐국의 검사 업무는 바로 이런 식이었을 듯하다.

이렇게 견본화폐검사에서 실제로 행했을 방식과 거의 동일하게 평균 내기를 하면 아주 명백한 이상은 확실하게 탐지될 것이다. 가령 평균 무게가 목표 무게 100그램과 달리 고작 50그램이 나왔다고 가정하자. 그러면 조폐국 관리들은 이제 바람 앞의 등불 신세다. 몰래 빼돌린 은을 몽땅 털어서 우수한 변호사를 선임해야 마땅하다. 적어도 목숨과 팔다리가 소중하다면 말이다. 그런데 이상이 명백하지 않다면 어떻게 될까? 가령 평균 무게가 99.5그램이라면 어떨까? 이것도 언뜻 보기엔 부정행위의 증거처럼 보일지 모른다. 패트리어츠의 19승 동전 던지기 기록처럼 말이다. 하지만 앞서 봤듯이 어떤 '이상'은 행운이 따른 우연일 때도 있다. 그렇다면 평균값 99.5그램이 실제로 의심스러운 수치인지 어떻게 알 수 있을까?

여기서 핵심 관건은 다음 질문이다. 만약 동전 1개 무게의 허용 범위가 목표 무게로부터 ±1그램이라면, 많은 동전의 평균 무게에 대한 허용 범위는 얼마여야 하는가? 이 질문에 답을 내놓기에 가장 알맞은 원리는 이렇다. 범위를 매우 좁게 정해서 동전들의 평균 무게가 목표 무게인 100그램에서 ±0.0001그램 사이에 들어야만 검사에 합격한다고 가정해보자. 그렇다면 이상 탐지 시스템이 매우 열심히 작동할 것이다. 마치 깃털만 자동차에 스쳐도 시끄럽게 울리는 1980년대의 초기 자동차 경고음 장치처럼. 반면에 잘린 레몬 한 조각 무게쯤인 ±10그램으로 범위를 아주 넓혀보자. 그러면 이상 탐지 시스템은 작동하는 둥 마는 둥 하는 바람에 진짜 이상을 놓치기 쉽다. 여기서 중요한 질문은 이것이다. 만약 ±0.0001은 너무 좁고 ±10은 너무 넓다면,

딱 알맞은 허용 범위 값은 얼마인가?

앞서 말했듯이 견본화폐검사를 실시하는 사람들은 하나의 동전에 주어지는 허용 범위가 ±1그램이라면 많은 동전의 평균 무게에 주어지는 허용 범위도 ±1그램이어야 한다고 믿었다. 하지만 현대 통계학에 따르면, 그것은 대단한 착각이다. 허용 범위는 표본에 얼마나 많은 동전이 들어 있는지에 따라 달라진다. 표본이 클수록 허용 범위는 좁아진다. '드무아브르의 정리De Moivre's theorem'라고도 불리는 '제곱근 규칙'에 따르면 그렇다. 즉 한 표본 평균의 변동성은 표본 크기의 제곱근이 커짐에 따라 더 작아진다.

수학적으로는 조금 복잡하지만, 내용은 간단하다. 표본이 작을 때는 단 1개의 가벼운 동전이 평균을 많이 끌어내릴 수 있다. 하지만 표본이 크면 가벼운 동전 하나는 무거운 동전 하나에 의해 균형이 맞춰질 가능성이 크므로 평균은 목표치에 가까워지게 마련이다. 따라서 1,000개의 측정값을 평균했더니 결과가 여러분이 기대하는 값에 아주 가깝지 않다면, 뭔가 수상하다고 봐야 한다(제곱근 규칙의 수학을 더 자세히 알고 싶으면 이 장 맨 뒤쪽을 보기 바란다. 하지만 지식이 이 주제를 이해하는 데 꼭 심오한 수학 지식이 필요하지는 않다). 일례로 MIT 수재들이 돈을 쓸어 모으고 있는 블랙잭 테이블이 있다고 하자. 이때 카지노가 건장한 사내들을 보내 조치를 취해야 할지 여부를 결정하는 것도 바로 이 제곱근 규칙을 통해서다.

제곱근 규칙이 이상 탐지에 얼마나 중요한지 알기 위해, 견본화폐검사와 현대 통계학에 따른 동전 무게의 허용 범위를 비교해보자.

표본 크기	견본화폐검사에 사용된 허용 범위	현대 통계학에 기반한 올바른 허용 범위
1	100 ± 1.00	100 ± 1.00
100	100 ± 1.00	100 ± 0.10
2,500	100 ± 1.00	100 ± 0.02
10,000	100 ± 1.00	100 ± 0.01

견본화폐검사의 허용 범위는 너무 넓다. 이 실수로 두 가지 종류의 이상 상태를 탐지하지 못했을 가능성이 생긴다. 첫째로, 조폐국 관리들이 은을 야금야금 빼돌리는 것을 알아채지 못했을 수 있다. 실제로는 벌어지지 않았을 수 있지만 견본화폐검사에 대해 들어본 데이터 과학자라면 누구나 주목했을 법한 시나리오다. 조폐국은 변동성의 법적 기준(무게의 ±1퍼센트)에 부합하도록 동전을 만들어낼 능력이 있었다. 하지만 교묘하게 동전 하나당 목표 무게를 100그램이 아니라 99.5그램으로 노렸다고 가정하자. 참고로 이런 종류의 이상을 가리켜 0.5그램의 '편향bias'이라고 한다. 또 견본화폐검사가 이 부정행위를 알아내기 위해 2,500개 동전 표본의 무게를 잰다고 가정하자. 제곱근 규칙을 적용하면, 이 2,500개 동전의 평균 무게는 99.48그램에서 99.52 사이일 것이다. 이는 통계적으로 올바른 범위인 100±0.02에서 한참 벗어난다. 하지만 견본화폐검사는 경고를 울리지 못했을 것이다. 판정단들이 99그램에서 101그램 사이의 평균치라면 통과시켰을 테니까. 즉 과감한 조폐국 관리들은 이론상으로 모든 영국제 은의

0.5퍼센트를 남몰래 갈취했을 수 있다. 하지만 그런 초대형 부정행위가 실제로 벌어졌는지 알려줄 증거는 어디에도 없다.

두 번째 이상 상태는 좀 더 미묘한 유형인데, 실제로 발생했다는 증거가 있긴 하다. 엉성한 조폐국이 무게가 매우 불균일한 동전들을 만들어내는 바람에 동전 깎는 자들에게 여분의 변동성을 선사한 것이다. 조폐국이 평균적으로 목표 무게 100그램을 달성하려 했다고 가정하자. 그리고 형편없는 품질 검사 결과로 법이 허용하는 것보다 동전 무게의 변동성이 10배 크다고, 즉 100±1이 아니라 100±10이라고 상상해보자. 이런 종류의 이상을 가리켜 '과산포overdispersion'라고 한다. 이것은 부정행위의 증거라기보다 그냥 부주의함의 증거다. 그럼에도 견본화폐검사는 이상을 탐지하지 못할 것이다. 변동성이 10배나 큰 동전도 2,500개를 모아 제곱근 규칙에 따라 계산하면 평균 무게가 99.8그램에서 100.2그램 사이로 나올 것이 거의 확실하기 때문이다. 즉 오늘날의 품질 검사 방법을 따랐다면 올바른 허용 범위인 100±0.02그램을 벗어나므로 이상이 탐지될 테지만, 과거의 견본화폐 검사는 99와 101 사이의 값이면 뭐든 통과시켜 버릴 테니 말이다. 동전 깎는 자들한테는 대단한 행운이다.

이런 종류의 과산포 이상은 한 세기 동안은 아니더라도 몇십 년 동안은 지속됐다. 그 근거는 다음 두 가지 사실이다. 첫째, 아이작 뉴턴이 조폐국에 들어오자마자 열악한 동전 제조 기준을 발견하고서 명시적으로 다음과 같이 언급했다. "내가 처음 조폐국에 왔을 때는 물론이고 그전에도 오랫동안 돈이 제각각으로 주조됐는데, 어떤 것은 1~2그램 더 무거웠고 또 어떤 것은 그만큼 더 가벼웠다."[11] 또 뉴턴은 다음과 같이 적기도 했다. "무거운 동전들은 '돌아온 기니Come Again Guinea'('기니'는 영국의 옛 화폐 단위다: 옮긴이)라고 불렸는데, 왜냐하면 재주조를 위해 조폐국에 되돌아왔기 때문이었다." 그리고 그 과정에서 누군가가 이익을 착복했다. 뉴턴은 '돌아온 기니'의 비율이 동전 4개당 1개라고 추산했다. 변동성이 지나치게 높다는 증거였다. 하지만 이 문제는 조폐국에서 전혀 새로운 사안이 아니었다. 가령 1534년에 시행된 견본화폐검사에서도 심사관들은 이렇게 언급했다. "동전들이 매우 고르지 않았는데, 무거운 동전들을 따로 모으면 이득을 볼 수 있는 상황이었다."[12]

둘째, 뉴턴 시대에 동전들이 견본화폐검사에 불합격한 역사적인 사건이 2건 있었다.[13] 이 숫자는 그리 많아 보이지 않을지 모른다. 하지만 당시 견본화폐검사의 허용 범위가 지나치게 넓었음을 감안하면 단 한 번의 불합격조차도 일어나기 어려웠다. 심지어 오늘날 우리가 로또에 당첨되는 것보다 더 어려운 일이었다. 따라서 그처럼 대단히 높은 불합격률을 설명해줄 가장 간단한 이유는 동전들의 변동성이 법의 허용 기준보다 훨씬 더 높다고밖에 설명하지 못한다. 뉴턴이 열악한 품질 검사를 두고 괜한 말을 한 것이 아니다.

문제의 정확한 원인조차 파악하지 못한 뉴턴

조폐국 관리들은 변동성 단속에 대단히 무능했다. 세공인들이 수십 년 동안 대충 일하도록 수수방관했고, 그 결과 변동성이 법적 기준인 무게의 ±1퍼센트보다 훨씬 더 큰 동전들이 만들어졌다. 하지만 견본화폐검사는 관리들에게 결코 책임을 묻지 않았다. 오히려 동전 깎는 자들이 절대 발각되지 않도록 굉장히 힘센 조력자, 즉 확률 법칙을 선사했다.

하지만 당시는 어쩔 수 없었다. 이 끔찍한 실수 이면에 깃든 수학은 수 세기 동안 조폐국 관리들 누구도 이해할 수 없는 것이었다. 단 한 명의 두드러진 예외인 아이작 뉴턴을 빼고는.

조폐국에 취임한 뉴턴은 동정받아 마땅했다. 이 새로운 일자리는 원래 약속과는 달리 결코 안락한 자리가 아니었다. 취임 전에 듣기로는 연봉이 600파운드라고 했는데, 이는 재무장관이 과장한 액수였고 실제로는 400파운드밖에 받지 못했다. 또 새로 일하게 될 동료들이 특출한 전문가들로 이루어진 팀이라고 들었지만, 실제로는 무능한 집단이었다. 가령 노리치 지역의 부지점장은 재산을 몰수당한 채로 감옥에 갔으며, 부감독관은 직위 해제된 후 마다가스카르 해적들한테 보내는 국왕의 사신으로 재임명됐다.[14] 마지막으로 새 직장에서 그렇게 열심히 일하지 않아도 된다는 말을 들었으나 그게 가장 큰 거짓말이었다. 뉴턴이 조폐국에 취임할 때가 바로 1696년의 대주화개혁이 시행되던 시기였기 때문이다. 이 급진적이고 전면적인 해결책 때문에 영국의 수백만 개 수타 동전 전부를 조폐국에서 모아 녹인 뒤 다시 주조하는 마당에 대충 일하기란 불가능했다.

하필 뉴턴이 취임한 때에 대주화개혁이 가장 활발하게 진행됐다. 그런데 어느 모로 보나 그 조치는 리더십 부재로 인해 재앙으로 치닫고 있었다. 하지만 뉴턴은 자기 명성에 걸맞게 그 업무를 한직으로 여기지 않았다. 대신에 발 빠르게 행동에 나섰다. 동료들이 실망감만 안겨줄 때도 뉴턴은 일을 찾아서 했다. 조폐국의 복잡한 회계 시스템도 세세하게 파악했다. 그리고 야금술에 대한 지식을 바탕으로 개선안을 내놓았는데, 연금술을 오랜 세월 연구하는 동안 갈고닦은 지식이었다. 이 지식은 결코 납을 금으로 바꾸지는 못했지만, 은을 동전으로 만드는 데에는 분명 도움이 됐다.[15]

그런데 대주화개혁의 속도 또한 고려 사안이었다. 기억하시는가, 기계화된 무시무시한 동전 주조 작업에는 작업자들의 손가락을 꿀꺽해버리는 거대한 프레스가 이용됐다는 사실을. 작업자들이 감당할 수 있는 속도는 분당 동전 서너 개였는데, 대주화개혁을 완성해 재앙을 제때 막기에는 너무 느린 게 분명했다. 그래서 뉴턴은 몸소 작업장 일꾼들의 시간동작 연구(특정 작업이나 연속되는 작업을 행하는 데 소요되는 시간을 분석하여 생산성을 평가하는 연구: 옮긴이)를 상세하게 수행했는데, 이렇게 해서 바꾼 작업 절차로 작업자들은 분당 50개의 동전을 주조했다. 이런 속도는 거의 2년 동안 새벽 네 시부터 한밤중까지 주말에도 쉬지 않고 유지됐다.[16]

마침내 1701년에 대주화개혁이 완료됐다. 이제 영국에 수타 동전은 없었다.[17] 뉴턴은 훨씬 더 권위 있는 직책인 조폐국장으로 승진했다. 조폐국장인 뉴턴은 견본화폐검사가 시행되고 모든 동전이 검사를 통과하자 거창한 저녁 식사 자리까지 마련했다. 여담이지만 그날 뉴턴은 식사 비용에 대해 단단히 불만을 토로했다고 한다. 1명당 2파운드, 즉 오늘날 물가로 인당 200파운드나 들었기 때문이다.[18]

그러므로 뉴턴의 견본화폐검사를 눈여겨볼 만한 이유는 바로 그것이 기대에 못 미치게 시행되었기 때문이다. 자, 아이작 뉴턴은 왕립조폐국 역사상 변동성 단속에 가장 뛰어난 인물이었다. 뉴턴은 지난 5년간 동전 주조 절차를 세세하게 심사숙고했으며, 동전이 법률 기준을 맞추지 못할 정도로 변동성이 크다는 점을 구체적으로 언급하기도 했다. 지나친 변동성이 오랫동안 조폐국의 골칫거리였다는 걸 인식한 뒤로는 변동성을 줄이는 데 골몰했다. 결과적으로 뉴턴은 세계 최고의 수학자로서 심각한 결과를 가져올 공적인 실험에 직면했고, 그 핵심 사안은 동전의 변동성이었다.

통계학에서 근본적인 발견을 해내기에 딱 좋은 시기와 장소에 딱 맞는 인물이 있는 경우가 있다면, 뉴턴이 바로 그랬다. 하지만 아무 일도 일어나지 않았다. 뉴턴은 문제의 정확한 원인조차 알아차리지 못했다. 덕분에 견본화폐검사는 한 세기 더 유지됐다. 왜 뉴턴은 제곱근 규칙을 발견하지 못했을까? 믿기지 않지만, 뉴턴의 마음속에는 다음과 같은 간단한 질문이 떠오르지 않았기 때문이다. '왜 변동성이 큰 동전들이 수백 년 동안이나 견본화폐검사를 통과했는가?' 뉴턴도 대놓고 언급했듯이 개별 동전의 변동성이 법적 기준보다 매우 컸는데도 말이다.

이것은 대주화개혁 시기 동안은 물론이고 뉴턴이 평생 수학에 각별한 관심을 가졌다는 사실에 비추어볼 때, 매우 이해하기 어렵다. 가령 1696년의 어느 날 뉴턴은 조폐국을 퇴근해 오후 네 시에 귀가한 다음, 어렵기로 유명한 '최속강하곡선brachistochrone curve' 문제를 풀려고 책상에 앉았다. 수학계에서 뉴턴의 적수인 요한 베르누이Johann Bernoulli가 낸 문제였다. 참고로 베르누이는 뉴턴의 중력 이론이 엉터리라고 여겼으며, 또한 미적분학의 발명을 놓고서 뉴턴과 우선권 논쟁을 벌인 라이프니츠와 막역한 사이였다. 뉴턴은 그날 조폐국의 업무 때문에 매우 지쳐 있었는데, 일기에 따르면 "수학적인 것들로 시달리고 고생하는 바람에" 훨씬 더 지친 상태였다. 그런데도 그날 저녁 식사를 거르고 밤새 문제에 매달린 끝에, 다음날 새벽 네 시에 답을 내놓아 누가 승자인지 베르누이한테 보여줬다. 그리고 뉴턴은 은퇴 이후에도 수학 문제를 안고 자주 고민했다.[19]

따라서 뉴턴이 자신의 실수를 알아차리지 못한 까닭은 기회나 창의력 또는 끈기의 부족 때문이 아니다. 당면한 수학 문제를 풀어야 한다고 생각하지 못했을 리도 없다. 이러한 성취를 이루는 데 뉴턴에게 모자란 점도 없었다. 오히려 최속강하곡선 문제와 비교하면 제곱근 규칙의 바탕이 되는 수학은 뉴턴에게 식은 죽 먹기였을 것이다. 애초에 올바른 질문만 떠올렸더라면 말이다. 하지만 뉴턴은 그러지 못했다. 그리고 그 문제를 마주한 다른 사람들도 그 뒤로 오랫동안 마찬가지였다. 한 세기가 지나고 두 위대한 수학자인 가우스와 라플라스가 나타나고서야 제곱근 규칙의 진정한 가치가 밝혀지면서 확률과 통계는 하나의 수학 분야로 자리 잡았다.

모든 곳에 변동성이 있다: AI 시대의 이상 탐지

뉴턴의 왕립조폐국 시절 이야기는 놀라울 정도로 알려진 바가 없다. 하지만 대단히 중요한 의미를 지니는 역사적인 일화로서 놓쳐서는 안 된다. 많은 측정치의 평균을 계산한다는 것은 데이터 과학의 역사에서 가장 중요한 개념이다. 부정행위 방지부터 치안 유지에 이르기까지 엄청나게 많은 응용 사례가 바로 그 개념에 바탕을 두고 있다. 그리고 모두 견본화폐검사와 동일한 노선을 따라 다음과 같이 작동한다.

- 데이터 수집: 여러 측정치가 어떤 과정에 따라 수집된다.
- 평균 내기: 측정치들의 평균을 계산하고, 그 과정의 '수치적 스냅샷numerical snapshot'을 찍는다(이런 방식들은 대개 평균 자체가 아니라 데이터의 다른 수치적 스냅샷에 의존한다. 예로 '중앙값median' '주성분점수principal component scores' '콜모고로프-스미르노프 통계량Kolmogorov-Smirnov statistics' 등이 있는데, 지금 이런 내용은 중요하지 않다. 평균을 이용하든 어떤 수치적 스냅샷을 이용하든 간에, 변동성을 이해해야 한다는 사실은 변함이 없다).
- 의사결정: 평균이 예상치와 충분히 가까운가 아니면 정상적인 변동성의 범위 바깥에 있는가?

뉴턴의 시대와 크게 달라진 점은 세 가지다. 이상을 판단하는 결정을 대체로 사람보다는 기계가 내린다는 것. 이 결정을 몇 년이 아니라 몇 밀리세컨드 안에 내린다는 것. 마지막으로 견본화폐검사를 실시하던 사람들과 달리 이 기계들은 수학에 훤하다는 것. 하지만 '이상을 찾아내려면 변동성을 이해해야 한다'는 근본 원리는 변하지 않았다.

이런 AI 시스템들이 보편화되고 있다. 흔히 F1이라고 줄여서 말하는 자동차경주 포뮬러 1Formula 1, F1에 참가하는 팀들은 자동차에 부착된 수백 개의 센서에서 지속적으로 얻은 데이터를 모니터링해 이상을 찾는다. 경주 전략에 영향을 끼칠 수 있는 엔진 온도, 타이어 마모 상태, 공기역학적 상황 등을 포함한 모든 데이터가 대상이다. 신용카드 회사들은 모든 거래를 면밀히 조사해 부정행위로 의심되는 거래를 찾는다. 대도시의 경찰관들이 휴대하는 방사능 센서는 테러리스트가 숨겨놓았을지 모르는 방사능 폭탄을 찾아내도록 프로그래밍되어 있다. 페이스북과 구글, 물류창고와 식료품점, 항공사와 석유 채굴 시설, 상원의원과 펀드매니저, 클리블랜드 캐벌리어스Cleveland Cavaliers 농구팀과 주말에 운동을 몰아서 하는 사람들…… 모두 측정치의 평균을 계산하며, 대량의 데이터 집합으로부터 알고리즘을 통해 이상을 찾는다.

오늘날 도시는 어떻게 똑똑해지는가

뉴욕시에는 시장직할 데이터분석실Mayor's Office of Data Analytics, 즉 MODA라는 곳이 있다. MODA는 2013년 당시 시장이던 마이클 블룸버그Michael Bloomberg가 시 당국이 수집한 방대한 데이터를 분석하기 위해 설치했다. 긴급 전화 호출부터 건축물 검사 서류 그리고 나무 520만 그루에 관한 관리 기록까지 뉴욕시의 모든 데이터가 이곳으로 모인다.

MODA의 데이터는 풍부하고 대규모다. 그리고 우리는 여기서 빅데이터와 AI의 상호 관련성에 관해 중요한 사실을 하나 알 수 있다. 빅데이터 집합의 가치는 N뿐만 아니라 D도 커야 높다는 것이다. 여기서 N은 데이터 점의 개수이고, D는 각각의 데이터 점에 관해 기록한 세부사항의 개수다. 가령 뉴욕 아파트에 관한 데이터 집합의 경우, 세부사항은 아파트의 크기, 위치 및 편의 시설 등이다. 수술 환자들에 관한 데이터 집합의 경우, 세부사항은 여러 건강 지표들이라고 할 수 있다. '큰 N'이란 많은 데이터 점, 곧 많은 아파트나 많은 수술 환자 등을 가리키며, '큰 D'란 세부사항이 많다는 걸 뜻한다.

'큰 N' 또는 '큰 D' 데이터 집합이란 많은 부분집합의 집합체라고 생각할 수 있으며, 이 부분집합들은 한데 모여 아찔할 정도로 큰 범위(큰 N)와 지극히 자세한 세부사항의 조합(큰 D)을 보여준다. 그리고 이런 데이터 집합에 AI를 이용한다는 것은 데이터의 광대한 바다에서 하나의 이상을 찾는 일이 아니라 수백만 개의 연못에서 수천 가지의 이상을 찾는 일에 가깝다. 데이터 집합이 더 크고 더 풍부할수록 더 많은 연못이 있으며, 이상을 더 자세하게 찾아낼 수 있는 셈이다.

예를 들어 뉴욕시에는 고작 200명의 건물 조사관이 있는데, 그들은 불법 건물 개조와 관련된 불만 사례들을 연간 2만 건 이상 조사한다. 조사 대상에는 집주인이 산업용 공간을 주거용으로 개조한다든지, 안 그래도 작은 아파트를 더 작은 단위로 쪼개는 행위 등이 포함된다.[20] 방대한 사례를 다뤄야 하는 조사관들은 가용 자원을 영리하게 분배해야 했기에, 시장직할 데이터분석실을 통해 부동산의 어떤 특징들이 '히트hit'(불법 개조를 성공적으로 찾아내기)할 가능성이 가장 큰지 알아냈다.

히트가 어떻게 작동하는지 알기 위해, 검사관들의 역대 히트율이 10퍼센트라고 가정해보자. 그리고 이를 바탕으로 히트율이 높을 듯한 건물을 아래에서 찾아보자.

- A: 1940년 이전에 지어진 14번가 아래의 엘리베이터 없는 5층짜리 아파트로서, 1층은 상가로 쓰이는 곳. 히트율 = 10 가운데 2(20퍼센트).
- B: 침실 2개가 딸린 퀸스의 신축 아파트들. 히트율 = 100 가운데 17(17퍼센트).
- C: 다섯 블록 반경 안에서 여섯 군데 이상의 허가받은 신설 식당을 지닌 폐의류 공장. 히트율 = 5 가운데 2(40퍼센트)

이 유형들은 전부 히트율이 10퍼센트를 넘었지만, 오직 하나만 이상 현상이다. 즉 1개의 유형만이 무작위적인 우연의 결과로는 설명하기 어려운 히트율을 보인다. 어느 것일까? 답을 알아내기 전에 먼저 핵심 개념부터 숙지하도록 하자. 이 조사의 목표는 이상, 즉 우연이라고 설명하기에는 10퍼센트대 히트율과의 차이가 너무 벌어지는 건물을 찾아내는 것이다(힌트: 표본 크기에 주목하라). 단순히 높은 히트율로 찾는다면 견본화폐검사와 다르지 않다.

여러분은 히트율이 가장 큰 C가 이상이라고 생각할지 모른다. 하지만 제곱근 규칙에 따르면, 실제로는 히트율이 17퍼센트로 가장 낮은 B가 답이다. B의 표본 크기(100)가 가장 크므로, 높은 히트율이 진짜라고 확신할 수 있기 때문이다. 반면에 유형 A와 C의 히트율은 표본추출의 변동성 때문에 높아진 것일 수 있다. 즉 검사관이 선택한 건물들에 공교롭게도 문제가 있었던 것이다. 이것은 패트리어츠의 동전던지기 사례가 주는 교훈을 상기시켜준다. 작은 크기의 표본들은 매우 변동성이 높을 수 있다는 교훈 말이다. 물론 A와 C가 이상일지도 모르지만, 확실히 알아내려면 데이터가 더 많이 필요하다. 실제로 표본 크기가 작은 데이터 부분집합을 검사하는 것과 명확한 이상을 지닌 부분집합을 검사해서 손쉽게 이상을 발견하는 것 사이에는 트레이드오프tradeoff 관계가 있다(데이터가 크지 않으면 이런 불확실한 상황이 생기니, 그만큼 데이터가 많아야 함을 강조하는 취지의 말이다: 옮긴이).

물론 현실에는 세 가지보다 훨씬 많은 유형의 건물이 있다. 그런 까닭에 사람들은 AI를 이용해 수천 내지 수백만 가지의 건물 특징에서 이상을 찾아낸다. 여기에는 사람들이 중요하다고 생각조차 못해본 특징들도 포함된다. 이런 일을 정확하고 효율적으로 처리하는 알고리즘 설계가 주요한 연구 분야인 이유다(끔찍한 수학적 세부사항들은 굳이 여기서 다루지 않겠다).

MODA의 조사원들은 이런 알고리즘을 적용해 건물 검사 자료와 뉴욕시의 다른 대용량 데이터 출처와의 상관관계를 파헤치더니 놀라운 결과들을 쏟아냈다. 예를 들어 히트율을 5배로 높였더니, 불법 건물 개조와 상관관계가 매우 높은 두 가지 요소가 새롭게 밝혀졌다. 갑작스러운 공과금 상승과 위생 관련 사안의 보고 증가다. 또 조사원들이 불법으로 술과 담배를 파는 가게들을 찾아내는 데 동일한 기법을 이용했는데, 이 팀 역시 히트율이 30퍼센트에서 82퍼센트로 증가했다. 하지만 마약성 약물 남용을 조사하는 팀은 오점을 남기고 말았다. 전체 약국의 약 1퍼센트에 불과한 적은 수의 약국을 조사하는 바람에, 뉴욕시의 약국 중 60퍼센트가 마약성 약물인 옥시코돈을 처방했다는 결과가 나왔다.[21]

건물 조사의 사례만이 전부가 아니다. 시의 다른 기관이 새롭게 데이터를 수집하고 그것을 바탕으로 조사한다면 개선할 수 있는 사례들을 상상해보자. 경찰부터 도로의 꺼진 구멍 처리반, 공원 관리단, 소방서에 이르기까지 응용 범위는 다양하다. 가령 사람들이 언제 어디에서 빈번하게 자동차에 치이는지 알아낸다면, 얼마나 많은 목숨을 건질 수 있겠는가? 그런 생각을 하다 보면, 여러분은 왜 전 세계의 도시에서 AI의 위력에 찬사를 보내고 있는지를 차츰 이해할 것이다.

감마선과 가스 누출 탐지

이 사안과 관련해서 주목받는 사람으로 알렉스 라인하르트Alex Reinhart를 꼽을 수 있다. 카네기멜론대학교의 통계학 박사과정을 밟은 라인하르트는 새로운 이상 탐지 시스템을 연구 중이다. 그리고 이 시스템은 언젠가 경찰이 매우 끔찍한 테러 위협인 더티 밤dirty bomb을 찾아내는 데 요긴하게 쓰일지 모른다.

더티 밤이란 폭발의 위력은 강하지 않아도 방사성 물질을 공중에 퍼뜨려 광범위한 인명 살상을 꾀하는 위험한 무기를 가리킨다. 폭발할 때는 매우 좁은 영역에만 해를 끼치지만 시간이 흐를수록 도시의 수십 개 블록 넓이에 해당하는 넓은 영역을 방사능으로 오염시킨다. 하지만 반갑게도 모든 방사성동위원소는 해당 동위원소의 원자 구조에 따라 예측 가능한 에너지 수준으로 감마선을 방출한다. 그러므로 원칙적으로는 더티 밤이 폭발하기 전에 그것이 방출하는 비정상적인 감마선을 방사능 탐지기로 탐지해낼 수 있다.

하지만 문제점이 세 가지 있는데, 셋 다 이상 탐지를 어렵게 만드는 변동성이다. 첫째, 방사능이 탐지됐다고 무턱대고 경고할 수는 없다. 자연방사능이 어디에나 존재하기 때문이다. 벽돌이나 석재 같은 대다수 건물 재료에는 방사성물질인 우라늄과 토륨이 미량으로 들어 있다. 게다가 감마선은 우주에서도 늘 날아온다. 모두 과학자들이 '자연적으로 존재하는 방사성물질'이라는 의미로 NORM(정상이라는 뜻)이라고 지칭한 무해한 감마선 발생원들이다. 그런 물질은 아무 해가 없지만 그렇다고 해서 방사능이 탐지됐을 때 이상이라고 판정할 수 없다는 얘기는 아니다.

둘째, 이 자연방사능은 큰 도시일 경우 다양하게 나타난다. 대다수 사람은 매일 거리를 횡단하거나 길모퉁이를 돈다. 슬프게도 테러 방지를 위해 그렇게 도시가 설계됐다. 그런데 이때 사람들이 지나가며 만나는 건물들은 저마다 다른 재료로 만들어졌을 것이다. 각각에 포함된 NORM이 조금씩 다르다는 얘기다.

마지막으로 방사능은 통계학적으로 노이즈가 있는 편이다. 그 이유는 양자역학과 관련이 있다. 방사성동위원소는 어느 특정한 시기 동안 무작위적인 개수의 감마선을 무작위적인 에너지 수준으로 방출한다. 그러므로 특정 감마선이 자연방사능에서 나왔는지 아니면 이상 방사능원에서 나왔는지 결코 확신할 수는 없다.

결론적으로 이상 방사능 찾기는 매우 어려운 데이터 과학 문제다. (변동성이 있는) 관찰된 방사능을 (역시 변동성이 있는) 정상적인 자연방사능과 비교해야 하는데, 자연방사능은 장소마다 다르다. 이 비교를 위해서는 전체 도시 차원의 자세한 자연방사능 지도와 더불어 노이즈가 포함된 데이터에서 작은 이상을 탐지하는 훌륭한 알고리즘도 필요하다.

현재 최상의 방법은 인간의 지능을 이용하는 것이다. 기본적으로 핵물리학 박사학위 소지자를 고용해 방사능 수치를 실시간으로 모니터링하면 더할 나위 없다. 하지만 이것은 런던이나 뉴욕 또는 파리에서 벌어지는 종류의 대테러 활동에는 거의 적용할 수 없다. 그러려면 그런 고급 두뇌들이 소규모 군대 단위로 필요할 테니까.

라인하르트와 그 동료들은 대신에 AI를 사용하자고 제안한다. 작은 감마선 탐지기를 소지한 경찰관이 GPS센서를 장착한 스마트폰을 들고 다니도록 하자는 것이다. 그럼 2초마다 스마트폰은 감마선 탐지기에서 들어온 수치와 더불어 경찰관의 GPS 좌표를 중앙 서버에 업로드한다. 서버는 저렴한 모바일 센서들을 이용해 여러 달에 걸쳐 컴파일한 자연방사능 공간정보 데이터베이스를 조회한다. 그리고 경찰관이 있는 위치의 통상적인 자연방사능 수치와 비교하는데, 이때 제곱근 규칙을 이용해 이상 탐지를 위한 허용 범위를 결정한다. 만약 그 범위가 초과되면 AI 시스템이 경찰관에게 경고를 보내 조사하도록 한다.

이런 공간정보 인식 탐지 기술은 비단 폭발물 탐지에만 국한되지 않는다. 라인하르트의 연구 멘토들 중 한 명인 알렉스 애시Alex Athey가 지적한 바에 따르면, 세계의 주요 도시들에는 저마다 방대한 천연가스 배관이 설비되어 있는데, 전부 가스 누출에 취약한 상태다. 가령 뉴욕시에는 지하에 9,650여 킬로미터 길이의 가스관이 묻혀 있는데, 2012년 한 해만 9,906건의 누출이 발생했다.[22] 2014년 3월에는 이스트할렘에서 가스 누출로 폭발 사고가 나서 8명이 목숨을 잃었다.

도시에 누출이 발생하면 경보가 울리는 '스마트관' 시스템을 설치할 수 있기는 하다. 하지만 번거롭고 비용이 매우 많이 든다. 애시는 이와 달리 훨씬 저렴한 해법을 제안했다. 시에서 운영하는 쓰레기 수거 차량이나 시내버스 또는 구급차에 메탄 센서를 장착하는 것이다. 센서를 단 차량들은 도시의 곳곳을 지나다니며 '정상적으로' 낮은 메탄 수치들을 지도로 구성하게 된다. 그리고 어딘가에서 가스가 누출되면, 움직이는 센서들이 가스 회사들보다 훨씬 더 빨리, 게다가 수천 킬로미터 길이의 가스관을 새로 지하에 묻는 것보다 훨씬 저렴하게 이상 상태를 알려줄 것이다.

오늘날의 부정 거래 적발

대용량 데이터 집합에서 이상을 추적해 범법자들을 찾아내는 사람들은 도시 조사관들과 경찰관들만이 아니다. 세계 최대 은행들도 이 흐름에 가세하는데, 요즘 은행들은 현대 디지털 경제의 재앙이라고 할 수 있는 부정 거래를 방지하기 위해 점점 더 AI에 눈을 돌리고 있다.

사기꾼은 세상에서 가장 오래된 전문직일지도 모른다. 그리스신화에는 기만의 여신이자 판도라의 상자에서 나온 악령들 중 하나인 아파테Apate가 등장한다. 고대 이집트인들은 필경사들을 모조리 동원해 부정행위가 발생하지 않도록 파라오 소유의 곡물 거래 상황을 조사했다. 잠언 11장의 다음 구절을 보면, 3000년 전의 누군가가 솔로몬 왕을 기만해 분노케 했음을 짐작할 수 있다. "속이는 저울은 여호와께서 미워하셔도 공평한 추는 그가 기뻐하시느니라."

최근까지만 해도 이러한 사기 행각과의 싸움은 사람이 스스로 지능을 이용해 전개했다. 1685년에는 사람이 은 동전을 직접 검사하고 저울에 올렸다. 1885년에는 약속어음이 소지자의 평판만큼만 유효했다. 1985년에는 소지자가 가진 운전면허증의 기재사항과 일치할 때에만 개인 수표를 받아줬다. 하지만 오늘날에는 PIN 코드와 IC 칩이 내장된 신용카드가 존재하므로 그런 식의 대면 검사는 더 이상 필요하지 않다. 2015년 미국 은행 전체가 처리한 비현금 거래는 약 178조 달러에 해당했는데, 여기에는 700억 달러어치의 개인 직불카드 거래, 340억 달러어치의 신용카드 거래 그리고 240억 달러어치의 개별 은행 이체가 포함됐다.[23] 안타깝게도 그 수치에는 부정 거래로 생긴 수십억 달러도 포함되는데, 대다수는 보통의 소매상인들이 연루된 것이었다. 우리가 식료품점에서 지출하는 1달러당 1.3센트는 전자상거래 사기꾼들한테 넘어간다. 사기꾼들은 마치 현대의 동전 깎는 자들인 셈이다.

다행히도 데이터 과학자들이 그런 부정 거래에 반격을 가할 수 있는 AI 시스템을 개발하기 위해 고군분투하고 있다. 다른 이상 탐지 시스템과 마찬가지로 이 시스템의 핵심도 변동성을 측정하는 일이다. 가령 개인의 소비 습관은 요일별이나 주별로 예측 가능하게 변동하는데, 바로 그 변동성이 부정 거래를 탐지하는 통계적 기준선을 마련해준다.

오랫동안 주요 은행들은 부정 거래를 찾아내려고 저마다 자사의 신용카드 및 현금카드 거래를 실시간으로 분석해왔다. 카드 거래가 새벽에 가끔 정지되는 것도 바로 그런 이유 때문이다. 그런데 이런 전통적인 시스템 대다수는 거래의 크기 및 위치와 같은 몇 가지 단순한 규칙에 바탕을 두고 있다. 그 결과 중요한 개인별 변동성을 상당히 놓치고 만다. 가령 교사가 학기 중에 세 나라에서 연달아 카드로 거래하면 명백한 부정 거래의 신호일지 모른다. 하지만 해외 영업사원의 경우 그런 패턴은 정상일 가능성이 높다. 이 두 고객의 차이는 거래 이력에서 명백히 드러날 텐데, 이것이 바로 개인별 변동성이다. 그렇다면 신용카드 회사들이 그런 차이를 알기 위해 오랫동안 고객의 거래 이력을 추적하지 않았을까? 그렇기는 했지만 소규모일 뿐이었다. 게다가 대부분은 추잡한 마케팅 때문에 수집했을 것이다.

안타깝게도 10분의 1초 안에 카드 거래를 승인하거나 거절해야 하는 실시간 결제 시스템에서 모든 데이터를 다루기란 여간 어렵지가 않다. 이유는 간단하다. 그처럼 대규모로 데이터 집합을 다루려면 공학적으로 감당하기가 매우 벅차기 때문이다. 신용카드 회사들은 페타바이트 단위로 거래 데이터를 생산한다. 1페타바이트는 DVD 22만 장에 해당하는 용량이다. 최근까지 어떤 AI 시스템도 실시간 부정 거래 탐지를 위해 모든 데이터를 정교하게 처리할 만큼 빠르지는 못했다. 전부 결정적인 약점이 있었는데, 예를 들자면 부정행위 탐지 알고리즘 자체의 성능 부족이나 네트워크의 속도 저하 또는 물리적 디스크로부터 수조 개의 1과 0을 읽어내는 과정에 시간이 많이 걸리는 문제 등이었다.

은행들은 절충안을 마련해야 했다. 만약 은행들이 1,000억 개의 거래를 몇 초 안에 분석하길 원한다면, 거래 시간이나 위치 또는 거래액에 관해 비교적 기본적으로 D가 적은 이상 탐지 규칙을 사용할 수밖에 없었다. 대신에 각 고객의 고유한 거래 이력에 담긴 엄청나게 세세한 정보를 이용하길 원한다면, 이상을 찾아내는 데 몇 초가 아니라 몇 달이 필요했다. N과 D 중 하나는 선택할 수 있었지만, 두 가지 모두 선택할 수는 없었다.

하지만 페이팔PayPal을 필두로 여러 결제 시스템 회사들이 현대 알고리즘과 슈퍼컴퓨팅 시설을 이용해 마침내 문제를 해결했다. 페이팔의 부정 거래 탐지 시스템은 심층학습 기법을 이용해 한 고객의 모든 거래를 해당 고객의 과거 행동은 물론이고 그 고객과 비슷한 다른 고객의 행동과도 비교한다. 그리고 수천 가지의 있을 수 있는 특징들을 비교한 결과로부터 부정 거래 확률 점수를 산출해, 그 점수에 따라 해당 거래를 승인하거나 거절한다. 모두 1초도 안 되는 시간 안에 일어나는 일이다.

이 새로운 시스템을 도입한 페이팔은 이제 자사 데이터를 활용해 개인별 변동성까지 파악하고 있다. AI에 투자해 톡톡히 수익을 거둔 셈이다. 페이팔의 부정 거래 발생 비율은 2016년 수익의 0.32퍼센트로 떨어졌는데, 이는 업계 평균의 4분의 1 미만이다.[24] 다른 결제 시스템 회사들, 가령 중국의 알리페이Alipay나 미국의 스트라이프Stripe도 비슷한 기술에 투자했다.

이 시스템들은 현재 계속 발전하고 있다. 새로운 데이터가 들어올 때마다 부정 거래에 관해 조금씩 더 배워나가기 때문이다. 솔로몬 왕과 아이작 뉴턴이 이 시대에 살았다면 둘 다 이런 발전을 자랑스러워했을 것이다.

디지털 시대를 위한 '머니볼'

여러분이 스포츠 팬이라면 '머니볼Moneyball'이라는 말을 아마 들어봤을 것이다. 머니볼은 작가 마이클 루이스Michael Lewis가 지어낸 용어로, 데이터를 바탕으로 스포츠팀을 육성하고 훈련시키는 특별한 방법을 가리킨다.

1990년대 후반에 오클랜드 애슬레틱스Oakland Athletics 구단은 기존의 스카우트 방법이 훌륭한 선수를 판별하는 데 그다지 효과적이지 않음을 알게 됐다. 실력을 바탕으로 스카우트한다고 여겼지만 사실은 운에 맡긴 경우가 다반사였던 것이다. 실제로 대다수 야구단은 팀의 승리에 도움이 안 되거나 과거의 성공이 더 이상 재현되지 않는 선수들한테 수백만 달러를 지불했다. 반면에 팀에 지속적으로 크게 기여해왔는데도 잘 드러나지 않아 레이더망에 잡히지 않는 선수들도 많았다. 그러다가 이런 비효율성을 처음 간파해낸 야구팀이 더 나은 방법을 찾아내기에 이르렀다.

오클랜드 애슬레틱스 야구단은 세 가지 부문에서 혁신을 꾀했다. 먼저 데이터를 이용해 어떤 선수의 특징과 습관이 경기를 승리로 이끄는지 판단했다. 이어서 그런 발견을 바탕으로 선수 거래 시장의 이상, 가령 다른 야구팀이 과소평가한 훌륭한 선수의 특징과 습관을 찾아냈다. 그다음에는 그런 특징이 있는 선수를 고용해서 그런 습관을 익히도록 훈련시켰다. 그 결과 애슬레틱스는 레드삭스Red Sox 및 양키스Yankess와 같은 팀들을 상대로 이길 수 있게 됐다. 자신들보다 선수들에게 3배 많은 돈을 쓸 수 있는 팀들을 말이다.

25년 전부터 이런 혁신들이 전 세계의 모든 주요 스포츠 분야를 변화시키고 있다. 하지만 오늘날과 25년 전에는 한 가지 큰 차이가 있다. 1990년대에 머니볼은 스프레드시트와 똑똑한 인턴만 있어도 가능했다. 그러나 이제는 클라우드 기반의 슈퍼컴퓨터와 전문 데이터 과학자로 이뤄진 팀이 필요하다. 데이터의 가치를 인식한 뒤로 스포츠팀들이 축적해온 대용량 데이터 집합 때문이다.

이제 스포츠는 데이터에 천문학적인 돈을 사용한다

이 혁신의 대표 주자는 전 세계에서 가장 인기 있는 자동차경주 대회인 포뮬러 1이다. F1 경기에서 데이터는 고급 관람석에서 터지는 샴페인보다 더 빠르게 흐른다. 자동차 성능의 모든 측면이 지극히 세세하게 실시간 모니터링된다. F1에 참가하는 자동차는 트랙 1바퀴당 수기가바이트의 데이터를 내놓는데, 이는 대략 30시간 스트리밍 분량의 노래 또는 전자책 6,000권 분량에 해당한다. 이 데이터를 운영 요원들에게 무선으로 전송하면, 이들은 정교한 알고리즘을 이용해 경주 전략에 영향을 미칠지 모르는 이상 상태들을 찾아낸다. 엔진 출력, 브레이크 온도, 연료 소비량, 타이어 마모, 측면 중력, 후미 날개에 가해지는 하방력 등을 포함해 수백 가지 변수들이 검사 대상이다. 경주팀은 더 이상 자동차의 부품이 느닷없이 고장 나는 바람에 경주를 망치는 모습을 넋 놓고 앉아서 바라만 보지 않는다. 고장이 발생하기 전에 미리 예측하기 때문이다.

사실 데이터 마이닝(채굴)은 트랙에만 국한되지 않는다. F1은 엔진에만 연간 1억 달러를 지출하고 핏 스톱pit stop(급유·타이어 교체 등을 위한 정차하는 것: 옮긴이)을 위해서는 타이어당 3명씩 고용하는 비싼 스포츠다. 경주팀들은 군비경쟁을 연상케 할 만큼 천문학적인 비용을 사용하는데, 이를 제한하기 위해서 규칙상 각 팀이 경주 당일에 동원할 수 있는 현장 요원의 수가 정해져 있다. 이런 규칙이 없다면 큰 팀들이 작은 팀들을 초토화시켜버릴 것이다.

하지만 가장 부유한 팀들은 데이터의 대량 고속 처리 능력이 훨씬 더 필요하다고 여겨서 현장 바깥에도 엔지니어들을 둔다. 가령 레드불레이싱Red Bull Racing은 최근에 AT&T와 파트너십을 맺어서 전 세계의 모든 F1 트랙에서 얻은 경주 데이터를 영국 밀턴케인스에 있는 회사 본부로 전송하는 글로벌 네트워크를 구축했다. 본부에서는 데이터 과학자들로 구성된 또 다른 팀이 레드불의 차를 실시간으로 모니터링한다. 여기서 '실시간으로'는 '거의 실시간으로'라고 해야 할 수도 있는데, 이는 이 시스템의 성능 제한 요소가 광속(1초에 지구를 7바퀴 반 도는 속력)이라는 얘기다. 대규모 투자가 빈번하게 발생하는 이런 스포츠에서 실시간 이상 탐지가 엔지니어들에게 얼마나 의미가 큰지 알 수 있는 대목이다.

F1 참가 팀들은 실시간 모니터링에 아주 능하다. 그래서 일부 팀은 자신들의 서비스를 다른 회사에 팔기 시작했다. 가령 매클래런McLaren은 최근에 데이터 분석팀을 매클래런어플라이드테크놀러지스McLaren Applied Technologies라는 별도의 회사로 독립시킨 다음 곧바로 컨설팅 회사 KPMG와 계약을 체결했다. 요즘 이 회사는 석유 업계 고객사의 시추 장비에서 나오는 실시간 센서 데이터를 모니터링하고 있다.

경주용 트랙을 넘어서

당연하게도 이런 혁신은 다른 스포츠 종목으로도 전파됐다. 예를 들어 2016년에 브루클린 네츠Brooklyn Nets 농구단은 인포르Infor라는 회사와 스폰서십 계약을 맺었다. 기업용 소프트웨어 업계 바깥에는 거의 알려지지 않은 인포르는 빅 데이터 분석용 소프트웨어를 제작한다. F1팀 가운데 하나인 페라리Ferrari도 이 회사의 소프트웨어를 사용한다. 인포르는 네츠의 유니폼에 자사 로고를 광고하느라 수백만 달러를 쓰긴 했지만, 한편으로 백지수표보다 더 큰 것을 협상 테이블로 가져오기도 했다.

네츠의 CEO인 브레트 요마크Brett Yormark는 팀 셔츠를 광고용으로 팔 때 "농구장 안팎에서 능력을 발휘해 우리를 실질적으로 도울 수 있는" 전략적 파트너 관계를 확인하고 싶었다고 말한다. 네츠가 인포르와 체결한 계약은 NBA 머니볼의 새로운 시대, 즉 리그의 가장 유명한 스타들 중 일부가 빅 데이터 회사의 로고가 그려진 셔츠를 입는 시대를 상징한다.[25]

NBA에서 이런 혁신 중 다수는 새로운 데이터 공급원들을 통해 촉발됐다. 선수별 움직임 추적 장치라든지 구장을 모든 각도에서 촬영할 수 있는 카메라가 그 예다. 또 팀 육성 철학에서 폭넓게 일어난 변화 그리고 데이터 분석 전문가를 위한 막대한 투자도 한몫했다. 가령 새크라멘토 킹스Sacramento Kings는 모든 영상과 선수 추적 데이터를 분석하기 위해 최근에 루크 본Luke Bornn을 고용했다. 본은 하버드대학교의 전직 통계학 조교수로서, NBC 스포츠와 가진 인터뷰에서 이런 말을 했다.

> 농구장에서 벌어지는 일들 중 다수는 점수 상황판에 표시되지 않습니다. 팀에 크게 기여하는 선수들 대다수가 드러나지 않는 방식으로 활약합니다. 그 방식은 어시스트도 리바운드도 블로킹도 아닙니다.[26]

그 방식은 코치들이 이전에는 인식하지 못한 것, 발견되기를 기다리면서 데이터 속에 그냥 묻혀 있던 어떤 것이다. 본은 AI를 이용해 흥미로운 이상 상태들에 관한 데이터를 전부 캐낸다면 새크라멘토 킹스가 과소평가된 선수들을 찾아내 혁신적인 방식으로 훈련시킬 수 있으리라고 확신했다. 예를 들어 본은 최근에 농구 수비 기술의 발전된 계측에 관한 논문을 공저로 발표했다. 모든 NBA 경기장에 장착된 카메라에서 데이터를 얻어내서 이전에는 답하기 불가능했던 두 가지 질문에 답한 것이었다. '매 순간에 누가 누구를 맡아야 하는가? 그리고 특정한 수비수가 특정한 상대 선수에게 얼마나 잘 대응하는가?'

본과 동료들이 알아낸 바에 따르면, 농구 수비 기술에서 중요한 두 가지는 슛 선택(언제 그리고 어디에서 선수가 슛을 하느냐)과 슛 효율(슛의 성공 여부)이다. 이 두 가지 기술은 구장에서 수비수의 위치에 크게 영향을 받는다. 가령 골대 근처에서 샬럿 호니츠Charlotte Hornets의 센터인 드와이트 하워드Dwight Howard는 슛 빈도를 줄이는 데 평균보다 뛰어나지만 슛 효율을 줄이는 데는 평균에 못 미친다. 심지어 골대에서 한참 멀어지면 그 두 가지 모두에서 평균 미만이다.

이런 발견 덕분에 본과 동료들은 특정한 선수들의 대결 결과를 예측해낼 수 있었다. 가령 본과 동료들의 모형은 르브론 제임스가 NBA의 다른 어느 수비수들보다 샌안토니오 스퍼스San Antonio Spurs의 카와이 레너드Kawhi Leonard를 상대할 때 득점을 적게 올릴 것이라고 추론했다.[27] 레너드가 전반적으로 뛰어난 수비수라는 사실만이 아니라, 레너드의 특정한 수비 기술 조합이 제임스의 공격 기술을 방어하는 데 뛰어난 조합이라는 얘기다.

NBA 선수들의 일상 습관도 이상 탐지를 위해 수집 및 분석된다. 이런 머니볼식 '행동' 분석은 이전에 없던 방식이다. 브루클린 네츠의 포인트 가드인 제러미 린Jeremy Lin은 자기 팀과 인포르 사이의 파트너십은 이미 수익이 나기 시작했다고 여긴다. F1에 참가하는 팀이 자신들의 경주용 자동차들을 돌보는 것과 마찬가지로 자신의 몸을 돌볼 수 있게 해줬다고 말이다. 특히 수면의 질이 나아진 것과 성가신 햄스트링(인체의 허벅지 뒤쪽 부분의 근육과 힘줄: 옮긴이) 부상에서 빨리 회복한 것도 발전된 데이터 분석 덕분이라고 치켜세웠다.[28]

다른 프로 스포츠리그 팀들도 AI를 도입했는데, 이유는 팀 셔츠에 광고를 도입한 것과 똑같았다. 바로 큰돈이 따라오기 때문이다. 가령 영국 프리미어리그의 레스터시티 풋볼클럽Leicester City Football Club은 2015~2016년에 우승할 때 선수 움직임을 추적한 데이터를 매우 영리하게 사용했다. 팀은 카메라와 신체 착용 센서를 조합한 프로존 3Prozone3라는 시스템에서 데이터를 얻었다. 그리고 모든 프리미어리그 팀들과 마찬가지로 그 데이터를 이용해 각 상대 팀에게 맞춤 경기 전략을 적용했다. 또한 레스터시티는 그 데이터를 다른 용도로도 사용했다. 각 선수의 움직임에 보이는 이상 상태와 부상 위험성 증가를 암시하는 운동 부하를 찾는 데도 활용한 것이다. 이런 노력 덕분에 팀은 프리미어리그에서 부상률이 제일 낮았고, 선발 출전 선수 11명이 지속적으로 경기에 출전할 수 있었다.

마지막으로 견본화폐검사에 관한 내용 하나를 더 알려주고자 한다. 오늘날에는 영국 동전들이 은으로 만들어지지 않았어도 검사는 시행되고 있다. 해마다 2월 두 번째 화요일에 세공인들로 이루어진 검사관들이 런던에 모여서 동전 표본의 무게를 재고 순도를 검사한다. 다행히도 검사관들은 지난 과거의 실수로부터 배운 게 있다. 덕분에 이상 여부를 결정하기 위한 허용 범위는 19세기 중반 이후 통계적으로 타당하게 계산되어왔다.

과거와 한 가지 다른 점도 있다. 지난 75년 동안 검사관들이 동전의 폭과 직경도 검사한 것이다. 그 측정치는 뉴턴 시대에는 중요하지 않았다. 그리고 오늘날에도 그다지 중요하지 않다. 영국의 긴 역사에서 보자면 잠깐의 시기, 즉 런던 시민들이 거리 모퉁이에 있는 빨간 상자에서 전화를 걸려고 동전을 사용하던 시기에 추가된 검사 항목이니 말이다.

쓸모 있는 수학 개념

제곱근 규칙, 일명 드무아브르 방정식

통계학에는 제곱근 규칙이라는 매우 중요한 방정식이 있다. 견본화폐검사에서 이상 여부를 판단하기 위한 허용 범위가 정확히 얼마만큼 빡빡해야 하는지 알려주는 규칙이다. 이 규칙은 스위스의 수학자 아브라함 드무아브르Abraham de Moivre가 1718년에 발견했다. 우리 두 저자가 보기에, 이 규칙은 인류 역사상 가장 과소평가된 추론 가운데 하나다. 대다수 사람은 아인슈타인의 방정식에 관해 들어봤을 것이다. 그런데 마찬가지로 심오하고 보편적인 진리를 드러내며, 정확한 예측을 하는 데 유용한 드무아브르의 방정식을 아는 사람은 거의 없다. 오늘날 그 방정식이 얼마나 중심 역할을 하는지 감안할 때, 이런 상황은 안타깝기 그지없다.

드무아브르의 방정식은 한 표본 평균의 변동성과 표본 크기의 제곱근 사이에 반비례 관계가 있다는 것을 알려준다. 해당 방정식은 아래와 같다.

$$\text{한 표본 평균의 변동성} = \frac{\text{단일 측정치의 변동성}}{\sqrt{\text{표본 크기}}} = \frac{\sigma}{\sqrt{N}}$$

데이터 과학자들은 그리스 문자 σ(시그마)로 단일 측정치의 변동성을 나타내며, 문자 N으로 표본 크기를 나타낸다. 그래서 우리는 이 방정식을 말로도 표현하고, 기호를 이용해 조금 더 간결하게 $\sigma/\sqrt{N}$으로도 표현했다. 참고로 데이터 과학자들은 '평균의 변동성'을 '평균의 표준오차'라고도 부른다.

실제 숫자로 예를 들어보자. 여러분이 1실링짜리 동전 2,500개의 무게를 잰다고 하자(N = 2,500). 법이 허용하는 범위는 각각의 동전이 평균적으로 100그램의 목표 무게에서 ±1그램 안쪽으로 벗어나는 것이다. 그러므로 조폐국의 품질 검사가 기준에 부합하려면 σ = 1이다. 제곱근 규칙에 따라 이것이 참이라면, 2,500개 동전들의 평균 무게는 기댓값 100에서 $1/\sqrt{2,500} = 0.02$ 이내여야 한다. 그러므로 허용 범위는 100 ± 0.02다. 이 허용 범위를 넘어가는 값은 다음 두 가지 이상 중 하나임을 시사한다. 동전들의 평균 무게가 실제로 100이 아니라는 의미의 '편향'이거나 아니면 단일 측정치의 변동성이 실제로 1보다 높음을 뜻하는 '과산포overdispersion' 말이다.

[VI]

일상에서 틀리지 않는 법

'잘 세운 가정'의 힘

AI 시대에 사람들이 세우는 가정은 어떤 형태일까?

왜 가정이 그토록 중요할까?

그리고 가정이 틀릴 때 어떤 문제가 생길까?

특이한 유형의 AI 전도사들이 있다. 이 전도사들은 똑똑한 기계가 곧 사람을 대신해 발견이나 발명을 해나가리라고 믿는다. 그 믿음에 따르면, 머지않아 우리는 세계를 이해하기 위한 이론이나 가정을 익힐 필요가 없다. 오로지 올바른 알고리즘을 올바른 데이터 집합에 적용하고, 그 결과 엄청나게 쏟아질 지식을 기다리기만 하면 되니까 말이다.

이런 식의 예측이 한동안 유행한 적이 있다. 가령 2008년에《와이어드Wired》의 편집장은 이렇게 썼다. "과학은 일관된 모형이나 통일된 이론 또는 기계론적인 설명 체계 없이도 발전할 수 있다. 숫자들을 세계 최대의 컴퓨터 클러스트(어떤 산업과 상호 연관관계가 있는 기업과 기관들이 모여 정보를 교류하고 새로운 기술을 창출하는 산업집적지역: 옮긴이)에 집어넣고 통계 알고리즘을 작동하면, 과학이 찾지 못하는 패턴을 찾아낼 수 있다."[1] 이런 생각을 이해하지 못할 것도 없다. AI는 강력한 도구이므로, 언젠가는 새로운 약품을 설계하고, 마음의 작동 원리를 밝혀낼뿐더러, 중력의 양자론을 내놓을 만큼 똑똑해질 수도 있다.

하지만 지금의 현실은 어떠한가? 결코 그 근처에도 이르지 못했다. 왜 그런지 알기 위해 단순하고도 매우 구체적이면서 과학적인 질문을 하나 살펴보자. '골다공증약이 식도암을 일으키는가?' 이런 질문이야말로 의료 서비스용 AI 개발자들이 막대한 건강 정보 데이터베이스에 자유롭게 접근하는 화려한 알고리즘을 이용해 즉각 답할 수 있기를 희망하는 것이다. 사실 이 질문은 논의하기에 완벽한 사안이다. 왜냐하면 매우 똑똑한 사람들이 서로 다르게 답했기 때문이다. 옥스퍼드 대학교의 암역학자 제인 그린Jane Green 박사는 골다공증약이 암을 일으킨다는 증거를 수집했다. 반면 퀸스대학교의 공공보건 연구자 크리스 카드웰Chris Cardwell 박사는 그렇지 않다고 반박했다. 과연 AI를 이용한다면 이 논쟁을 해결할 수 있을까?

우선 이 사안과 관련된 배경지식부터 알아보자. 골다공증에 걸린 사람들 다수는 '비스포스포네이트bisphosphonate'라는 약을 처방받는다. 이 약은 뼈 손실을 늦추거나 방지하지만, 메스꺼움이나 설사를 일으키는 등 소화기관에 탈을 낼 위험성이 있다. 일부 의사들은 비스포스포네이트가 식도암이나 위암 또는 직장암을 유발할 위험성을 높일지도 모른다고 우려한다.

그렇다면 이런 말이 나오는 근거는 뭘까? 우선 이 우려에 대해 "그렇지 않다"고 말하는 쪽부터 살펴보자. 퀸스대학교의 카드웰과 동료 연구자들은 약 400만 명에 이르는 영국 환자들의 정보가 담긴 거대한 익명 의료 데이터베이스를 조사했다. 카드웰과 동료들의 연구 설계는 단순했다. 먼저 데이터베이스 안에서 비스포스포네이트를 복용한 환자 집단을 찾았다. 그다음에 정교한 짝 찾기 알고리즘을 작동시켜 그 집단과 비슷하면서도 비스포스포네이트를 복용하지 않은 '대조군' 환자 집단을 찾았다. 마지막으로 두 집단을 시간의 흐름에 따라 비교하며 추적했다. 그 결과 두 집단은 차이가 없는 것으로 나왔다. 비스포스포네이트 복용자와 비복용자는 식도암 발병률이 비슷했던 것이다. 연구자들은 자신들이 알아낸 결과를 세계에서 가장 권위 있는 의학 잡지 중 하나인 《미국의학협회저널Journal of the American Medical Association, JAMA》에 2010년 8월 발표했다.[2]

그럼 연관관계가 있다고 주장하는 경우를 살펴보자. 옥스퍼드에 있는 그린 박사의 연구팀도 영국의 대규모 의료 데이터베이스를 활용했는데, 이 팀의 연구 설계 역시 카드웰의 연구팀과 크게 다르진 않았다. 우선은 '사례들', 즉 식도암에 걸린 환자들을 찾았다. 그다음에는 정교한 짝 찾기 알고리즘을 이용해 그 사례들과 비슷하면서도 식도암에 걸리지 않은 '대조군' 환자들을 찾았다. 마지막으로 사례들을 대조군 환자들과 비교했다. 그 결과 비스포스포네이트를 자주 복용한 환자들이 비복용자들에 비해 식도암에 걸릴 위험성이 2배임을 알아냈다. 연구팀은 그 결과를 《영국의학저널British Medical Journal, BMJ》에 2010년 9월 발표했다. 이 저널 또한 세계적으로 가장 권위 있는 의학 저널 중 하나다. 발표 시기도 카드웰이 《미국의학협회저널》에 논문을 발표한 지 딱 1개월 뒤였다.[3]

요약하자면 한 연구에서는 추가적인 위험성이 없다고 말하고, 다른 한 연구에서는 2배의 위험이 있다고 나왔다(중요한 사항 : 작은 수는 아무리 2배를 해도 작은 수에 지나지 않는다. 가령 60~79세 연령대의 식도암 발병률은 5년 동안 약 1,000명당 1명꼴이다. 그린 박사 등의 추산에 따르면, 환자들이 비스포스포네이트를 5년 동안 복용하는 경우 식도암 발병률이 약 1,000명당 2명꼴로 증가한다). 적어도 둘 중 하나는 분명 틀렸다.

이처럼 동일한 문제를 연구하는 두 팀이 서로 다른 데이터 집합을 연구하고 다른 답을 내놓는 경우는 흔하다. 특히 연구 주제가 인간의 건강처럼 복잡한 것일 때는 더욱 그렇다. 과학은 종종 그런 식으로 작동한다. 어떤 근거는 한쪽 방향을 가리키고 또 다른 근거는 다른 쪽 방향을 가리킨다. 오직 시간이 흘러야만 어떤 방향에 근거가 더 많이 축적되어 있는지 알 수 있다.

그렇기는 해도 대서양의 양쪽에서 1개월 간격으로 발표된 그린과 카드웰의 연구에는 매우 놀라운 뭔가가 있다. 두 연구팀은 건강 관련 연구자라면 누구나 이용하는 영국의 '일반진료연구 데이터베이스General Practice Research Database'로 자신들의 분석을 수행했다. 특히 동일한 암에 관해 동일한 비스포스포네이트 복용자를 대상으로 동일한 대조군 환자 집단을 조사했는데도 다른 답이 나왔다. 모든 것이 동일했는데도 말이다.

사실 우리는 이 이야기의 가장 중요한 부분을 빠트렸다. 모든 것이 완전히 똑같지 않았다. 두 연구에서 다른 답이 나온 까닭은 바로 가정이 달랐기 때문이다. 예를 들어 카드웰의 연구팀은 비스포스포네이트 노출을 바탕으로 대조군 환자들을 선택한 반면에(후향성 코호트retrospective cohort 연구), 그린의 연구팀은 암 결과를 바탕으로 대조군 환자들을 선택했다(환자-대조군case-control 연구). 이는 너무나 큰 차이이다. 그리고 이 지구상에는 두 가정 중 어느 것이 옳을지 판단하는 기계가 존재하지 않는다. 다시 말해 스스로 가정을 제안하고 검사하고 증명할 수 있는 알고리즘은 아직 발명되지 않았다. 오늘날의 알고리즘은 지시받은 내용만 수행할 뿐이다.

이제 여러분도 우리가 AI 전도사들을 상당히 회의적으로 보는 이유를 알 것이다. 만일 기계가 두 비스포스포네이트 연구의 결과를 보고 나서도 어느 쪽이 옳은지 판단하지 못한다면, 어떻게 인간의 도움 없이 스스로 올바른 답을 내놓을 수 있겠는가? 교훈은 간단하다. 오늘날 우리가 똑똑한 기계에 의존하는 듯 보일지 모르나, 실제로는 똑똑한 기계들이 우리에게 더 의존한다는 사실이다.

AI 시대에도 인간이 똑똑해야 하는 이유

사람들이 세운 가정을 AI는 어떤 식으로 이용할까? 그런 가정은 어떤 형태일까? 왜 가정이 그토록 중요할까? 그리고 가정이 틀릴 때 어떤 문제가 생길까? 이 장에서 우리가 다룰 질문들이다.

우리가 보기에, 영리한 AI가 존재한다고 해서 결코 가정이 덜 중요한 건 아니다. 오히려 가정이 더욱 중요하다. 잘못된 가정이 단 하나만 들어가도 기계는 잘못된 결정을 거듭 되풀이하고, 그 결과가 수백만 배 확산될 수 있기 때문이다. 달리 말하면, AI는 독이 든 사과가 열리는 나무를 기하급수적으로 자라게 만들 수 있다. 대개는 사람들이 땅을 잘못 관리했다는 이유로 말이다.

이 주제를 설명하기 위해 지난 세기 중반의 한 전설적인 인물에게 약간의 도움을 요청해보자. 바로 조 디마지오Joe DiMaggio다.

1914년 캘리포니아의 이탈리아 이민자 가정에서 태어난 디마지오는 역사상 가장 위대한 야구 선수 중 한 명이자 스포츠 분야 밖에서도 유명한 사람이다. 보통 사람들은 디마지오를 영웅으로 여겼고, 어니스트 헤밍웨이, 마돈나, 20세기 중반 미국 뮤지컬계에서 활약한 로저스 앤드 햄머스타인, 사이먼 앤드 가펑클까지 많은 작가와 예술가들이 자신들의 작품에서 디마지오를 언급했다. 한 방송 진행자는 양키스타디움에서 신형 미국 횡단 항공기의 이름을 따 디마지오에게 '양키 클리퍼Yankee Clipper'라는 별명을 붙였다. 둘 다 빠르고 화려했기 때문이다.

확률 마니아인 우리 두 저자는 1941년 여름의 디마지오를 각별하게 기억하고 있다. 그때 디마지오는 56경기 연속 안타를 쳤다. 그 이전의 최고 기록인 1897년 '위' 윌리 킬러'Wee' Willie Keeler의 45경기 연속 안타 행진을 뛰어넘은 쾌거였다. 이 기록적인 연속 안타 행진은 이 책을 쓰고 있는 지금까지도 깨지지 않고 있다. 대다수의 야구 팬은 디마지오의 기록이 깨질 수 없을 거라고 여긴다. 저명한 생물학자이자 야구 팬인 스티븐 제이 굴드Stephen Jay Gould는 그 기록을 미국 스포츠 역사상 가장 대단한 일이라고 불렀다. 굴드의 말대로 디마지오는 56명의 메이저리그 투수들을 연달아 이겼을 뿐 아니라 "세상에서 가장 엄격한 감독, 즉 행운의 여신을 이겼다".[4]

디마지오의 56경기 연속 안타는 얼마나 세우기 어려운 기록일까? 이 질문의 답은 분명 스포츠 팬들의 관심사일 것이다. 스포츠 팬들은 시대와 종목이 다른 선수들의 업적을 비교하길 좋아하는데, 가령 디마지오의 연속 안타 기록이 펠레Pele의 1,281골 득점이나 마이클 펠프스Michael Phelps의 올림픽 금메달 23관왕보다 더 대단한지 궁금해한다.

하지만 우리가 이 질문에 관심을 가지는 건 사실 매우 다른 이유 때문이다. 디마지오의 56경기 연속 안타 기록이 가정의 중요성에 관해 한 가지 교훈을 던져주기 때문이다. 가정이 잘못되면 데이터로부터 너무나 벗어나게 추산할 위험성이 있다는 교훈이다. 이 교훈이 중요한 이유는 좋은 데이터 과학 관행이야말로 스스로 학습하고 의사결정을 내릴 수 있는 기계를 만드는 데 필수이기 때문이다. 디마지오의 연속 안타 기록은 그런 일에 사람이 얼마나 잘못을 저지르는지를 보여주는 아주 좋은 예다.

1막: 성급하게 내린 결론은 위험하다

디마지오가 56경기 연속 안타를 칠 확률을 계산하기 위해 우선 비유를 하나 들어보자. 야구 경기를 동전 던지기로 가정해보는 것이다. 앞면은 디마지오가 경기에서 안타를 치는 것을 의미하고, 뒷면은 그렇지 않은 것을 의미한다. 이 비유를 이용하면 연속 안타를 수학적으로 분석할 수 있다. 우선 쉬운 것부터 시작하자. 앞면이 2번 연속 나올 확률은 얼마일까? 실제 동전일 경우 누구나 답이 1/2 × 1/2 = 1/4이라는 데 동의한다. 동전은 매번 던질 때마다 앞면이 나올 확률이 1/2이며, 첫 번째 던지기는 두 번째 던지기에 영향을 주지 않기 때문이다. 우리의 가상 조 디마지오가 하는 동전 던지기는 약간 다르다. 앞면이 나올 확률이 80퍼센트쯤 된다. 1940~1942년 시즌 동안 디마지오가 약 80퍼센트의 확률로 안타를 쳤기 때문이다(참고로 우리는 더 큰 표본 크기를 얻기 위해 디마지오가 연속 안타 기록을 세우던 기간만이 아니라 세 시즌 동안의 데이터를 모았다. 데이터를 선별해서 모으면 경기당 안타율이 인위적으로 높아지기 때문이다). 그러므로 디마지오의 두 경기 연속 안타 확률은 다음과 같다.

$$0.8 \times 0.8 = 0.64$$

'복리 규칙'을 이용하면 연속 안타 행진이 더 길게 일어날 확률도 쉽게 구할 수 있다. 어떤 사건이 1회에 P의 확률로 발생한다고 하자. 그렇다면 독립적인 N회 동안 매번 그 사건이 발생할 확률은 P^N, 즉 P를 N번 곱한 값이다. 따라서 조 디마지오의 56경기 연속 안타 확률을 계산하려면 0.8을 56번 연달아 곱하면 된다. 그 결과는 다음과 같이 매우 작은 수다.

$$P(\text{디마지오의 56경기 연속 안타}) = 0.8 \times 0.8 \times \cdots\cdots \times 0.8 = 1/25\text{만}$$

이 수치를 보면 자연스레 이런 생각이 들기 마련이다. '와, 디마지오는 정말 운이 좋았네!' 맞는 말이다. 실제로 디마지오의 경기를 보면 행운의 바운스나 가까스로 얻은 행운의 안타가 심심찮게 나온다.

하지만 우리가 감탄하는 것은 디마지오의 실력이지 운이 아니다. 왜 그런지 이해하기 위해 다른 선수의 통계를 이용해 똑같은 계산을 해보자. 피터 로즈Peter Rose 역시 1978년에 연속 안타 행진을 보였던 유명한 선수다. 그 무렵 로즈는 경기당 약 76퍼센트의 확률로 거뜬히 안타를 쳤다. 이 수치는 디마지오의 경기당 안타율인 80퍼센트보다 고작 4퍼센트 낮았다. 하지만 복리 규칙은 이 가벼운 차이를 엄청난 차이로 확대시킨다.

P(로즈의 56경기 연속 안타) = 0.76 × 0.76 × ……× 0.76 = 1/500만

이것은 디마지오의 1/25만보다 20배나 더 낮은 값이다. 그래도 로즈가 굉장한 선수인 것은 분명하다. 그렇다면 경기당 안타율이 68퍼센트, 평균 타율 0.25의 일반적인 메이저리그 선수라면 어떻게 될까?

P(56경기 연속 안타) = 0.68 × 0.68 × ……× 0.68 = 1/20억

그 선수에게 56경기 연속 안타 행진이 일어날 일은 없을 것이다. 그러니 디마지오한테 몇 번의 행운이 필요했다는 것은 분명 참이다. 하지만 디마지오는 먼저 실력부터 뛰어나야 했다. 연속 안타 행진 달성에 필요한 승산은 '고작' 25만 대 1이었기 때문이다.

막간극: 왜 가정을 잘 세워야 하는가

디마지오의 연속 안타 기록을 분석함으로써 우리는 두 가지 교훈을 얻을 수 있다. 첫 번째 교훈은 확률이 신용카드 대출금 이자처럼 엄청나게 빨리 불어난다는 점이다. 디마지오와 로즈의 작은 확률 차이(디마지오 80퍼센트, 로즈 76퍼센트)가 56경기 기간 동안 엄청나게 누

적돼 20배 차이가 나는 과정을 보라. 바로 이런 까닭에 기계는 인간과 게임을 하면 대체로 이긴다. 그 게임이 체스든 바둑이든 또는 영화 추천이든 말이다. 기계가 찾아내는 작은 이득이 많이 모여서 엄청나게 큰 이득이 되는 것이다.

두 번째 교훈은 '가정 모형화'의 중요성이다. 곧 알게 되겠지만 만약 여러분이 첫 번째 교훈만 알고 이 두 번째 교훈을 알지 못하면 곤란한 일이 생길 수 있다.

데이터 과학 분야에서 행해지는 계산 대다수에는 한두 종류의 가정이 필요하다. 우리는 디마지오의 연속 안타 기록을 분석할 때 묵시적으로 두 가지를 가정했다. 첫째, 디마지오가 안타를 칠 확률은 매 경기마다 똑같다는 것이다(80퍼센트). 둘째, 디마지오가 한 경기에서 안타를 치는 사건은 다음 경기에서 일어날 사건과는 무관하다는 것이다. 동전을 2번 던질 때, 첫 번째 던지기가 두 번째 던지기에 아무런 영향을 미치지 않는 것처럼 말이다. 이 두 가지 가정이 없으면 동전 비유는 통하지 않으며, 따라서 우리의 계산도 성립하지 않는다.

그런데 이 가정들이 무작정 옳을까? 꼭 그렇지는 않다! 확률이 일정하다는 첫 번째 가정을 예로 들어보자. 디마지오는 어떤 날은 홈 경기로 큼직한 양키 스타디움에서 뛰었고, 또 다른 날은 원정 경기로 더 작은 구장에서 뛰었다. 어떤 날에는 직구를 상대했고, 또 어떤 날에는 커브 공을 상대했다. 어떤 날에는 명예의 전당에 오른 투수를 만났고, 또 어떤 날에는 겨우 마이너리그에서 벗어난 그저 그런 구원투수를 만났다. 따라서 다마지오가 경기마다 그리고 타석마다 안타를 칠 확률은 달랐다.

두 번째 가정은 어떨까? 논란은 있지만 이것 역시 틀렸다고 할 수 있다. 2016년 MIT 슬로언 스포츠 분석학 회의에서 발표된 연구에 따르면, 굉장히 많은 분량의 과거 데이터를 조사했더니 야구 타자들한테서 '핫 핸드hot hand' 효과를 지지하는 명백한 증거가 발견됐다.[5] 한 경기에서 안타를 친 선수는 다음 경기에서 안타를 칠 가능성이 통계적으로 더 높다는 것이다. 이 발견은 두 번째 가정과 상충된다.

따라서 어떤 사람은 이런 생각을 할지도 모르겠다. '가정이 틀리다면, 왜 굳이 애초에 확률 계산을 들먹인단 말인가?' 이 훌륭한 질문에는 복잡하지만 분명한 답이 존재한다.

과학자나 공학자라면 누구든 모형이 세계를 작동시킨다고 말할 것이다. 보잉사는 풍동wind tunnel 모형을 이용해 비행기 제작에 도움을 받는다. 생물학자들은 초파리를 모형으로 삼아 인간 유전학을 이해하려 한다. 도요타는 충돌 검사 인형을 모형으로 삼아 자동차와 사람이 정면으로 충돌할 때 사람에게 무슨 일이 벌어지는지 알아낸다. 화성 바이킹 프로젝트의 수석 엔지니어는 자신들의 임무가 화성에 착륙할 탐사선을 설계하는 것이 아니라, NASA의 지질학자들이 만든 화성 모형에 착륙할 탐사선을 설계하는 일이라고 말했다.[6] 많은 경우, 모형이 없으면 우리는 어떤 진전도 이룰 수가 없다. 그리고 이 모든 상황에는 모형의 어떤 특징이 정확해야 하고 어떤 특징은 근사치여도 되는지에 관한 가정이 포함돼 있다.

데이터 과학자도 모형을 이용한다. 디마지오의 연속 안타 기록에 관해 추론할 때처럼 확률에 바탕을 둔 모형이다. 이 책에서 줄곧 이야기한 여러 모형과 마찬가지로 데이터 과학자들은 모형을 이용해 데이터로부터 통찰을 얻어내고 성공적인 AI 시스템을 제작한다.

데이터 과학자들이 좋아하는 말 중에 이런 것이 있다. 모든 모형은 틀리지만 어떤 모형은 유용하다.[7] 달리 말해 어떤 모형도 현실 세계를 완벽하게 기술할 수는 없지만, 때로는 이 불일치가 크게 문제 되지 않기도 한다. 그렇기에 한 모형이 유용한지 판단하려면 겉보기뿐 아니라 그 모형이 어떻게 사용되는지도 알아야 한다. 가령 상점 진열장의 마네킹은 옷을 전시하는 데는 딱 맞는 모형이지만, 의대생에게 혈관 해부학을 교육시키는 목적에는 전혀 맞지 않는 모형이다.

앞서 우리가 한 말을 다시 상기해보자. 디마지오가 56경기 연속 안타를 칠 확률은 25만 분의 1이었다. 이것은 디마지오라는 사람에 관한 진술이 아니라, 디마지오라는 모형에 관한 진술이다. 이 모형은 일정한 확률과 각 사건의 독립성처럼 의도적으로 실제 현실을 버리고 단순성을 택한 가정들에 바탕을 두고 있다. 우리 모형의 문제점들을 교정하기는 그리 어렵지 않다. 홈 경기와 원정 경기에 대한 확률을 구분해도 좋고, 디마지오가 상대한 투수들을 바탕으로 수치를 조정할 수도 있다.[8] 기계는 그런 일을 쉽게 해낸다. 물론 질문을 제기하려면 애초부터 모형의 결점들을 이해해야 하지만, 여러분한테 필요한 것이 친구들과 소파에 앉아서 토론하기 위한 대략적인 근사치라면 이런 교정은 굳이 없어도 된다. 모형이 옳은지 판단할 필요는 없고, 다만 모형이 당면 목적에 유용한지 판단하면 된다. 모형을 더욱 정교하게 만들면 낫기야 하겠지만, 그런다고 야구의 연속 안타에 관한 심각할 것 없는 토론에 무슨 특별한 통찰력을 주지는 않는다.

여기서 더 중요한 점은 모형 제작이 오직 사람만 할 수 있는 일이라는 사실이다. 기계는 자신을 프로그래밍한 가정을 바탕으로 예측할 수 있지만, 그 가정을 점검할 수 없다. 또한 모형에 맞게 작업할 수 있지만, 그 모형을 이용해 올바른 질문을 던질 수는 없다. 그리고 초당 수백만 개의 데이터 점을 처리할 수 있지만, 어느 데이터 점이 애초부터 이용하기에 적합한지 결정할 수도 없다. 하지만 기계가 할 수 없는 것은 사람이 할 수 있다. 따라서 좋은 데이터 과학은 사람과 기계의 협력을 필요로 한다. 모형과 현실의 차이가 언제나 야구에 관한 논쟁처럼 가벼운 문제만은 아니기 때문이다.

무슨 뜻인지 이해하기 위해 이제 2막으로 넘어가자. 2막을 감상하고 나면, 어떻게 한 주요 신문이 디마지오의 연속 안타 모형을 과도하게 해석했으며, 그 결과 쓸데없이 수많은 사람을 두려움에 빠뜨렸는지 알게 될 것이다. 이 이야기는 AI에서 가정의 역할을 이해하는 데 중요한 교훈을 담고 있다.

2막: 당신의 피임법은 얼마나 효과적인가?

하下이집트 사람들은 꿀과 탄산나트륨 혼합물을 사용해 피임했다. 메소포타미아인들은 아카시아잎과 린트천을 선호했다. 고대 페르시아인들은 코끼리 똥과 양배추를 사용했다. 르네상스 시기의 유럽인들은 백합 뿌리와 누에 창자를 사용했다. 현대인은 조금 더 쉬운 방법을 쓴다. 콘돔이나 알약을 선택하거나 자발적으로 불임 시술을 받는다.

피임은 적어도 문명의 시작만큼이나 오래됐다. 고대와 현대의 큰 차이라면 현대의 방법이 아주 잘 통한다는 것이다. 효과적인 피임 방법이 널리 보급된 1960년대 이후, 산업화된 세계의 출산율은 급격히 낮아졌다. 오늘날 부유한 국가에서 성적으로 활동적인 성인에게 피임 경험은 거의 보편적이다.[9]

누구나 알고 있듯이 언제 피임을 할지 그리고 어떤 방법을 사용할지는 단 하나의 변수에 달려 있지 않다.[10] 하지만 누구나 중요하게 생각하는 한 가지는 특정 피임법을 사용할 때 임신할 확률이다. 이 문제의식을 가지고 2014년에 《뉴욕타임스》는 다음과 같은 제목의 기사를 실었다. "피임법이 여러분의 기대를 저버릴 가능성은 얼마나 되는가?"[11] 기사의 필자들은 단순한 전제에서 시작했다. 오래 피임할수록 피임에 실패할 확률이 높아진다고 가정했던 것이다. 이 개념을 수치로 뒷받침하기 위해 필자들은 열다섯 가지 인기 있는 피임법의 1년간 효능에 관해 이미 발표된 데이터를 살폈다. 그리고 이 데이터와 앞으로 설명할 그들만의 계산법을 이용해 10년 동안 각 피임법을 장기간 이용하는 데 따른 실패율을 번듯한 대화형 차트 한 장으로 보여줬다.

우리도 동일한 데이터를 이용해 《뉴욕타임스》의 계산 결과를 재현했다.[12] 단 아홉 가지 피임법만 대상으로 했으며, 기사의 필자가 채택한 것과 똑같은 방법으로 계산했다. 그 결과는 그림 6.1에 나오듯이 《뉴욕타임스》의 결과와 일치한다. 각 그래프는 모두 다른 피임법이다. 회색 선은 해당 피임법을 장기간 사용할 때 적어도 한 번은 임신할 확률에 관한 《뉴욕타임스》의 추산치다.

이 그래프의 수치들에 놀랐는가. 여러분만 그런 게 아니다. 많은 사람이 《뉴욕타임스》 기사에 충격을 받았다. 기사에 따르면, 전형적인

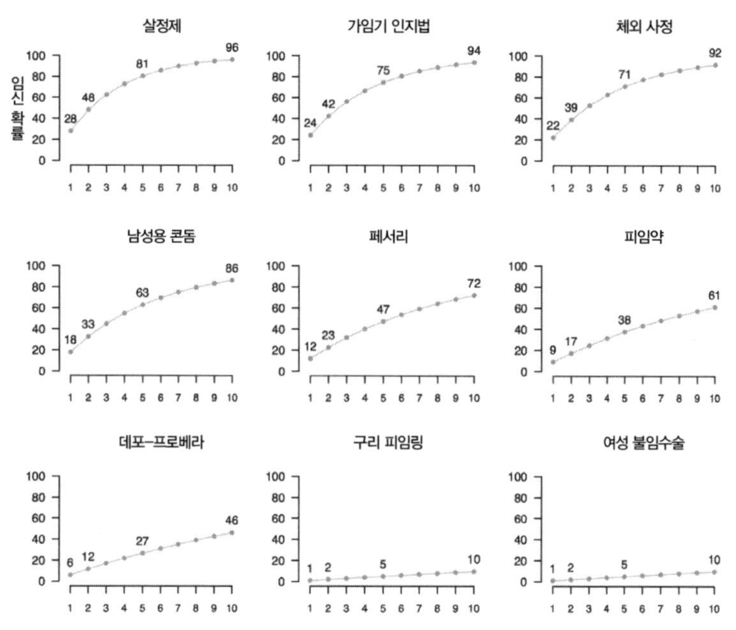

그림 6.1 《뉴욕타임스》 기자들은 오래 피임할수록 피임에 실패할 확률이 높아진다고 단순하게 가정하고, 위와 같이 각 피임법을 10년 동안 전형적으로 이용하는 사람의 실패율을 차트로 작성했다.

피임약 복용자의 1년간 실패율은 9퍼센트였지만('전형적인 복용'이란 '올바른 복용'을 의미하지 않는다. 약을 지시대로 정확히 복용한다면 실패율은 적어도 1퍼센트 미만까지 현저히 낮아진다), 10년간 실패율은 놀랍게도 61퍼센트였다. 콘돔에 대한 수치는 훨씬 심각했다. 10년간 실패율이 86퍼센트로 나왔다. 많은 사람이 피임을 시도하지 않을 때보다 피임을 시도할 때 임신 위험성이 훨씬 더 크게 나온 것이다. 그래서 기사는 소셜 미디어에서 급속도로 퍼져나갔다. 비록 많은 여성이 수녀원으로 몰려가는 사태를 유발하지는 않았지만, 자신의 피임법이 안전하다고 믿었던 수많은 《뉴욕타임스》 일반 독자들에게 큰 우려를 불러일으켰다. 심지어 누구보다도 그 연구를 잘 알았을 산부인과 의사들조차도 웹상에서 링크를 공유하고 자신들의 놀란 심정을 표현했다(@hricciot: "나 같은 산부인과 의사한테도 충격적임! #LARCisBest." 여기서 LARC는 피임링같이 장기간 착용해도 되돌릴 수 있는 피임법을 의미한다).

나쁜 가정 위에 지어진 나쁜 이야기

하지만 그 《뉴욕타임스》 기사에는 중대한 문제가 하나 있었다. 장기간 실패율 추정치는 사실에 기반하지 않았던 것이다. 수치가 너무 높은 게 거의 확실했다.

알고 보니, 세상 어느 누구도 각각의 피임법에 대한 10년간의 실패율을 몰랐다.[13] 여러 가지 현실적인 이유로 그런 주제를 연구한 사례가 없었기 때문이다. 하지만 이처럼 증거가 없는데도 불구하고, 나쁜 가정 때문에 《뉴욕타임스》가 대다수 피임법을 장기간 사용할 때 임신할 확률을 지나치게 높게 잡았다고 볼 만한 유력한 근거가 있다.

《뉴욕타임스》가 각 피임법의 장기간 실패율을 계산한 방식은 다음과 같다. 첫째, 이미 발표된 연구 데이터로부터 1년 동안 '전형적 사용 시의' 실패율을 정했다(가령 피임약의 경우 9퍼센트). 이 수치는 원래 임상 시험이나 전국을 대표할 수 있는 여론조사에서 나온 데이터를 가지고 계산한 값이며 사실상 얻을 수 있는 최상의 추산치다. 여기까지는 좋았다.

그다음에는 복리 규칙을 이용해 여러 해 동안 연속으로 피임에 성공할 확률을 계산했다. 결과적으로《뉴욕타임스》기자들은 피임약 사용에 따른 다년간의 피임을 마치 조 디마지오의 연속 안타 행진과 똑같이 취급했다. 우리가 앞서 이용한, 확률은 일정하고 사건은 독립적이라는 두 가지 가정을 그대로 채택한 것이다.

예를 들어 설명해보자. 전형적인 피임약 복용자들은 첫해에 피임에 성공할 확률이 91퍼센트였다. 이 수치를 바탕으로《뉴욕타임스》는 복리 규칙을 이용해 다음과 같이 계산했다.

$$P(\text{1년 동안 피임 성공}) = 0.91$$

$$P(\text{2년 동안 피임 성공}) = (0.91)^2 \approx 0.82$$

$$P(\text{3년 동안 피임 성공}) = (0.91)^3 \approx 0.75$$

계속 이런 식으로 계산했다. 10년까지 가면, 장기간 연속적으로 피임에 성공할 확률은 약 39퍼센트로 매우 작아진다. 따라서 전형적인 피임약 복용자가 10년 동안에 적어도 한 번 임신할 확률은 61퍼센트가 된다.

복리 규칙의 함정

그런데 이 계산은 엄청난 결함을 안고 있다. 유추를 통해 추론해보자. 우리가 사람 100명을 모집해 각자에게 동전 1개씩 준다고 하자. 그런데 이 동전 중 90개는 양쪽이 모두 앞면이고 10개는 양쪽이 모두 뒷면으로 개조된 것이다. 이제 연구 참가자들은 자신들의 동전을 던지기 시작한다. 우리는 실험 참가자들한테 뒷면이 나오면 임신이 되는 것과 같다고 말해준다. 질문은 이렇다. 연구 참가자 100명 가운데 몇 명이 10번 연속으로 앞면이 나옴으로써 10년간 '피임 성공' 행진을 이룰 것인가?

확실히 답은 90퍼센트다. 100명 중에 90명은 양쪽이 모두 앞면인 동전을 가지고 있기 때문이다. 그들은 영원히 뒷면을 내지 못할 것이다. 이제 아래와 같이 복리 규칙을 이용하면 어떻게 틀린 답이 나오는지 알아보자.

1. 연구 첫해에 90명은 동전 앞면이, 10명은 뒷면이 나온다.
2. 첫해에 뒷면이 나오지 않은 평균 확률은 90퍼센트다.
3. 복리 규칙을 이용해 1년간의 추산치를 바탕으로 10년 연속 성공할 확률을 계산했더니, 0.9^{10}, 즉 약 35퍼센트가 나온다.
4. 연구 참가자 100명 중 35명만이 10년 연속으로 피임에 성공할 거라고 결론 내린다.

《뉴욕타임스》가 피임법 실패율 분석에서 한 것은 위의 가정과 비슷하다. 둘 다 틀려도 한참 틀렸다. 연구 참가자 중에서 앞면을 던질 평균 확률이 0.9가 맞는가? 절대적으로 맞다. 하지만 그렇다고 앞면을 10년 연속으로 던질 평균 확률이 0.9^{10}, 즉 35퍼센트가 되는가? 절대 아니다. 우리의 연구에서 10명은 영원히 뒷면이 나오고 다른 90명은 영원히 앞면이 나온다. 10번(또는 몇 번을 던지든) 연속 앞면이 나올 확률의 모집단 평균은 35퍼센트가 아니라 90퍼센트다. 복리 규칙은 아주 대략적인 근사법으로도 쓸 수가 없다. 모집단 평균에 대한 확률 계산에서 복리 규칙은 아예 통하지 않는다.

한 번 더 유추해보자. 이 유추는 피임 효과에 관한 우리의 질문에 훨씬 더 가깝다. 여러분이 앞으로 10년 동안 자동차 사고를 내지 않을 확률은 얼마인가? 매년 미국에서 자동차 사고를 일으키는 운전자는 200만 명인데, 이는 전국에 있는 대략 2억 명의 운전자 가운데 1퍼센트다. 그러므로 '전형적인' 미국인이 자동차 사고를 내지 않고 1년을 무사히 보낼 확률은 99퍼센트다. 이 수치가 10년 동안 지속될 확률을 계산하기 위해 여러분은 아래와 같이 복리 규칙을 이용해 0.99를 10번 곱하고 싶은 충동을 느낄지 모른다.

$$P(\text{10년 연속 무사고}) = 0.99 \times 0.99 \times \cdots\cdots \times 0.99 = 0.904$$

하지만 이 계산은 틀렸다. 이유를 알기 위해 시계를 1년의 마지막 때로 되돌려보자. 첫해가 지난 뒤에 미국 인구는 두 집단으로 나뉜다. 하나는 자동차 사고를 낸 200만 명이고, 다른 하나는 그렇지 않은 1억 9,800만 명이다. 이제 여러분 스스로에게 단순한 질문 두 가지를 던져보자. 각 집단의 자동차 보험료는 어떻게 되는가? 그리고 그 이유는?

답은 명확하다. 자동차 사고를 낸 200만 명이 속한 집단 1은 보험료가 오를 것이다. 자동차 사고를 내지 않은 1억 9,800만 명이 속한 집단 2는 보험료가 그대로이거나 내려갈 것이다. 왜 그럴까? 보험사가 그렇게 하는 까닭은 사람들한테 벌이나 상을 주기 위해서가 아니다. 장래의 사고 위험에 대해 적절한 값을 매기기 위해서인데, 사고는 해마다 독립적이지 않다. 과거의 사고는 미래의 사고를 예측한다. 어떤 사람들은 동전을 던질 때 앞면이 더 많이 나오는 반면에 또 어떤 사람들은 뒷면이 더 많이 나온다.

그렇다면 두 번째 해에는 어떻게 될까? 아마도 집단 1에서는 이 집단의 1퍼센트보다 더 많은 사람이 두 번째 해에 사고를 낼 것이다. 이 집단에 속한 운전자들은 통계적으로 볼 때 적어도 평균적으로 주의력이 떨어지기 때문이다. 마찬가지로 집단 2의 경우 1퍼센트보다 더 적은 사람들이 사고를 낼 것이다. 이 집단에 속한 운전자들은 통계적으로 볼 때 적어도 평균적으로 주의력이 높기 때문이다. 데이터 과학에서는 이것을 가리켜 잠복변수lurking variable라고 한다. 해당 결과에 중요한 영향을 끼치지만 겉으로 측정되지 않는 변수라는 뜻이다.

잠복변수 문제는 앞서 행한 우리의 계산에서 무엇이 틀렸는지 설명해준다. 한 해의 무사고 평균 확률을 99퍼센트로 잡고서 그 수치를 10년까지 복리 규칙을 적용한 계산 결과 말이다. 여기서 중요한 질문은 이것이다. 우리는 누구의 확률에 복리 규칙을 적용했는가? 답은 이렇다. 누구도 아니다! 1퍼센트의 연간 확률은 한 인구 집단의 속성이다. 기껏해야 그 수치는 자동차 사고 확률이 연간 1퍼센트이고, 자녀는 2.1명이며, 학사학위 반 개, 하나의 고환이나 하나의 난소가 있는 어떤 가상의 평균인이 가지는 속성이다. 하지만 '실재하는' 모든 사람은 자동차 사고를 낼 확률이 평균 1퍼센트보다 더 높거나 낮다. 여러분이 첫해에 사고를 낸다면 여러분의 위험도는 더 높게 보일 것이며, 사고를 내지 않으면 위험도는 낮게 보일 것이다. 복리 규칙 계산은

'말 그대로 모든 사람'에게 적용하기엔 부적절하다.

피임약으로 되돌아가서

이쯤에서 피임약의 10년간 실패율로 되돌아가자. 1년간의 피임 성공률 91퍼센트에 복리 규칙을 적용해, 《뉴욕타임스》는 10년 연속 피임 성공 확률 39퍼센트를 내놓았다. 하지만 앞서 배웠듯이 모집단 평균 확률에 그냥 복리 규칙을 적용해서는 안 된다. 이 사안에는 정말로 중요한 잠복변수가 존재하기 때문이다. 어떤 사람들은 원칙대로 피임법을 이용하지 않기에, 일찌감치 '동전 뒷면이 나올 가능성', 즉 피임에 실패할 가능성이 높다. 또 어떤 사람들은 원칙을 잘 따르는 까닭에 올해에도 또 다음 해에도 '동전 앞면이 나올 가능성', 즉 연구 끝까지 피임에 성공할 가능성이 높다.

사실 피임 연구에서 전형적인 '이용자'는 존재하지 않으며, 오로지 전형적인 '집단'만이 존재한다.[14] 피임 연구는 과학자들이 전국 구석구석을 뒤져서 타율 0.25의 평균적인 메이저리그 선수를 찾는 야구 경기 같은 것이 아니다. 피임 연구는 기다림과 셈하기의 과정이다. 한 피임법을 불규칙적으로 또는 일관되게 이용하는 사람들의 전형적인 집단을 추적해 집단 안에서 몇 명이 시간이 지나면 임신을 하는지 세어야 하는 일이다.

이런 식의 상황에 복리 규칙을 적용해 1년간의 평균을 가지고 앞으로 그 집단에 무슨 일이 생기는지 추론한다면 틀린 답을 얻을 수밖에 없다. 앞에 나왔던 유추들을 좀 더 들여다보자.

- 양쪽이 앞면인 동전들과 양쪽이 뒷면인 동전들만 던져보자. 첫 번째 동전 던지기에서 10퍼센트의 사람에게 동전 뒷면이 나온다. 만약 앞면이 나온 사람이라면 그 동전은 양쪽 모두 앞면임을 알 수 있다. 그 사람의 동전이 뒷면으로 나올 확률은 0퍼센트다.
- 임의의 어느 해에 미국인들의 약 1퍼센트는 자동차 사고를 낼 것이다. 그 수치에는 좋은 운전자들과 나쁜 운전자들이 포함되어 있다. 따라서 그해에 사고를 내지 않은 운전자라면 그 사람의 운전 습관이 어떤지 우리는 알 수 있다. 그 사람이 다음 해에 사고를 낼 확률은 1퍼센트 미만이다.
- 첫해에 전형적인 피임약 복용자의 약 9퍼센트는 임신을 하게 될 것이다. 그 수치에는 일관적인 복용자와 불규칙적인 복용자가 포함되어 있다. 따라서 그해에 피임에 성공한 사람이라면 그 사람의 피임약 복용 습관이 어떤지는 조금 알 수 있다. 또 그 사람이 다음 해에 피임에 실패할 확률은 아마도 9퍼센트 미만일 것이다. 어쩌면 8퍼센트나 또 어쩌면 2퍼센트일 수도 있지만, 정확히는 아무도 모른다. 아무도 이런 주제에 관해 연구한 적이 없기 때문이다. 그러나 1년간 9퍼센트의 피임 실패율에 크게 기여한 대다수의 불규칙적인 복용자들이 이제 연구에서 제외된다는 사실은 알 수 있다.

그림 6.2는 이 개념을 시각적으로 보여준다. 그래프는 두 가지 가정 아래 전형적인 피임약 복용자들의 10년간 누적 임신율을 비교하고 있다. 회색 선은《뉴욕타임스》가 가정한 내용이다. 연구에 남은 여성들이 첫해 이후에도 계속 비현실적으로 높은 연간 9퍼센트의 확률

로 임신한다고 가정한다. 이 가정에 따르면, 임신하는 빈도는 1년간이나 10년간이나 똑같으므로 10년간 누적된 피임 실패율은 복리 규칙을 적용해 61퍼센트로 예측된다.

한편 검은 선은 연구에 남은 여성들이 첫해 이후부터 임신할 평균 확률이 9퍼센트 미만이라고 가정한다. 규칙에 따르지 않는 피임약 복용자들은 이미 임신을 해버려서 연구 대상에서 빠졌기 때문이다. 이 효과는 해가 갈수록 더 강해져서 연구의 끝에 이르면 오로지 주의 깊은 복용자들만 남는다. 이 곡선은 10년간의 누적 임신율이 25퍼센트가 조금 넘는다고 예측하며, 피임 실패의 대다수 사례는 초기에 불규

전형적인 복용자들에 대한 피임약의 장기간 실패율 추산치

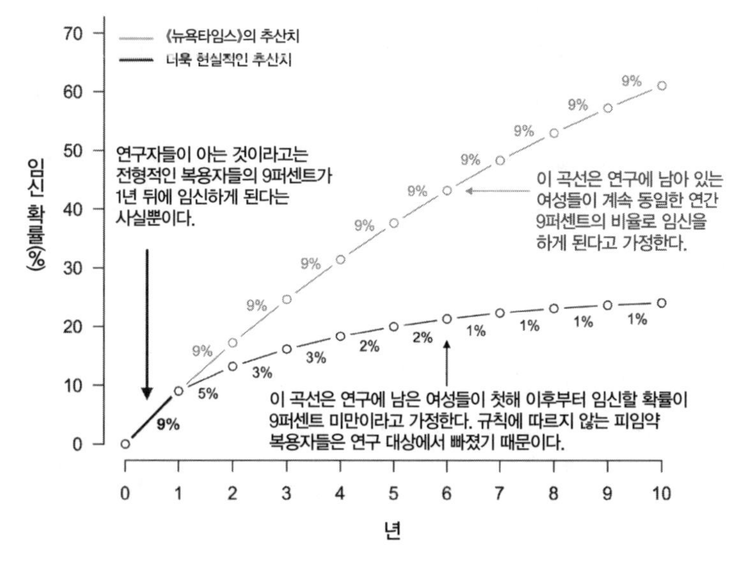

그림 6.2 1년간 9퍼센트의 피임 실패율에 크게 기여한 불규칙적인 복용자들을 연구 대상에서 제외해보자. 그러면 위와 같이 전혀 다른 결과가 나온다.

칙적인 복용자들한테서만 일어난다고 본다.

연구자들이 데이터를 통해 실제로 아는 것이라고는 전형적인 복용 '집단'의 9퍼센트가 1년 후에 임신을 하게 된다는 사실뿐임을 강조해야겠다. 그다음 해부터는 두 곡선 모두 오직 모형을 세우기 위한 가정을 바탕으로 추산, 즉 구체적으로는 외삽한 결과일 뿐이다.

모든 모형이 틀린 것이긴 하지만, 어떤 모형들은 다른 모형들보다 더 틀리다.

에필로그: 가장 위험하고 성과 없는 열광

피임의 10년간 실패율에 관한 《뉴욕타임스》의 기사는 데이터 분석의 달인 에드워드 터프티Edward Tufte가 "성급하게 내린 결론이 낳은 편견"이라고 부른 것의 한 사례다. 터프티의 표현은 프랑스 작가 귀스타브 플로베르Gustave Flaubert의 다음 경구에서 따온 것이다. "결론을 급하게 내리고 싶은 마음은 인류에게 닥친 가장 위험하고 성과 없는 열광 가운데 하나다."[15]

이처럼 무턱대고 패턴을 찾아내려는 사람의 성향은 그동안 많은 지적을 받아왔다. 하지만 성급하게 결론을 내리는 현상은 여전히 계속되고 있다. 가령 한 데이터 집합이 어떤 질문에 대한 답을 내릴 수 없을 때가 있다. 그때 여러분은 답을 내놓을 수 있는 데이터를 찾아야 한다고 생각할 수도 있다. 하지만 앞에서 이야기한 피임약을 다시 이야기해보자. 피임약의 1년간 실패율에 관한 데이터는 10년간 실패율을 알려줄 수 없다. 10년 후에 어떻게 되는지 알려면 10년을 기다려야 한다. 지금 당장 답을 알아내려고 하는 것은 입수한 데이터로부터 의심스러운 가정을 이용해 강제로 자백을 받아내고자 하는 억지다. 그런 자백이 결국에는 진짜 피해를 초래할지 모른다. 이상화된 가정을 이용해 디마지오의 연속 안타를 분석하는 것은 똑같은 가정을 이용해 피임 효과를 분석하는 것과 전혀 다른 문제다. 앞의 경우는 현실에 큰 영향을 주지 않지만, 뒤의 경우는 틀린 가짜 뉴스를 생산하고 그 결과로 수많은 사람이 피해를 입을 수도 있기 때문이다.

이 사소한 데이터 실수가 빅 데이터 세계에 주는 교훈은 명확하다. 만약 그런 나쁜 가정이 일회성의 신문 기사 작성만이 아니라 인간의 개입 없이 자동으로 의사결정을 내리는 AI 시스템에 들어간다고 가정해보자. 그러면 바로 아래와 같은 상황이 벌어질 것이다.

- 2011년 4월에 아마존에는 발생생물학에 관한 고전인 《파리 만들기The Making of a Fly》가 17권 올라와 있었다. 중고책 15권 중에서 가장 싼 것은 35.54달러였던 반면에 새 책 2권 중에서 가장 싼 것은 2,300만 달러였다. 알고 보니 서로 다른 판매자가 이용하는 두 알고리즘이 상대 판매자의 행동에 관한 그릇된 가정 아래 값을 경쟁적으로 올리는 전쟁을 벌이고 있었다.[16]
- 솔리드골드밤Solid Gold Bomb이라는 온라인 의류 소매업체가 주문형 날염 티셔츠를 자동으로 디자인하는 알고리즘을 제작했다. 이 알고리즘은 'Keep Calm and Carry On'(평정을 유지하고 하던 일을 하라. 2차대전 발발 직전 영국의 선전 포스터 문구: 옮긴이) 같은 유명

슬로건에 무작위적으로 구절을 삽입하는 방식이었다. 그런데 감독을 잘못한 결과, 그 회사는 뜻하지 않게 끔찍한 여성 혐오 문구로 장식된 광고 티셔츠를 내놓고 말았다. 문구 중에는 성폭행과 관련된 내용도 있었다. 온라인상에서 그 디자인을 목격하고 충격을 받은 많은 사람의 반발로 회사는 결국 문을 닫았다.[17]

- 2010년 5월 6일, 미국 주식시장은 '플래시 크래시Flash Crash' 사태를 겪었다. 주식시장에서 몇 분 만에 수조 달러가 증발해버렸는데, 이유는 알고리즘이 오류를 일으켰기 때문이다. 미국 법무부의 조사 결과에 따르면, 런던의 한 부정 거래자가 2억 달러어치 '속임수spoof' 거래 주문을 했다. 이 주문들은 아주 짧은 시간 동안 1만 9,000번에 걸쳐 수정되다가 결국에는 모두 취소됐다. 이 행위는 특정 주식 종목들에 관해 가공의 시장 불안감을 불러일으켰다. 그러자 눈속임 거래가 가능하다고 가정하지 않은 다른 고빈도 거래high frequency trading 알고리즘들이 걷잡을 수 없이 혼란을 일으켜 수백만 건의 진짜 '매도' 주문을 쏟아냈다. 사람들이 무슨 일이 벌어지고 있는지 파악하기도 전에 다우존스 지수는 반 시간도 안 되어 9퍼센트나 하락하고 말았다(다행히 지수는 그 뒤 급반등했다).[18]

이런 알고리즘들은 자신들이 내릴 의사결정의 중요성이나 애초에 자신들이 제작된 사업적 맥락을 인식하지 못했다. 나쁜 가정을 세운 사람들이 프로그래밍한 대로만 했을 뿐이다.

나쁜 가정의 위험성을 알아차려야 하지만, 우리가 어떤 가정도 하길 꺼릴 정도로 의심을 너무 키우지 않는 것도 중요하다. 모든 가정이 나쁜 것도 아니며, 또 나쁜 가정이라고 해서 전부 문제를 일으키지도 않는다. AI는 데이터 과학 영역을 가능한 한 멀리 확장하는 데 달려 있는데, 그러려면 가정과 근사치를 이용해 다음의 예시처럼 데이터 집합의 원래 영역 너머를 추산하는 것이 필요하다.

- 전염병학자는 AI를 이용해 방대한 의료기록 데이터베이스를 뒤져서 중요한 건강 관련 문제에 답을 내놓는다.
- 심리학자는 인스타그램 게시물을 연구해 우울감이나 불안감의 단초가 될지 모를 누군가의 심리 상태 변화를 찾아낸다.
- 시장 감시자는 소셜 미디어 대화들을 살펴서 경제 활동의 징조들을 읽어낸다.
- 미국의 온라인 부동산 데이터베이스 회사인 질로는 공개된 데이터와 이용자들이 생성한 기록들을 이용해 미국에 있는 모든 주택의 시장 가격을 예측해낸다.

이런 아이디어들 및 비슷한 다른 수천 가지 아이디어들은 실현될 수 있고 실제로 실현되고 있다. 하지만 그러려면 기본적인 사실 하나를 극복해야만 한다. 인터넷 시대의 대다수 데이터 집합은 특정한 목적을 위해 매우 비과학적인 조건하에 수집됐으므로 다른 목적에 대해서는 항상 유용하다고 볼 수 없다는 점이다. 이 문제를 극복하거나 우리가 극복할 수 없는 지점이 어딘지 알려면 기존의 가정이 과연 타당한지 더욱 면밀하게 살펴야 한다.

AI의 위대한 민주화 과정이 현재 진행 중이다. 데이터의 수집과 조직화를 위한 지속적인 노력을 통해 이런 강력한 알고리즘들이 어처구니없는 실수를 저지르지 않고서 자기 임무를 효율적으로 해내게 되면 엄청난 사회경제적 가치가 생겨날 것이다. 또 대기업과 중소기업 가릴 것 없이 거의 모든 회사가 그런 데이터를 기반으로 사업을 해나갈 것이다. 이 새로운 시대에는 성급하게 결론을 내리려는 마음을 가라앉혀야 한다. 그러기 위해서 모든 미검증 가정은 임시적 의미, 다시 말해 더 많은 데이터를 이용할 수 있기 전까지만 좋은 쪽으로든 나쁜 쪽으로든 이용하는 근사치임을 잊어서는 안 된다.

과거로 가는 시간여행이 가능하다고 상상해보자. 여러분이 처음으로 웹 브라우저를 다운로드한 1990년대 아니면 스마트폰을 사고 페이스북과 트위터에 첫 계정을 연 2000년대로 말이다. 그 시기 이후 경험하고 배운 것을 바탕으로 여러분은 스스로에게 무슨 정보를 공유할지, 무슨 사진을 게시할지 그리고 무슨 습관을 들일지에 관한 조언을 줄 수 있는가? 또는 만약 여러분이 기업 대표나 정부 감독자의 신뢰를 받고 있다면, 그 상관들이 무엇을 알게 되길 바라는가? 기술이 우리의 삶을 어떻게 변화시켰다고 전할 것인가? 어떤 병리 현상을 예방해달라고 부탁할 것인가?

미래에는 AI가 사람들이 넷플릭스에서 보는 영화보다, 스포티파이에서 듣는 음악보다, 페이스북에서 추천받는 새 게시글보다 훨씬 더 중요한 의사결정들에 참여할 것이다. 그리고 사람들이 어떤 치료를 받을지, 어떤 직장을 얻을지, 어느 대학을 다닐지, 어떤 대출을 받을 수 있는지 그리고 심지어 범죄를 저질렀을 때 몇 년 형을 받을지도 알려줄 것이다. 이런 복잡한 사안들을 생각할 때, 우리는 시간 여행자에게서 얻은 조언에 의지할 수는 없다. 지금을 살고 있는 우리가 이 문제를 제대로 해결해야 한다. 앞으로는 얻는 것이 많은 만큼 잃을 것도 많으며, 비용과 이득 사이에서 우리가 도달할 균형 상태는 AI 기술이 실제로 어떻게 작동하는지 관련 당사자들의 이해 여부에 크게 영향을 받을 것이다. 우리가 그냥저냥 살아간다면, 아니면 더 심하게 가정해서 SF 영화에나 나오는 암울한 미래상을 놓고 쓸데없는 걱정이나 하면서 시간을 허비하는 사이 세계적인 테크놀로지 기업들만 더 빠르게 약진하도록 내버려둔다면, 우리는 AI 시스템들이 발전할 기회조차 가지기 전에 그 신뢰성을 말살해버릴 것이고, 인류에게서 큰 기회를 빼앗고 말 것이다.

하지만 이제 우리가 아주 똑똑하게 대처하는 세계를 상상해보자. 딱 맞는 전문가들과 딱 맞는 법적인 보호 장치를 둔 다음, 알고리즘의 편향과 가정에 대해 계속 감시하는 세계를 말이다. 그런 세계에서라면 의사결정 프로토콜protocol(컴퓨터 사이에 정보를 주고받을 때의 통신 방법에 관한 규칙과 약속: 옮긴이)은 현재 우리가 가지고 있는 편견 덩어리, 예를 들면 예쁜 얼굴이나 활기 넘치는 척하는 태도, 부자 아빠가 있거나 흰 피부를 지닌 사람을 근거도 없이 선호하는 체계보다 급진적으로 나아질 수 있다. 현재 인류의 전망과 기술은 기계에게 자동차를 운전하고, 신장병을 예측하고, 대화를 이어가는 정도는 거뜬하게 가르칠 수 있는 단계에 이르렀다. 분명 우리는 기계들이 공정하게 활약하도록 가르칠 수 있다. 그리고 그런 기계들이 우리를 가르칠지도 모른다.

어떤 문제들은 너무나 중요하기에 연산만 할 줄 아는 알고리즘에 맡길 수 없다. 이 부분은 모두 동의하는 내용이다. 하지만 인생의 중요한 결정에 관한 한 우리는 AI를 인간의 통찰 및 인간의 가치와 결합할 수 있고, 또 그래야 한다. 이제는 인간과 기계가 함께 일할 때다.

수학이 만든 미래

모형은 녹슬기 마련이다

지금까지 봤듯이, 나쁜 가정이 한 모형의 DNA 속에 깃들게 되면 끔찍한 실수를 초래한다. 그런데 모형은 늘 시작부터 망가지지는 않는다. 때로는 너무 녹이 스는 바람에 망가지기도 한다.

이런 현상에 딱 들어맞는 유명한 사례가 하나 있다. 이 시스템은 경제적 비용과 생명을 구하는 것 사이의 균형 유지라는 중요한 공공 의료 사안을 해결하겠다는 포부를 안고 2008년에 가동됐다. 하지만 시간이 지나면서 시스템이 하는 예측들은 현실과 어긋나기만 했다. 2012년에 행한 예측은 심각할 정도였다. 문제는 그 시스템이 이처럼 실적이 떨어지는데도 계속해서 막대한 양의 광고를 받아냈다는 사실이다. 게다가 시스템은 너무나 매력적인 유행어가 된 '빅 데이터'를 이용했고 수학적 정밀함이라는 허울 좋은 명성의 보호를 받고 있었으므로, 내부 조사도 피해 갈 수 있었다.

이 시스템이 바로 구글 플루 트렌드Google Flu Trends다. 다음 이야기는 어떻게 그 시스템이 망가지고 결국 2015년에 퇴출됐는지에 관한 내용이다.

빅 데이터를 이용해 독감 발병 및 확산을 예측하다

독감은 해마다 전 세계적으로 수십만 명의 목숨을 앗아가며, 수천만 명 이상이나 되는 사람들에게 불행을 안겨준다. 계절성 독감만 해도 상황이 이러한데, 전 세계적으로 전염병이 대유행하는 팬데믹pandemic 사태가 오면 어떨까. 가령 1968년에 발생해 100만 명 이상의 목숨을 앗아간 홍콩 독감, 1918년에 1차대전 사망자의 3배에 달하는 5,000만 명의 목숨을 앗아간 스페인 독감처럼 말이다. 전염병 전문가들은 이러한 상황이 다시 발생할까 우려하느라 수많은 밤을 뜬눈으로 지새운다.

미국 질병통제예방센터Centers for Disease Control and Prevention, CDC는 독감의 예방 및 치료를 위해 ILINet이란 것을 오랫동안 이용해왔다. Influenza-like Illness Surveillance Network의 약자인 ILINet은 2,700명이 넘는 의료 서비스 제공자들이 이용하는 전국 네트워크로서, 독감 유사 증상을 보이는 환자를 보면 언제나 CDC에 데이터와 시료를 곧장 보낸다. CDC는 그 정보를 이용해 모든 주에 대한 독감 바이러스의 활동 주간 지수를 내놓는다.

안타깝게도 ILINet에는 한 가지 큰 문제점이 있다. 모든 시료를 처리하고 미가공 데이터를 분석하는 데 일주일 이상 걸릴 때도 있다는 것이다. 미 전역의 공공 의료 기관들이 ILINet에 의존해 독감 예방, 검사 및 약품 배포에 관한 온갖 중요한 결정을 내릴 정도로 ILINet이 상황을 인식하는 데 가장 좋은 도구이긴 하다. 하지만 ILINet이 내놓는 결과는 보통 2주 정도 시간이 지난 것이다. 그 기간이면 이미 한 사람에게 나타난 독감 바이러스가 엄청난 수의 사람들에게 퍼지기에 충분하다.

구글의 데이터 과학자들은 영리한 AI 시스템으로 이 문제를 해결할 수 있다고 믿었다. 과학자들의 통찰은 단순하면서도 훌륭했다. 어떤 웹 검색어의 빈도수가 독감 확산과 큰 상관관계를 갖는다고 본 것이다. 가령 그림 6.3은 미국인들이 2008년과 2012년 사이에 구글에 얼마나 자주 다음 질문을 하는지를 보여준다. '독감이 얼마나 오래 지속되는가?'

이 검색 빈도수는 독감이 성행하는 겨울마다 절정을 이룬다. 그런데도 구글은 이 엄청난 검색량을 CDC가 2,700군데 클리닉에서 모은 시료를 분석하는 것보다 훨씬 빠르게 분석할 수 있다. 따라서 검색어들을 취합해 예측하는 AI 시스템을 만든다면 구글은 훨씬 더 짧은 시간 안에 독감 확산을 추적할 수 있었다.

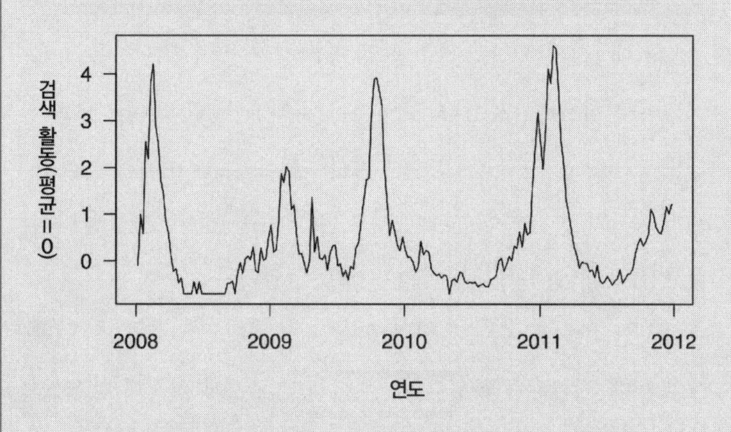

그림 6.3 구글 플루 트렌드 웹사이트에 게시된 독감 바이러스 확산 예측 모형.

하지만 구글 검색과 독감 바이러스 활동 사이의 일치 여부는 불완전하다. 모든 사람이 같은 질문에 같은 검색어를 사용하지도 않으며 어떤 사람이 특정한 문구를 검색한다고 해서 무조건 독감에 걸렸다는 의미도 아니다. 그러므로 단순하게 구글 검색어에 '독감'이라는 단어가 들어 있는지만 뒤쫓는 시스템을 만들어서는 안 된다. 그보다는 더 머리를 쓰고 기존 데이터를 잘 이용해서 예측 규칙을 만들어야 했다.

구글의 데이터 과학자들이 한 일이 바로 그것이었다. 입력은 5,000만 가지 검색어의 빈도수였고, 출력은 CDC가 매주 제공하는 ILINet 수치(미국의 독감 확산을 정량화하기 위한 최적 기준)에 대한 예측이었다. 구글은 자신들의 방법을 논문으로 기술해《네이처Nature》에 발표했으며,[19] 모형이 예상한 결과를 전용 구글 플루 트렌드 웹사이트에 게시하기 시작했다. 그 결과 공중보건 커뮤니티에서 환호를 보낸 것은 당연했다.

하지만 안타깝게도 플루 트렌드는 시작부터 삐거덕거렸다. 2009년에 H1N1(속칭 신종플루)으로 생겨난 비계절성 독감 유행을 완전히 놓친 것이다. 그러자 구글의 엔지니어들은 알고리즘을 수정했고, 그다음 2009년 여름부터 2011년 여름까지는 플루 트렌드가 잘 예측하는 듯했다. CDC의 수치를 꽤 가깝게 따라갔고 ILNet처럼 2주씩 지연되는 일도 없었다.[20]

하지만 2011년 여름부터 상황이 나빠졌다. 2011~2012년에 플루 트렌드는 독감 확산을 약 50퍼센트나 높게 예측해, 이를 신뢰한 공중보건 전문가들을 잔뜩 긴장시켰다. 2012~2013년에는 겨울철 최고치를 실제보다 150퍼센트나 높게 예측했다.[21] 전체적으로 보면 2011년 8월부터 2013년 9월까지 구글 추산치는 108주 가운데 100주나 너무 높았다.[22] 만약 공중보건 관리들이 이 수치에 의존했다면 존재하지도 않은 수만 건의 독감 사례를 다루느라 헛되이 자원을 낭비할 뻔했다.

모형은 어떻게 녹이 스는가

AI 모형은 시간이 흐르면 처음 상태대로 유지되지 않는다. 대표 사례가 바로 구글 플루 트렌드다. 우리는 모형이 시간이 흐를수록 더 나아지는 주물 냄비 같다고 생각하고 싶어 한다. 주물 냄비는 표면에 동록(구리의 표면에 녹이 슬어 생기는 푸른빛의 물질: 옮긴이)이 생길수록 음식이 쉽게 들러붙지 않는다. AI 모형도 마찬가지다. 새 데이터로 모형에 정기적으로 '양념을 치면', 시간이 흐를수록 더 나은 예측을 내놓는다(이것이 바로 우리가 2장에서 얘기한 시행착오를 통한 모형 적합화다). 하지만 낡고 퇴색한 가정들의 껍질이 너무 많이 자라게 내버려두면 동록은 진짜 녹으로 변한다. 그리고 이 문제를 해결하지 못하면 결국 모형은 완전히 부식되어 아무 쓸모가 없어지고 만다.

플루 트렌드는 모형이 심각하게 녹스는 바람에 거의 부식될 지경에 처했다. 이유가 궁금해서 우리는 런던위생열대의학대학원London School of Hygiene and Tropical Medicine, LSHTM의 전염병 연구자인 로잘린드 에고Rosalind Eggo 박사와 대화를 나눴다. 박사는 구글이 그런 풍부한 데이터 자원을 공공의 이익을 위해 이용했다며 일단 치켜세웠다. 하지만 구글 플루 트렌드가 2009년 H1N1 사태를 예측하지 못한 것은 비난받아 마땅하다고 여겼다. 박사는 이렇게 설명했다. "구글이 알고리즘의 세부사항은 꽁꽁 감추고 있어 정확한 원인은 알 수 없습니다. 그저 어떤 사람들의 추측에 따르자면, 선택된 검색어들은 독감 관련 단어가 아니라 고등학교 농구를 검색할 때도 쓰일 수 있는 겨울 관련 단어로 보입니다. 그 결과 알고리즘이 검색 패턴에서 독감 특유의 내용보다는 계절에 관한 일반적인 내용만 포착한 거죠." 박사는 2014년《사이언스Science》논문을 인용했는데, 데이비드 레이저David Lazer 박사와 동료들이 작성한 이 논문은 시간의 흐름에 따른 플루 트렌드의 실적을 조사해 원래 알고리즘이 '일부는 독감 검색용이고 일부는 겨울 검색용'이라는 결론을 내렸다.[23] 애초에 알고리즘의 설계 방향이 조금 의심스러웠다는 것이다.

또 하나 큰 문제는 구글이 실제로 자사의 이용자들에게 플루 트렌드 모형의 가정을 위반하도록 조장했다는 것이다. 구글은 대규모든 소규모든 수천 가지 방식으로 검색 알고리즘 작동 방식을 늘 수정하고 있다. 그래서 사람들도 덩달아서 같은 내용을 조금씩 다르게 검색한다. 일례로 구글의 자동완성 기능을 들 수 있는데, 여러분이 입력할 때 검색어를 제안해주는 기능이다. 이는 입력 시간을 절약시켜주지만 사람들의 입력 방식을 바꾸기도 한다.

에고 박사의 지적에 따르면 사람들이 독감 증상에 관한 조언을 얻으려고 콧물 범벅인 손가락을 키보드에 올릴 때, 자동완성 기능이 사람들이 검색하려는 내용에 영향을 미친다. 가령 지난 번에 '가장 좋은 독감약'을 검색한 사람이 이번에는 '가장 좋은 독감 치료법'을 검색할 수 있다. 왜냐하면 '치료법'이 제일 위에 나온 자동완성 제안이었기 때문이다.

플루 트렌드는 검색어와 독감 확산 사이에 일정한 관계가 있다는 가정에 바탕을 뒀다. 그런데 그 가정이 무너지고 독감 외의 어떤 것이 사람들의 검색 패턴에 변화를 일으키면서 2009년부터 예측 모형 역시 무너졌다. 에고 박사에 따르면, 비즈니스적 동기에 따라 생긴 알고리즘이 이런 수천 건의 사소한 변화들을 만들었고, 그 변화를 구글 플루 트렌드가 추적해내지 못했다. 또 그 예측 결과 역시 모니터링되지 않았다.

이 이야기에는 두 가지 슬픈 측면이 있다. 첫째, 원칙적으로 볼 때 구글 정도의 회사라면 자사의 모형을 새로운 검색 패턴에 적응시켜서 '녹슬기 방지'에 지속적으로 전념해야 마땅했다. 그렇다면 그 '동적 모형'은 충분히 입력과 출력 사이의 구조적 관계 변화를 따라갔을 것이다. 우리가 보기에 구글의 데이터 과학자들이 왜 그런 방향으로 일을 진행하지 않았는지는 불가사의하다. 그리고 우리가 아는 한 그중 누구도 이유를 공개적으로 설명한 적이 없다.

또 한 가지 슬픈 측면은 이제는 연구자들이 그런 경이로운 잠재력을 지닌 아이디어를 실현하려고 나서기 어려워졌다는 것이다. 공공 의료계가 플루 트렌드 사태를 통해 교훈을 배웠는지 에고 박사에게 물었더니, 박사는 이렇게 대답했다.

교훈을 아주 많이 얻었을 거예요. 예측이 실패해서 깜짝 놀랐을 테니까요. 이러한 사태는 구글이 자사의 모형을 검색 알고리즘에 적응만 시켜도 일어나지 않았을 겁니다. 오히려 어떤 시스템보다도 훨씬 더 자세하고 유용한 정보를 줄 수 있었을 거예요. 그럴 가능성도 실제로 높았죠. 하지만 내 생각에 구글은 더는 나쁜 평판을 원치 않는 것 같아요. 그리고 연구자들도 '한번 혼나고 나니 두 번째는 겁이 나는' 상황이 만들어졌죠.

때로는 녹슬기 방지만 잘 해도 괜찮을 때가 있다. 구글이 다음 번에는 꼭 그래주길 바란다.

편향 입력, 편향 출력

AI의 또 한 가지 큰 문제는 내재적 편향을 지닌 데이터 집합을 이용해 모형을 학습시킬 때 생긴다. 2016년 미국 대통령 선거에서 여론조사 기관들은 전부 힐러리 클린턴의 승리를 예측했다. 그들이 사용한 예측 모형은 똑똑했다. 문제는 그 모형들에 입력한 데이터 품질이었다. 사소한 듯하지만 늘 존재하는 여론조사의 편향 때문에 도널드 트럼프에 대한 지지가 과소평가된 데이터였던 것이다.

바로 이 편향 입력, 편향 출력 때문에 많은 AI 알고리즘이 비슷한 문제를 겪는다. 이 편향과 관련된 대표적인 이야기가 있다. 그 주인공은 미 육군의 신경망 모형인데, 숲의 가장자리에 숨겨진 탱크를 발견하기 위해 만들어졌다.[24] 군의 과학자들은 탱크가 나오거나 나오지 않은 사진들의 데이터 집합을 이용해 그 모형을 학습시켰다. 그 결과, 그 신경망 모형은 놀랍도록 정확도가 높아졌다. 굳이 원래의 학습 데이터 일부를 배제하고 치른 모형 성능 테스트에서도 매우 정확도가 높았다(표본 외out of sample 데이터를 이용해 결과를 검증하는 일은 AI 분야에서 관행이다).

하지만 그 모형은 정작 현실 속 탱크를 탐지하지 못했다. 그 정확도가 거의 동전 던지기를 하듯 운에 맡겨야 할 정도였다. 전문가들은 당황했다. 성능이 이렇게까지 떨어진 이유가 무엇일까? 그 이유는 바로 학습 데이터에 숨은 편향이었다. 탱크가 나오는 사진들은 전부 밝은 날에 촬영됐고, 탱크가 나오지 않는 사진들은 전부 흐린 날에 촬영됐다. 따라서 모형이 실제로 학습한 내용은 나무가 드리운 그림자가 있는 숲과 없는 숲을 구별하는 일이었다. 탱크 찾기에는 쓸모가 없는 기능이었다.

AI 모형이 실패하는 이유 대부분은 이와 같은 학습 데이터의 숨은 편향 때문이다. 데이터가 더 많다고 해서 꼭 편향이 제거되는 것도 아니다. 오히려 데이터가 많을수록 이 문제는 더 악화된다. 편향된 데이터들이 많아져 편향을 공고하게 하기 때문이다.

형사 사법 제도에 AI를 이용하는 방식을 예로 들어보자. 판결을 내려야 하는 판사들은 유죄 판결이 사회에 가하는 위험성을 늘 비과학적인 방식으로 평가해왔다. 즉 자신만의 지식, 직관 및 경험을 바탕으로 피고인의 성격과 기록에 관한 판단을 내려온 것이다. 하지만 이제는 차츰 데이터의 도움을 받고 있다. 심지어 오늘날 어떤 판사들은 기계 학습 알고리즘에 의존하기도 하는

데, 이 알고리즘은 사법 제도의 과거 데이터를 학습해 누군가가 범행을 상습적으로 저지를 가능성을 예측한다.

일례로 상습 범행 예측 알고리즘으로 유명한 콤파스Correctional Offender Management Profiling for Alternative Sanctions, COMPAS를 들 수 있다. COMPAS는 다른 시스템과 마찬가지로, 피고인의 인종이나 성별과 같은 사항을 '알지' 못하도록 되어 있다. 하지만 그 정도로는 편향이 끼어드는 것을 막기에 역부족이다. 기계 학습 알고리즘은 관찰되지 않은 속성에 관해서도 대용물을 통해 학습이 가능하기 때문이다. 실제로 알고리즘의 중립성을 검사하기 위해 미국의 인터넷 언론인《프로퍼블리카ProPublica》의 기자들이 나서서 상습 범행 예측 점수를 조사했다. 플로리다주 브로워드카운티에서 판사들이 COMPAS를 이용해 판결을 내린 1,000명의 피고인이 그 대상이었다.[25] 기자들은 대상자들 가운데 누가 2년 안에 다시 체포되는지 확인했다. 놀랍게도 인종 차이가 드러났다. 추가 범죄를 저지르지 않은 사람들 중에는 흑인 피고인들의 거짓 양성 비율이 높았다. 즉 어떤 범행의 피고인에 대해 COMPAS가 재범을 저지른다고 예측했는데, 실제로는 저지르지 않은 경우가 많았던 것이다. 이 비율은 고위험군으로 잘못 분류된 백인 피고인들보다도 더 높았다. 반대로 추가 범죄를 저지른 사람들 중에는 백인들의 거짓 음성 비율이 높았다. 저위험군으로 잘못 분류된 흑인들보다 더 높았다.

정말로 알고리즘이 '인종 중립적'이라면 어떻게 그런 일이 생길 수 있었을까? 현재까지는 데이터 자체 때문이라는 의견이 지배적이다. 앞서 봤듯이 AI 알고리즘은 학습한 데이터 집합 안에서 패턴을 찾고 재현하도록 설계되어 있다. 만약 패턴이 본래 차별적이라면 알고리즘 역시 차별하도록 학습될 것이다. 이때 일부 학자들이 제기하는 다음 주장들을 사실이라고 가정해보자. 경찰은 동일한 범죄에 대해 흑인을 체포할 가능성이 더 크다, 검사는 흑인 용의자와 관련된 사건을 조사할 가능성이 더 크다, 배심원은 흑인 피고인을 유죄라고 판단할 가능성이 더 크다, 백인은 더 나은 변호사를 고용할 가능성이 더 크다. 이 주장 중 어느 하나라도 옳다면, 당연히 알고리즘이 학습하는 데이터에는 개인의 성향과는 무관하게 백인보다 흑인의 상습 범행 비율이 더 높다는 사실이 반영될 것이다. 만약 어떤 이가 특정 범죄를 저질러 체포, 기소 및 유죄 판결을 받을 가능성이 높은지 아닌지를 검은 피부로 예측할 수 있다면, 모든 상습 범행 예측 알고리즘은 기를 쓰고 검은 피부의 대용물을 찾으려고 할 것이다. 그리고 미국에서 인종 불평등의 길고도 슬픈 역사를 감안할 때, 그런 대용물은 흘러넘친다.

안타깝게도 플로리다주 브로워드카운티의 COMPAS 알고리즘이 학습한 데이터에 '대용물에 따른 인종차별'이 내재되어 있는지는 확인할 수가 없다. 왜냐하면 그 알고리즘은 비밀이기 때문이다.[26] 해당 소프트웨어를 판매하는 회사는 소프트웨어 내부의 작동 원리를 피고인이나 판사에게 알려주지 않으려고 한다. 그래서 만약 알고리즘이 여러분을 고위험군으로 분류하는 바람에 판사가 더 긴 형량을 선고하면 여러분은 이유를 물을 수조차 없다. 도덕적으로 볼 때 터무니없는 상황이다. 대학 미식축구팀의 등급을 분류하는 데 이용되는 알고리즘에도 비밀이 없어야 한다는 것이 사회의 지론이다. 하물며 한 인간의 자유가 걸린 상황에 어떻게 비밀이 있어야 한단 말인가?

많은 사람은 이 비밀스러운 알고리즘이 인종을 차별해서 징역형을 선고한다는 충격적인 이야기를 들으면, 단순히 AI가 형사 사법 제도에 결코 개입해서는 안 된다고 말할 것이다. 우리 두 저자도 누구 못지않게 놀라고 화가 나지만 그런 결론은 틀렸다고 생각한다. 알고리즘을 통한 편향이 일어날 때면 언제나 우리는 맞서 싸워야 한다. 그러려면 법과 AI를 함께 알고 있는 전문가들이 사법 제도가 무너지는 상황이 오지 않도록 계속 감시해야 한다. 또 AI가 의사결정에 참여할 때의 위험성을 인정하면서도 AI에 투명성과 공정함이 핵심 가치로 떠오르는 이 새로운 시대에 걸맞은 엄청난 잠재력이 존재함을 잊지 않도록 하자. 어쨌거나 브로워드카운티의 엉망진창 사태를 일으킨 주범은 아래의 예처럼 알고리즘이 아니라 다음과 같은 사람들이니까.

- 몇 가지 숫자를 입력하고 시간만 지나면 그만인 전자레인지를 돌리듯이 판결 알고리즘을 다룬 사법 제도 관계자들
- 작동 원리에 대한 분석이나 항의 심지어 조사도 불가능한 알고리즘을 이용해 의사결정을 내리도록 허용한 입법자들과 상급 법원
- 무엇보다도 알고리즘이 학습하는 데이터 집합에 인간의 인종적

편향이 개입되도록 유도한 경찰, 검사, 판사 및 배심원들

우리도 포함될 수 있는 이 마지막 집단이야말로 가장 우려해야 할 대상이다.

만약 이 이야기를 다 듣고도 AI는 중요한 의사결정에서 멀찌감치 떨어트려놓아야 한다는 결론을 내린다면, 간단한 질문 하나를 하고 싶다. 현재 사법 제도가 과연 정당하고 이로운가? 형사 사법 제도는 언제나 편향된 알고리즘을 이용해서 중요한 결정을 내렸다. 바로 사람들의 마음속에 깃든 알고리즘 말이다. 인간에게 내재된 편향에 대해서는 AI의 예측 규칙과 달리 직접 정량적인 조사조차 할 수가 없다. 대신에 텍사스주 헌츠빌에 있는 사형수 감옥의 범죄자 명단을 살펴보거나 미국의 인종별 수감자 비율(백인은 0.45퍼센트, 흑인은 2.31퍼센트)을 조사해 인간의 편향이 초래한 피해를 살펴볼 수 있을 뿐이다.[27]

이런 현실은 비단 형사 사법 제도만의 문제가 아니다. 가령 여러분의 미래를 아래와 같은 사람들의 손에 맡기고 싶은가?

- 전형적인 흑인 이름을 지닌 사람들보다 전형적인 백인 이름을 지닌 사람들을 채용할 가능성이 높은 인사 담당자
- 매력적인 외모의 직원에게 더 높은 업무 평가 점수를 주는 사장
- 백인보다 아시아인에게 더 엄격한 기준을 적용하는 대학 입학 담당자
- 동일한 업무에 대해 여성한테는 남성 임금의 80퍼센트를 지급

하는 회사 중역

- 산더미처럼 쌓인 이력서를 검토해야 하는 바람에 번지르르한 서류 형식과 그럴싸한 자기소개서 내용으로만 지원자를 평가하는, 고용위원회의 선량하고 멀쩡한 사람들

편향되고 정보가 불충분한 의사결정 알고리즘은 작은 두뇌 속에 있다고 해서 작은 실리콘칩에서 작동하는 것보다 결코 덜 해롭지 않다. 편견에 사로잡힌 사람들 때문에 고통받는 사람들이 AI로부터 다른 조언을 듣게 된다면 세상이 더 나아지지 않을까? AI 알고리즘의 추론과 편향은 고칠 수도 있으니까.

[VII]

다음 혁신이 일어날 곳은?

공중보건과 데이터 과학

크림전쟁은 의료 서비스 분야의 수학과 데이터 활용이

어떤 미래를 가져올지 알려준다.

그런 혁신을 위해서라면 우리는 어떻게 바뀌어야 할까?

요즈음 의료 서비스에 관한 신문 기사를 읽어보면, 서로 아주 다른 두 가지 이야기가 등장한다. 첫째, 나쁜 소식이다. 부유한 국가의 의료 시스템은 노약자의 증가로 신음하고 있다. 비만과 심장질환을 앓는 환자들이 증가하고 있으며, 의료 비용은 감당할 수 없을 만큼 치솟고 있다. 2016년에 영국 병원 전체의 3분의 2가 적자를 기록했으며, 프랑스의 의료 서비스 지출액은 예산을 34억 유로나 초과했다. 미국 역시 다른 어느 나라보다 훨씬 더 많이 의료 서비스에 자국 GDP를 썼지만, 그렇다고 결과가 나아지지는 않았다. 의사들은 날마다 보험 회사와 티격태격하고, 소송 사건들로 땀을 흘리며, 전자 의료기록 시스템에 데이터를 입력하느라 바쁘다. 또한 다른 직업군의 사람들보다 알코올과 약물 남용에 시달릴 가능성이 40퍼센트 높으며, 자살할 확률도 2배나 된다.[1]

한편에서는 이런 우울한 이야기들을 전부 없앨 비책이 준비되고 있다는 말도 들린다. 그런 말을 하는 사람들에 따르면, 미래에는 구글 자동차 생산 시스템처럼 외과의사가 레이저 유도 로봇의 도움을 받아 수술한다. 또 신용카드 거래에서 이상을 탐지하는 시스템처럼 환자의 생체 신호에서 이상을 탐지한다. 넷플릭스와 마찬가지로 치료는 환자에게 맞게 개인화된다. 핏빗Fitbit을 차고 있으면 출산 징후가 있는지 여부를 알 수 있고, 스마트폰으로 피부 병변 사진을 찍으면 즉석 진단이 나오며, 스마트워치가 채소를 더 많이 먹거나 계단을 오르기에 알맞은 때를 알려준다.

이런 세계라면 의사들은 업무 시간의 3분의 1을 데이터 입력에 쓸 필요가 없다. 대신에 아마존 에코에 모든 내용을 알려주면 그것이 환자의 의료기록을 갱신할 것이다. 그러면 대용량 데이터베이스로 학습한 정교한 예측 규칙들이 그 기록을 분석해 의사들이 질병의 숨은 징조를 찾도록 도와줄 것이다. 인간 지능과 기계 지능 사이의 완벽한 협업이 이루어지는 것이다. 또 저렴한 신체 착용 센서들이 스마트폰을 통해 접속 가능한 진단 및 모니터링 기술과 결합하면, 이전에는 의료 혜택을 누리지 못하던 사람들도 상당히 발전된 서비스를 받을 수 있다. 출산은 더 안전해지고 질병은 더 일찍 발견되며 인간의 잠재력을 최대한 발휘할 수 있는 환경이 마련된다.

이 장의 끝에서 다룰 예정인 데이터 프라이버시 문제를 해결할 수 있다고 가정할 때, 여러분도 이런 세상이 아주 멋지게 보인다면 좋겠다. 그런데 왜 우리는 그런 세상에 살고 있지 못한가? 우리가 나열한 모든 기술은 이미 연구 및 개발되고 있으며, 그런 기술들을 광범위하게 도입하려면 무엇이 필요한지도 명백하다. 즉 더 나은 데이터, 의료 서비스 제공자들과 데이터 과학자들 사이의 끈끈한 협력, 환자들과 그 프라이버시를 보호하면서도 혁신을 촉진할 수 있는 더 똑똑한 법률이 필요하다. 하지만 좋은 것을 할 수 있다고 해서 그것이 실제로 행해지지는 않는다.

지금껏 우리는 AI 분야에 등장한 어마어마한 기술 발전의 사례를 집중 조명했다. 이제 초점을 기술과 문화 사이의 상호작용으로 옮기겠다. 문화란 사람의 행동 방식을 지배하는 가치, 동기 및 습관 등을 뜻한다. 모두가 추구하는 유형의 의료 서비스 혁신을 이루려면 자원, 데이터, 사람이 반드시 필요하다. 그리고 무엇보다도 그 세 가지를 한데 결합시키는 (의사와 간호사, 병원, 기업, 입법가 및 환자 등 모든 당사자의) 문화적 헌신이 필요하다. 구글, 페이스북, 아마존, 페이팔, 바이두, 알리바바, 포뮬러 1, 뉴욕 시장직할 데이터분석실, 고이케 마코토의 오이 농장 등은 모두 각자의 분야에서 바로 그런 헌신을 통해 인상적인 결실을 거두었다.

이런 성공과 대비해볼 때, 의료 서비스 분야에서는 그런 문화적 헌신이 부족했다는 사실이 더욱 안타깝다. AI가 다른 어느 분야보다도 더 많은 사람을 도울 수 있는 분야가 의료 서비스이기 때문이다. 하지만 가장 발전된 AI 기술이 실제 환자를 대규모로 돕는 시기가 오려면 아마도 오랜 세월이 걸릴 듯한데, 그 이유는 과학이나 컴퓨팅 역량과는 하등 관계가 없고 전적으로 문화, 동기, 관료주의와 관계가 있다. 비단 미국만의 문제가 아니다. 아메리카와 유럽 및 아시아의 의료 서비스 시스템은 저마다 뚜렷한 차이가 있지만, AI가 어떻게 유용할 수 있는지 그리고 왜 아직 그렇지 못한지에 비추어보면 중요한 공통점이 있다. 암과 신장병은 국적이 없지만, 모든 언어에는 관료주의를 뜻하는 단어가 존재한다는 걸 잊지 말자.

지금과 같은 순간에 비슷한 문제에 직면해 해결한 사람을 살펴보면 이해를 더 잘할 수 있다. 관련 지식과 위상 그리고 의료 서비스 시스템을 운영하는 권력자들에게 맞서서 우리를 대변해 "제발 그만합시다. 왜 그런 식으로 합니까? 훨씬 더 나은 방법을 모릅니까?"라고 외친 사람 말이다. 바로 플로렌스 나이팅게일Florence Nightingale이다.

여러분은 나이에 따라 나이팅게일이 역사를 통틀어 가장 유명한 간호사였다는 사실을 알 수도 있고 모를 수도 있다. 일명 "램프를 든 여인"이라 불린 나이팅게일은 크림전쟁에서 부상을 입은 영국 병사들을 돌보는 온정의 살아 있는 상징이었다. 그리고 병사들을 돌보지 않을 때는 수학적으로 사고할 줄 아는 데이터 과학자였다. 게다가 통계를 이용해 의료 서비스를 발전시키도록 병원을 거뜬히 설득했다. 사실 역사상 다른 어떤 수학자나 데이터 과학자도 나이팅게일처럼 많은 목숨을 살려내지는 못했다. 1859년에 나이팅게일은 이런 업적을 인정받아 영국의 왕립통계학회 회원으로 선출되기도 했다.

의료 서비스 데이터의 위력을 드러낸 나이팅게일의 여정은 오늘날 우리에게 세 가지 교훈을 안겨준다. 첫째, 어느 특정 분야에서 혁신이 이루어지려면 제도적 헌신이 필요하다는 교훈이다. 만약 여러분이 AI가 세상을 어떻게 바꿀지에 관해 전문적인 관심이 있다면 정말이지 이보다 더 나은 교훈은 찾지 못할 것이다.

둘째, 나이팅게일의 사례는 최상의 의료 혜택을 원하는 환자라면 무엇에 저항해야 하는지 알려준다. 나이팅게일은 1850년대의 의료 서비스 분야에서 데이터를 분석하고 수학적으로 활용하려고 시도하면서 환자들에게 도움이 될 변화를 거스르는 뿌리 깊은 관행들과 싸웠다. 오늘날에도 그런 싸움이 놀랍도록 비슷하게 벌어지고 있는데, 나이팅게일의 싸움이 비극적이라면 오늘날의 싸움은 익살극처럼 보일 정도다.

마지막으로, 나이팅게일의 이야기는 고무적이다. 오늘날의 의료 서비스 시스템은 나이팅게일이 160년 전에 보여준 의지와 총명함 및 도덕적 용기를 지닌 사람들을 통해 유지되고 있다. 그런 사람 중 한 명이 여러분일지도 모른다.

크림반도의 천사, 나이팅게일

플로렌스 나이팅게일은 1820년 안락과 특권이 보장된 집안에서 태어났다. 해마다 나이팅게일의 가족은 런던에서 일정 기간 머물렀는데, 그때마다 런던 중심에 있는 호텔 스위트룸을 빌렸다. 런던 체류가 끝나면 가족 소유의 시골 영지 두 곳 중 하나로 돌아갔다. 유럽 대륙을 여행할 때에는 12인승 대형 마차를 타고 다녔으며, 호화로운 오락 생활을 즐겼다. 매주 오페라를 감상하고, 무도회나 투스카니 대공이 주최하는 만찬에도 참석했다.[2]

하지만 나이팅게일에게 그런 삶은 금박 입힌 우리 속에 갇힌 나날들에 지나지 않았다. 나이팅게일은 두 가지를 진정 사랑했는데, 둘 중 어느 것도 대저택의 나태한 생활에서는 실현할 수 없었기 때문이다.

첫 번째 사랑은 수학이었다. 어릴 때도 나이팅게일은 수학책에 빠져 아주 고전적인 문제들을 풀었다. 이를테면 "6억 명의 이교도가 이 세상에 있다. 2만 명당 1명씩 선교사를 보내려면 선교사가 총 몇 명이 필요한가?"[3] 같은 문제였다. 수학 단어 게임도 했는데, "단숨에 단어 40개를 만들었다"라는 글귀가 일곱 살 때의 일기에 적혀 있었다.[4]

10대가 되자 유클리드 기하학과 로그를 사촌오빠 헨리한테서 배웠으며, 부모를 졸라 환상적인 수학책 서재를 자랑하던 삼촌 옥타비우스의 집에서 오랜 기간 머물기도 했다.[5]

나이팅게일이 수학보다 더 좋아한 것은 간호였다. 어릴 때부터 다친 개들을 돌봤고 죽은 새를 위해 묘비명을 썼을 뿐만 아니라 심한 감기에 걸린 암소 때문에 마음 아파하기도 했다. 10대 때는 거의 날마다 마을의 가난하고 병든 이들을 찾아갔다. 밤까지 집에 돌아오지 않아 어머니가 딸을 찾아 이집 저집 찾아다녀야 할 정도였다. 그런데도 정작 나이팅게일은 "아픈 사람의 머리맡에 앉은 날에는 풍족한 저녁 식탁에 앉아 있을 수 없다"라고 말했다.[6] 설령 저녁 식탁에 앉더라도, 이웃들의 고통을 외면하는 손님에게는 그가 제아무리 유명한 인사더라도 난처한 질문들을 던지곤 했다.

곧 나이팅게일은 직업 간호사가 되려는 뜻을 세우고 일기에 이렇게 썼다. "사람들의 고통이 내 마음을 가득 채우고 있다. 모든 시인이 이 세상의 영광을 노래하지만 내가 보기엔 참되지 않다. 모든 사람은 근심과 걱정이나 가난 아니면 질병에 짓눌리고 있다." 나이팅게일은 일찌감치 새벽 세 시에 일어나 인구조사 통계, 의회 회의록, 대영제국 노동 계급의 위생 조건 보고서 등 사회복지에 관한 내용이면 뭐든 찾아 읽었다.

안타깝게도 부모는 딸의 꿈이 이상하고 실망스러운 목표이자 자기 계급의 여성에게는 전혀 어울리지 않는다고 여겼다. 그래서 나이팅게일이 간호사 양성 과정에 참여하려는 결심에 반대했다. 그러자 나이팅게일은 부모가 바라는 이상적인 여성의 삶을 살지 않겠다고 맞섰다. 그런 삶은 "결코 보통 사람처럼 밑바닥에서 먼지를 피우며 복닥복닥 살아가는 토끼장으로 내려가지 않고, 사탕이나 받아먹고 환한 햇살 속에서 노래하는 종달새의 삶일 뿐"이라는 이유를 대면서 말이다.[7] 이처럼 나이팅게일은 많은 이웃이 무일푼으로 고통받는데 자신이 대단한 특권을 누리면서 사는 것에 죄책감을 가졌다. 그리고 서른 살 생일을 맞을 때까지 부모가 자신의 소망을 번번이 좌절시켜 실의에 빠진 채 절망적인 날들을 보냈다.

그러나 결국 나이팅게일의 의지가 이겼다. 이런 의지를 두고 언니 파르테노페가 "내가 이제껏 본 것 중에서 가장 굳건한 결단력"이라고 말할 정도였다. 나이팅게일은 서른한 살에 마침내 부모의 허락을 받아 독일의 유명한 자선병원인 카이저스베르트Kaiserswerth의 간호사 양성 과정에 들어갔다. 나이팅게일은 카이저스베르트에서 희망을 잃은 병자들과 함께 오랜 시간을 보냈다. 상처를 씻어내고, 장티푸스를 치료하고, 사지절단술 환자를 간호하고, 죽어가는 이의 침상을 지켰다. 그러면서 삶의 전환점을 맞아 새로운 여성이 되어간다고 느꼈다. 마음속에서 평생 들려오던 부름에 마침내 응답한 것이다. 나이팅게일의 한 친구가 보내온 다음 글이 그런 점을 잘 드러내고 있다. "너는 스스로 선택한 길을 걷게 됐으니, 이제 평범하고 시시한 삶은 살 수 없을 거야."[8]

마침내 교육 과정을 마치고 영국으로 돌아오자 가족은 물론이고 같은 계급의 점잖은 사람들 가운데 어느 누구도 나이팅게일 필생의 꿈을 가로막지 않았다. 나이팅게일은 런던의 할리 가에 있는 작은 여성 병원에서 일하기 시작했는데, 능력과 온정을 겸비한 간호사로 금세 명성을 얻었다. 1854년에는 평생 바라마지 않던 일자리를 제안받았다. 킹스칼리지병원King's College Hospital의 수간호사 자리였다. 하지만 역사는 나이팅게일을 위해 다른 계획을 마련해뒀다. 그해 10월에 영국과 러시아 사이의 크림전쟁이 더욱 거세어지자 조국에 봉사하라는 부름이 떨어진 것이다.

예방 가능한 나쁜 관행들 속에서 죽어가는 사람들

크림전쟁의 불꽃은 1853년에 처음 타올랐다. 그해에 러시아가 발칸반도를 침공해 영국의 동맹국인 터키를 위협했다. 그러자 영국은 이듬해 3월 러시아에 선전포고를 했고, 크림반도에 군대를 보내서 러시아 흑해 함대의 주요 항구인 세바스토폴을 포위했다. 민족주의적 열정에 휩싸인 런던 사람들은 전쟁이 영국의 승리로 금세 끝나리라고 예상했다. 하지만 희망은 곧 물거품이 됐다. 영국 군대는 1815년에 나폴레옹과 전쟁을 치르고 나서 몇십 년 동안 또 한 번의 큰 전쟁을 맞이할 준비를 전혀 하지 않았던 것이다.[9]

그런 형편없는 준비 결과가 가장 분명하게 드러난 것이 바로 영국군의 의료 체계였다. 영국 군대는 기본 위생 문제와 의료 물자 공급망보다 담당 의료 종사자들의 위엄을 더 중요하게 생각했다. 이런 태도는 병참학적으로나 인도주의적으로나 대재앙이었다. 크림반도에서 부상을 당한 병사는 비좁고 더러운 배에 실려 500킬로미터쯤 떨어진 스쿠타리(터키의 도시 위스퀴다르의 영국식 명칭: 옮긴이)의 막사 병원으로 이송됐다. 스쿠타리에 도착해도 뭍에 오르기까지 장장 3일을 기다려야 할 때도 있었다. 겨우 땅에 오르면 들것에 실리거나 노새에 몸을 묶인 채 가파른 언덕을 올라 지저분한 병원으로 들어갔다. 병원의 풍경 역시 눈 뜨고 볼 수 없는 참상이었다. 군인들이 누운 얇은 매트 위에는 쥐가 우글거리고 피와 악취 그리고 오물이 뒤범벅돼 있었다. 콜레라와 이질이 만연했고, 하수구에는 오물이 가득 찼으며, 수도관이 토막 난 말의 사체로 막혀 있어 화장실의 배설물은 병원 마당에 뿌려졌다.[10] 의료 물품, 깨끗한 옷, 건강한 음식 그리고 마취제인 클로로포름이 절대적으로 부족했다. 많은 사지절단술이 클로로포름 없이 이루어졌다.[11] 의사들도 부족했으며, 병원 의료진들은 산 사람들과 죽은 사람들을 이리저리 피해 다니면서 정신없이 뛰어다녔다.

1854년 가을이 되자 병원 상태에 관한 면밀한 조사가 실시됐다. 《타임스The Times》의 9월 30일자 기사는 다음과 같이 전하면서 사람들의 분노를 자극했다.

> 환자들은 돌보는 사람 없이 버림받아 고통 속에 죽어가는 처지다. 악취 나는 병원에 도착했을 때만 해도 통증을 누그러뜨리고 회복할 모든 것이 준비된 곳에 왔겠거니 하고 믿었을 것이다. 하지만 회진 다니는 의사를 필사적으로 붙잡고 나면 이곳에는 흔해 빠진 물품조차 부족하다는 사실을 알게 된다.[12]

그러다 보니 국방장관이자 나이팅게일 가족의 막역한 친구인 시드니 허버트Sidney Herbert는 엄청난 압박을 느꼈다. 그런 와중에 나이팅게일이 간호 분야에서 급성장하는 모습을 보고서 한 가지 제안을 했다.

정부 지원을 받는 간호 조직을 이끌고 스쿠타리로 가서 의사를 도와 환자들을 돌보지 않겠냐고.

나이팅게일은 그 제안을 기꺼이 수락했다. 아무리 힘든 상황이 와도 이겨내리라고 마음도 단단히 먹었다. 하지만 막상 도착해보니 현장의 상태는 예상한 것보다 훨씬 심각했다. 도합 6킬로미터에 이르는 통로에 끔찍한 부상을 입은 환자들이 50센티미터도 채 안 되는 간격을 두고 빼곡히 누워 있었고, 그 삶은 "더러운 공기와 예방 가능한 나쁜 관행들" 때문에 피폐하기 이를 데 없었다. 게다가 병원의 공급망은 완전히 망가져 있었다. 붕대를 만들 리넨도, 피에 젖은 옷을 대체할 깨끗한 셔츠도 없었다. "썩어가는 몸뚱아리들과 이와 벌레 그리고 벼룩만 가득했고, 대걸레도 평상도 나무 쟁반도 실내화도 칼과 포크도 (그나마 생기가 도는 사람들의 머리카락을 자르기 위한) 가위도 대야도 수건도 소독제로 쓸 표백분도 없었다."

알고 보니 물품 공급 요청은 런던에 있는 관청을 여덟 군데나 전부 통과해야 했다. 게다가 이런 요청들이 접수되고 통과하더라도 엉뚱한 물품을 보내오기 일쑤였고 올바른 물품이 엉뚱한 장소로 가기도 했다. 스쿠타리 병원에서 나이팅게일이 만난 조달업자들 역시 꾸물거리거나 방해만 됐다. 상황이 너무나 심각해서 나이팅게일은《타임스》에 혹시 병사 치료를 위해 국민들로부터 모금한 기부금이 있다면 자기에게 맡겨달라고 부탁했다. 조달업자를 거치지 않고 직접 콘스탄티노플(터키 이스탄불의 옛 이름: 옮긴이)의 시장인 그랜드 바자에 가서 필수품을 사오겠다는 생각이었다.[13] 그 뒤로 나이팅게일은 사실상 병원의 막후 조달업자가 됐다. 영국 국민들이 스쿠타리에 보내오는 음식, 현금, 리넨, 실내화, 식기 건조대 심지어 당시 유명인이던 버킹엄셔의 멱보 부인Mrs. Gollop of Buckinghamshire이 보내준 산딸기잼과 생강 비스킷 등 엄청나게 다종다양한 선물들을 나이팅게일이 도맡아 전달했던 것이다.[14]

나이팅게일은 재능 있는 간호사였다. 하지만 나이팅게일의 재능은 행정가로서 훨씬 더 밝게 빛났다. 처음에는 얌전하게 새로운 청결 지침을 시행하는 정도였지만, 이내 병원의 거의 모든 비의료적 업무를 담당하기 시작했다. 나이팅게일은 자신의 역할이 "요리사, 가정부, 청소부, 세탁부, 일용잡화상, 점원"[15]이라고 했다. 그러다 보니 몸은 지칠 대로 지쳐갔다. 하루에 20시간씩 일했고 밥도 서서 먹었다. "끝도 없는 서류 작성 업무에 종일 말을 해야 하고, 이기적이고 비열한 사람들을 상대하느라" 지쳤다. 그러면서 자신이 "무지와 무능의 바위에 묶인 프로메테우스" 같다고 느꼈다.[16]

그런 와중에도 나이팅게일은 상황을 바꿔나갔다. 나이팅게일이 도착한 지 단 2개월 만에 병원 소속 목사는 "안락함과 기쁨의 분위기"를 실감했다. 병실마다 난로가, 모퉁이마다 양철 욕조가 놓였다. 모든 환자에게 침대와 깨끗한 매트리스가 제공됐고, 환자들은 옷도 일주일에 2번 갈아입었다.[17] 무엇보다 사망률이 감소했다. 1855년 겨울에는 입원 환자의 무려 52퍼센트가 사망했는데, 그해 봄인 3월에는 20퍼센트로 사망률이 떨어졌다. 그리고 다음 겨울까지 사망률은 지속적으로 감소해 세계의 주요 도시의 사망률과 비슷해졌다.[18]

이런 성과로 나이팅게일이 덕을 본 것은 거의 없었고, 그러려고 하지도 않았다.[19] 하지만 1년 이상 스쿠타리에서 벌인 의료 활동은 폭풍

우에 간당간당하는 배와 같았다. 상황을 직접 목격한 한 육군 대령의 말에 따르면 "나이팅게일은 그 배의 닻"이었다. 동료들은 나이팅게일의 에너지, 모범적인 행동, 번거로운 절차들을 칼로 베어버리듯 헤쳐나가던 여정을 기억했다. 또한 동료들은 가장 춥던 어느 겨울날을 기억했다. 그날 부상을 입은 병사들 수백 명이 도착했는데, 이런저런 걸 해달라며 이성을 잃고서 나이팅게일을 향해 울부짖었다.[20] 아울러 동료들은 나이팅게일이 잠시 병원을 비웠을 때 벌어진 혼란의 도가니를 기억했다. 1854년의 어느 날 나이팅게일이 비공식적인 조달업자 역할을 잠시 쉬고 있을 때, 한 통로의 사내들이 와인을 병째 들고서 마구 마셔대는 바람에 전부 술에 취했다. 아무도 컵을 주지 않았기 때문이다.[21]

영국에서는《타임스》의 한 기자가 인류 역사에 영원히 남을 나이팅게일의 모습을 전했다. "모든 의료진이 퇴근하고 정적과 어둠만이 드러누운 환자들의 기나긴 행렬 위에 내려앉아 있을 때, 혼자서 손에 작은 램프를 들고서 외로이 환자들 사이를 돌아다녔다."[22] 시간이 지나면서 그 활약상은 더더욱 빛났다. 나이팅게일을 주제로 한 시와 서정적인 노래들이 넘쳐났다. 군인들은 어려움에 처한 나이팅게일을 구해내는 몽상을 일기에 기록했다. 선박, 경주마 그리고 각계각층의 아기들에게 나이팅게일을 기념하는 이름이 붙었다.[23]

하지만 정작 나이팅게일에게 그런 명성은 무지에서 생겨난 거짓 유명세에 지나지 않았다.[24] 나이팅게일은 전쟁이 끝난 지 한참 후에 영국에서 자신이 한 일이 훨씬 더 중요하다고 여겼다. 현대의 역사가들도 대체로 동의하는 바다.

나이팅게일이 남긴 첫 번째 유산

나이팅게일이 남긴 첫 번째 유산은 간호 개혁의 살아 있는 상징으로서 보여준 활약상이다. 나이팅게일 이전 시대에는 간호의 상징이 새러 갬프Sarah Gamp 부인이었다. 갬프 부인은 디킨스의 소설《마틴 처즐위트Martin Chuzzlewit》에 캐리커처와 함께 등장하는 가정부다. 일자무식에 상스럽고 늘 취해 있는 갬프 부인은 "마치 지나가는 요정이 지하술 저장고에 다녀온 뒤에 딸꾹질하는 듯한 특이한 향기"를 풍겼다. 디킨스에 따르면, 갬프 부인의 평소 모습은 "다정함과 교활함이 뒤섞인 음흉한 모습인데…… 어찌 보면 기품 있고 또 어찌 보면 술기운에 활기찬 듯도 하고, 대단히 노련"했다.

갬프 부인은 상투적인 모습이긴 했지만, 그 이미지가 너무나 유명해지면서 디킨스의 동시대인들에게 남부끄러운 간호사의 상징이 되었다. 1852년에 저명한 의사인 에드워드 헨리 시브킹Edward Henry Sieveking은 이렇게 썼다. "간호와 술주정꾼이라는 단어가 호환되지 못하게 하자. 우리의 온 힘을 모아서 갬프 부인들을 몰아내자. 대신에 깨끗하고 지적이고 말씨가 세련된 간호사들이 환자를 돌보게 하자."[25]

나이팅게일의 업적이 널리 알려진 이후로 간호사에 대한 대중의 이미지는 오늘날 우리가 가지고 있는 것처럼 조금은 현대적으로 바뀌었다. 수십 년간의 간호사 교육과 자격 부여 체계의 혁신이 낳은 결과였다. 물론 나이팅게일이 그런 혁신을 옹호한 최초의 인물은 아니었다. 나이팅게일 역시 이전의 많은 선구자한테서 영감을 받았다. 특히 1850년대 초에 자신이 교육받은 카이저스베르트 병원의 간호사들에게 영향을 많이 받았다. 그렇기는 해도 영국 국민에게 나이팅게일은 근대 빅토리아 시대 간호사의 유일한 상징이었다. 간호사가 중류계급 여성들에게 존경받는 직업으로 여겨지게 만든 사람은 단연 나이팅게일이었다. 그래서 더 나은 간호사들이 더 나은 직업을 갖게 되고, 덕분에 다시 더 나은 간호사들이 간호업계로 유입되는 선순환 구조가 만들어졌다.

두 번째 유산: 나이팅게일이 쏘아 올린 통계라는 화살

나이팅게일의 두 번째 유산은 크림전쟁에서 얻은 의료 통계에 관한 개인적인 분석이다. 나이팅게일은 스쿠타리 병원의 참상에 분개하면서 영국으로 돌아왔다. 그리고 일기에 이렇게 적었다. "나는 살해당한 사람들의 제단에 서서, 평생 그들의 이익을 위해 싸우겠다."[26] 바로 완강하게 변화를 가로막는 군 관계자들과 의료 기득권층과의 싸움을 뜻했다. 예를 들어 나이팅게일을 가리켜 "건방진 속치마"[27]라고 깎아내린 존 홀John Hall 같은 군의관이 그런 세력에 속했다. 나이팅게일은 그 싸움에 자신이 가진 모든 무기를 동원했다. 지성, 인맥, 예리한 펜 그리고 자신의 화살통에 든 가장 강력한 화살인 수학과 통계학을 이용했다.

나이팅게일의 첫 번째 전기 작가인 E. T. 쿡E. T. Cook은 자신의 주인공에게 "열정적인 통계학자"라는 별명을 붙여줬다. 이 별명은 '램프를 든 여인'과 같은 대중의 상상과는 결코 부합하지 않지만, 어떻게 나이팅게일이 세상을 더 낫게 만들었는지 훨씬 더 잘 설명해준다. 나이팅게일은 데이터를 그래프로 표현하는 것, 요샛말로 '데이터의 시각화'에 능했다. 덕분에 군 병원에서 횡행하는 불미스러운 상황에 국가가 주목하도록 만들었다. 한 동료의 말에 따르면, 나이팅게일이 데이터를 이용해서 만든 그래프는 말귀를 못 알아듣는 대중들이 머리로 이해하기 어려운 내용을 눈으로 생생히 보기에 효과적이었다. 나이팅게일은 심지어 새로운 종류의 통계 처리 방법을 고안하기까지 했다. 극지방 또는 '맨드라미 다이어그램'이라고 불린 이 도표는 나이팅게일이 크림전쟁의 데이터를 이용해 만들었다. 이 도표는 일련의 쐐기

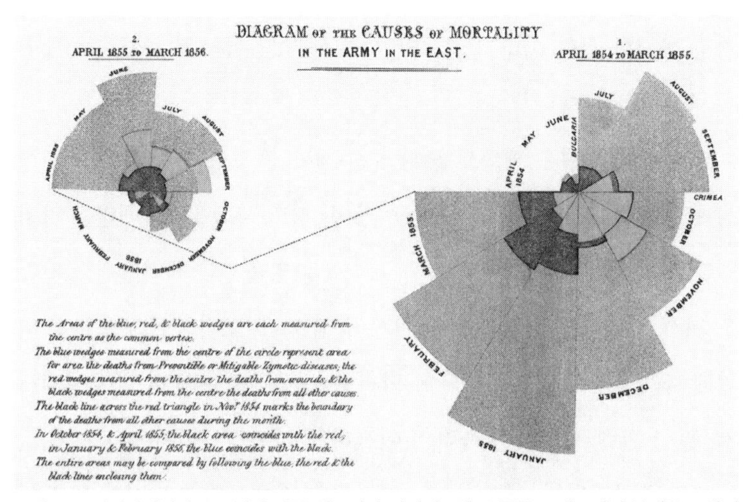

그림. 7.1 나이팅게일이 1858년에 만든 맨드라미 다이어그램. 오른쪽 그래프에서 부채꼴 모양의 쐐기 12개의 맨 바깥쪽 칸은 1854년 4월부터 1855년 3월까지 '예방 가능하거나 완화할 수 있는 전염병'에 따른 크림전쟁의 월별 사망자 수를 나타낸다. 점선은 왼쪽 그래프로 이어지는데, 이 그래프는 다음 해인 1855년 4월부터 1856년 3월까지의 데이터를 보여준다. 각각의 그래프에서 쐐기 안쪽의 두 칸은 전투 중에 입은 부상에 따른 사망자 수(검은색)와 다른 원인으로 생긴 사망자 수(연한 회색)를 나타낸다.

에 색을 칠해서 시간에 따른 사망률의 변화를 보여주는데, 질병에 따른 사망률의 증가와 감소도 확인할 수 있다.

나이팅게일의 분석 덕분에 크림전쟁이 시작된 지 7개월 만에 놀라운 사실이 드러났다. 군인들이 오로지 병 때문에 사망한 비율이 60퍼센트에 달했던 것이다. 이 수치는 1665년의 런던 대역병 기간에 발생한 런던 시민들의 사망률보다 높았으며, 1850년에 콜레라에 감염된 사람이 죽을 확률보다도 높았다.[28] 정말이지 말 그대로 집에서 콜레라에 걸리는 편이 크림반도에서 자기 운명을 맡기는 것보다 더 안전했다. 게다가 이 확률은 단 한 발이라도 적탄을 맞지 않은 군인들의 수치였다. 나이팅게일은 이 상황을 가리켜 "나쁜 음식과 나쁜 공기만으로 얼마나 많은 사람이 마구잡이로 죽을 수 있는지에 관한 근대 역사상 가장 정교한 실험"이라고 비꼬았는데, 실로 그 실험은 1만 6,000명에게 죽음을 선고했다.[29]

또 나이팅게일은 평화로울 때의 통계도 분석했는데, 열악한 위생상태 때문에 본국 군대의 사망률이 일반 시민 사망률의 2배임을 알아냈다. 나이팅게일은 이 상황을 두고 "1,100명을 솔즈베리평원으로 끌고 가서 사살하는 것과 다르지 않은 범죄"라고 쏘아붙였다.[30] 이런 비판에 수치심을 느낀 군 당국이 막사를 재정비하고 병원을 재설계하자, 질병 관련 사망률은 즉각 떨어졌다.[31] 나이팅게일의 권고는 민간에서도 주목받았다. 헌신적이고 열정적인 간호사의 지속적인 문제 제기 덕분에 긴 통로들과 비좁은 방들로 이루어진 병원은 감염의 온상으로 인식됐으며, 그 간호사가 선호한 병원 형태는 곧 표준으로 자리잡았다. 조명과 환기시설이 잘 갖춰져 있고 질병의 확산을 감시하기 위한 별도의 병동들로 구성된 파빌리온pavilion 형태가 병원의 표준이 된 것이다. 이 '나이팅게일 병동'은 20세기까지 계속 인기를 유지했다.[32]

세 번째 유산: 증거기반 의료 시스템의 출발

나이팅게일의 세 번째 유산은 가장 덜 알려졌다. 이 유산은 의료 데이터 수집과 분석에서 전문성의 새로운 표준을 세우는 데 공헌했다.

흔히 장군들은 늘 마지막 전쟁을 치르는 중이라고들 한다(앞으로 벌어질 일보다는 당장 눈앞에 벌어진 일에 집중한다는 의미다: 옮긴이). 하지만 크림전쟁 때 엄청나게 쌓인 다양한 의료 경험으로부터 교훈을 얻으려는 군의관이 있었다면 그는 눈앞의 현실에 집중조차 할 수 없었을 것이다. 당시에는 통계는커녕 임상 이력도 거의 보존되지 않았으며, 부검도 거의 실시되지 않았기 때문이다. 환자 대다수는 크림반도에서 배의 한쪽 편에 실린 뒤, 스쿠타리에 도착할 때는 배의 반대편에 죽은 채로 버려졌다. 나이팅게일은 환자들의 운명에 낙담했으며, 아울러 '과학적 보고寶庫'가 부실한 관리 때문에 사라져가는 실태를 대단히 안타까워했다.[33]

전쟁이 끝난 뒤 영국으로 돌아오자마자 나이팅게일은 그런 문제가 민간에서도 똑같이 벌어지고 있음을 알아차렸다. 국가는 회복률과 입원 기간 또는 질병별 사망률 등과 같은 기본적인 의료 통계조차 수집하지 않았다. 설령 당시에 그런 체계가 있었더라도 병원끼리 결과를

비교할 방법이 없었을 것이다. 병원마다 제각기 다른 질병 분류 체계를 이용했기 때문이다.[34]

나이팅게일은 데이터에 관한 이러한 관심 부족을 공중보건의 응급 사태라고 여겼다. 한편에서는 통계학이라는 새로운 분야가 어떻게 천문학과 지구과학 같은 다른 분야들을 변화시키는지 꿰뚫고 있었다. 아울러 자신의 우상 중 하나인 벨기에의 저명한 통계학자 아돌프 케틀레Adolphe Quetelet를 비롯해 유럽 대륙의 통계학자들이 그 새 도구를 이용해 범죄와 인구 변화에 관한 복잡한 사회과학적 문제들을 다루고 있음을 알아냈다. 나이팅게일은 이러한 통계적 기법을 의료에도 적용한다면 잠재력이 엄청나리라는 것을 간파했다. 이는 생명을 구할 뿐만 아니라 고통을 줄이고 환자의 치료와 관리를 드높여줄 방법이었다.[35]

하지만 그러려면 지금보다 훨씬 더 나은 의료 데이터가 필요했다. 이를 위해 나이팅게일은 표준 의료기록 양식을 만들었다. 그리고 세계 유수의 통계학자들로부터 승인을 받아 런던의 대형 병원들이 그 양식을 사용하도록 설득했다. 또 인구조사 활동에 질병과 주거 품질에 관한 데이터 수집도 포함되어야 한다고 정부에 영향력을 행사했다. 그러면서 국민의 건강과 주거의 연관성이야말로 지금 당장 파악해야 할 주제라고 주장했다.[36] 전반적으로 나이팅게일의 활동은 이후 160년간 전개될 증거기반 의료 서비스를 예견하는 듯했다. 나이팅게일의 구상들은 오늘날 국제 질병 분류 체계를 만들 때 뚜렷한 모델이 되었고, 이 체계는 모든 현대 전염병학과 의료 데이터 과학을 위한 초석이 됐다.[37]

나쁜 관행을 깨는 AI 시대의 지혜

나이팅게일이 남긴 세 가지 유산 모두 오늘날까지 내려오고 있다. 하지만 근본적인 문제는 해결되지 않고 있다. 나이팅게일은 크림전쟁의 군인들을 죽인 '더러운 공기와 예방 가능한 관행들'을 언급했는데, 현대의 병원에서 공기는 덜 더러울지 모르지만 나쁜 관행들은 여전히 흘러넘친다. 이런 현실은 다음 세 가지 궁금증을 자아낸다.

첫 번째 질문은 '지금은 의료진을 어떻게 조직하고 훈련시키느냐'다. 나이팅게일 이후로 병원은 간호사 없이 운영될 수 없게 됐다. 그런데 지금 의료 서비스에 일상적인 기여를 거의 하지 않는 데이터 과학자들과 전문가들은 언제쯤에야 그런 위상에 오를 것인가?

두 번째 질문은 이 새로운 시대를 위해 '병원을 어떻게 설계하느냐'다. 나이팅게일의 노력 덕분에 새로운 위생 기준이 확립되면서 병원들은 새롭게 태어났다. 그런데 현대 병원들은 언제쯤에야 오늘날 AI를 기반으로 한 새로운 가능성을 이용해 또 한 번의 혁신적인 신기원을 이룰 것인가? 언제쯤 데이터 위생이 환자 위생만큼 진지하게 취급받을 것인가?

마지막으로 가장 중요한 질문은 '어떻게 의료 통계를 수집하고 공유하고 분석하고 이용하느냐'다. 나이팅게일의 적잖은 공로 덕분에 지난 160년 동안 많은 발전이 이루어졌다. 그러나 여러분도 곧 알게 되겠지만, 발전은 특정한 방향으로만 이루어져왔기에 여전히 발전해야 할 부분이 많다. 의료 분야 바깥에서 벌어지는 일들에 비춰보면, 지금의 상황은 당혹스러울 정도다. 지금 시대에는 F1 자동차들이 알고리즘과 엔지니어팀을 통해 실시간으로 관리받고 있고, 개개인의 영화 감상 취향이 수십억 달러 가치를 지닌 기업의 관심사이며, 개 사료 광고에 반응하는 사람의 성향이 수백만 가지 숫자와 수십억 개의 데이터를 이용해 분석되고 있다. 그런데도 현대 의료 체계는 플로렌스 나이팅게일이 신장이 망가질 위험도를 펜과 종이로 계산하던 그 옛날 방식으로 숫자들을 다루고 있다. 우리는 어떤 면에서 보자면 전혀 발전하지 않았다. 《왕립통계학회저널Journal of the Royal Statistical Society》의 2017년 논문은 병원 데이터 수집에 관한 나이팅게일의 1860년 프로토콜이 오늘날의 여러 체계보다 개념적으로 완성도가 높다고 평가했다.[38] 그러니 이런 의문이 들지 않을 수 없다. 언제쯤 의료 데이터 과학이 21세기로 진입할 것인가?

병원에 왜 AI가 필요한가

우선 분명히 짚고 넘어가야 할 게 있다. 이런 상황이 온 건 개별 의사와 간호사의 탓이 아니다. 그보다는 전체 의료 시스템의 잘못이다. 전체 시스템이 너무 오랫동안 갬프 부인 시대에 머물러 있다 보니, 통계 표준에서 뒤처지고 관료주의에 젖어 현대의 AI가 이룬 성과에 무지했던 것이다.

이런 사정을 자세히 설명하기 위해 우리는 미국의 동부 해안 지역 출신인 한 남자의 이야기를 소개하겠다. 편의상 그 이름을 '조'라고 부르자. 조는 예순두 살에 만성 신장병으로 사망했다. 조를 통해 우리는 다음과 같은 사실을 알 수 있다. 어떻게 의료 데이터 과학에 관한 오늘날의 접근법이 환자들을 구해내지 못하는지 그리고 어떻게 더 나은 데이터 관리와 수학이 환자들의 병을 예방할 수 있는지 말이다.

40대 중반인 조는 유형2 당뇨병과 울혈성심부전을 앓고 있었다. 아마도 직업상 스트레스가 많았거나 식사 및 운동 습관이 나빴던 듯하다. 어쨌든 여러 원인이 복합적으로 작용해 마침내 조를 위협하기에 이르렀다. 마흔일곱 번째 생일을 몇 주 앞둔 어느 날 조가 오른팔에 갑작스럽게 마비 증상을 느낀 것이다. 곧이어 조는 비틀거리다가 땅에 고꾸라졌다. 그리고 종합병원 응급실로 실려가 의사로부터 허혈성 뇌졸중 진단을 받았다. 혈전 때문에 뇌로 가는 혈액의 흐름이 막혔다는 이야기다.

다행히 조는 뇌졸중을 이겨내고 살아났다. 고혈압과 당뇨병 때문에 신장병을 앓을 위험이 높긴 했지만, 당시 신장 상태는 괜찮았다. 신장 기능의 표준 척도는 사구체여과율Glomerular Filtration Rate, GFR이다. 조의 GFR은 99로 나왔는데, 다행히 위험 수치보다 훨씬 높았다. 수치가 60 아래면 신장 기능이 약간 내지 중간 정도로 손상됐다는 뜻이고, 30 아래면 심각한 손상을 의미한다.[39]

다음 해에 조는 이런저런 질병으로 9번 더 응급실 신세를 졌다. 하지만 한번도 신장과 직접 관련된 증상은 아니었다. 그중 2번은 종합병원에 입원해 신장 기능을 측정하기는 했지만, GFR이 처음에는 96, 약 한 달 지나서는 95로 나왔다. 이 수치는 건강한 사람의 연간 예상 감소치인 1~2퍼센트보다 조금 가팔랐지만 의사들이 보통 우려하기 시작하는 임상학적 문턱값인 60보다는 훨씬 높았다.

뇌졸중을 앓은 지 약 1년 뒤에 조는 한 외래환자 전문 클리닉에 정기적으로 다니기 시작했다. 14개월 동안 총 8번 클리닉을 찾았다. 갈 때마다 의사는 일상적인 일련의 검사를 실시했고, 클리닉 직원은 조의 신장 기능에 관한 데이터를 전자 데이터베이스에 입력했다. 종합병원 의사들이 사용한 것과 똑같은 데이터베이스였다. 조의 GFR 수치는 60에서 75 사이를 오갔다. 여전히 문턱값 60보다 높긴 했지만 지난해의 수치인 99보다는 상당히 낮았으며, 수치가 확연히 감소하고 있었다.

조는 마흔아홉 살에 다시 병원에 입원해서 GFR 수치를 쟀다. 결과는 54였다. 이후 응급실을 10번 더 갔으며, 클리닉에도 12번 더 갔다. 이제 조의 병세는 심각했다. 쉰 번째 생일을 한 달 앞두고 GFR 수치는 위험한 수준인 40으로 나왔다. 하지만 조는 신부전(신장 기능 상실)을 막을 어떤 치료도 받지 않았다. 우리로서는 그 이유를 그저 추측해볼 뿐인데, 한 가지 가능성은 검사 결과가 나오기까지 시간이 걸릴 때가 많다 보니 그때쯤이면 조가 이미 집으로 돌아가버려서 애초에 검사를 지시한 의사로부터 직접적인 돌봄을 받지 못했으리라는 것이다.

이후 3년 동안 조는 의사를 20번이나 더 만났다. 그중 여러 번 신장 기능을 측정했고 수치는 치명적인 수준으로 떨어져갔다. 쉰한 살에는 30 아래로, 쉰두 살에는 20 아래로 내려갔는데, 그제서야 조는 신장 전문의한테로 넘겨졌다. 보통 그런 결정이 내려져야 할 시점보다 1년이 더 지난 뒤였다.

하지만 이미 신부전은 치료할 수 없는 상태였다. 신장병 전문의한테 진찰받은 뒤로 3개월이 흘렀을 즈음, 결국 조의 신장은 망가지고

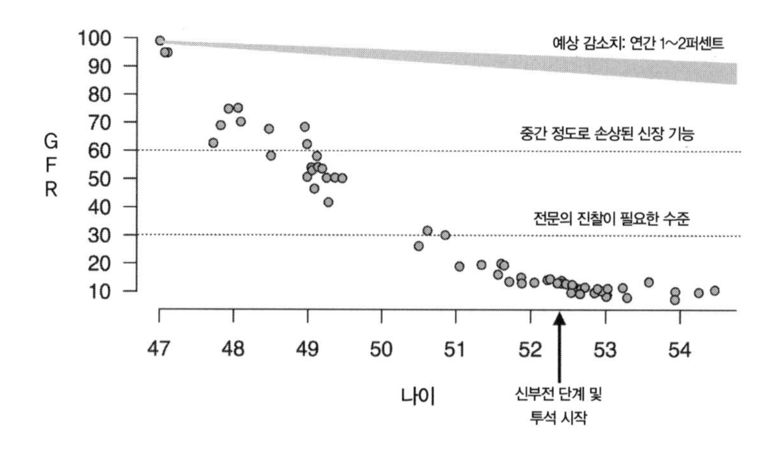

그림 7.2 조의 GFR 수치는 뇌졸중이 발병한 후부터 5년 동안 꾸준히 떨어지고 있었다. 무엇이 조를 죽음으로 내몰았을까?

말았다. 조는 급히 응급실로 실려 갔는데, 첫 뇌졸중 발병 후 스물세 번째 응급실행이었다. GFR 수치는 12였다. 뇌졸중 발병 때의 첫 결과인 99에서 5년 동안 매년 34퍼센트씩 감소한 것이다. 결국 응급실 의사들은 조에게 가장 고통스럽고 값비싼 처치 가운데 하나인 투석을 실시했다.

그 뒤 10년 동안 조는 보험사가 '과다이용자'라고 부르는 사람이 됐다. 그 말은 끔찍하리만치 아픈 사람을 가리키는 보험 관리자식 용어다. 미국에서 전체 의료비 지출의 50퍼센트 이상을 책임지는 5퍼센트의 환자가 여기에 해당한다. 조는 심각한 당뇨병, 5기 신장병, 협심증, 혈관질환, 염증성결합조직질환 그리고 일련의 심장마비 등의 합병증 환자였다. 조의 신장은 이 기간 동안 검사를 124회 받았는데, 여기에는 응급실에서 측정한 26회 이상의 검사와 신장병 전문의에게서 받은 9번의 검사가 포함됐다. 조의 GFR 수치는 오르락내리락하면서도 결코 20이라는 숫자 위로 올라가지 못했다.

조는 결국 예순세 번째 생일을 일주일 앞두고 세상을 떠났다. 투석을 시작한 지 대략 10년이 지난 뒤였다.

무엇이 조를 죽음으로 내몰았을까? 어떤 면에서 보면 답은 명백하다. 신장이 망가졌기 때문이다. 뇌졸중 발병 후 8년 동안 조의 GFR 수치를 전부 수집해서 시간의 추이에 따른 그래프를 그려보면, 신장이 어떻게 망가지고 있는지 확연하게 보인다(그림 7.2 참고).[40] 그런데 마흔일곱 살에서 쉰 살까지 3년 동안, 조의 의료 서비스 제공자 어느 누구도 시간에 따른 GFR 수치 그래프를 살펴보지 않았다. 이런 부주의는 너무나 단순한 실수였다. 그래프를 보고 점들을 연결해보기만 했어도 아주 쉽게 증상을 파악하고 처방했을 것이다. 당신의 신장 기능이 급속도로 떨어지고 있는데, 이대로 간다면 종국에는 크나큰 고통과 값비싼 비용을 치러야 할 것이라고 말이다.

조는 분명 신장 기능 부족으로 죽었다. 하지만 더 근본적으로 보면, 산포도의 부족으로 죽었다고 해야 옳다. 데이터의 중요성을 간파하지 못해 죽은 셈이다.

문턱값 관점에서 사고하기

어떻게 그런 일이 벌어질 수 있었을까? 우리는 이 질문을 캐서린 헬러 Katherine Heller 박사에게 던졌다. 듀크대학교의 통계학 및 기계 학습 교수인 헬러는 데이터를 이용해 우리가 조의 사례를 주목하게 만든 장본인이다. 헬러는 이렇게 말했다. “돌이켜보면 치료받을 기회를 완전히 놓친 겁니다. 데이터 점들을 서로 잇기만 했어도 무슨 일이 벌어지고 있는지 파악할 수 있었는데 말이죠.”

그렇다면 인간이든 기계든 왜 아무도 그런 직선을 그리지 않았을까? 이것이야말로 현대 의료 서비스의 핵심 문제다. 이를 이해하려면 나이팅게일이 1850년대의 새로운 수학 도구들을 병원에 어떻게 이용할 수 있을지 궁리하던 160년 전으로 돌아가야 한다. 당시 나이팅게일은 아래의 두 가지 질문을 던졌다.

1. 오늘날 의료 서비스 시스템은 어떻게 데이터를 이용하는가?
2. 새로운 데이터 분석 기술에 비춰 그 시스템은 무엇을 할 수 있는가?

오늘날 의료 서비스 시스템이 데이터를 이용하는 주된 방법은 체크리스트를 작성하는 것이다. 이 체크리스트에는 미국의사협회 American Medical Association나 영국의 종합의료위원회General Medical Council와 같은 국가 조직이 제안하는 ‘의료 기준’이 담겨 있다. 그리고 이 의료 기준은 어떤 경고 신호를 살펴봐야 하는지, 어떤 처치가 실제로 작동하는지, 어떤 진단 프로토콜이 많은 사람에게 도움이 되는지에 관해 새롭게 공표되는 연구 결과들을 바탕으로 정해진다.

실제 사례로 미국암협회American Cancer Society가 2015년에 유방조영술에 관한 체크리스트를 갱신했을 때 벌어진 논란이 있다. 새로운 체크리스트에 따르면 평균적인 수준의 유방암 위험성을 지닌 여성들은 마흔 살이 아니라 마흔다섯 살부터 해마다 유방 조영술을 받아야 했다. 19명의 전문가팀이 가능한 한 모든 데이터를 종합한 결과, 새 권고안을 따르면 유방암 사망자 수에 그 어떤 영향도 주지 않으면서 검사를 받는 여성 500명 가운데 11명꼴로 거짓 양성 판정을 방지할 수 있다고 결론 내렸기 때문이다.[41]

다시 말해 의료 체크리스트는 중요하다. 또 체크리스트를 작성하고 갱신하는 방식은 주먹구구식 처치보다 데이터가 얼마나 위대한지 잘 보여준다. 만약 나이팅게일이 지금도 살아 있다면 굉장히 자랑스러워할 일이다. 무엇보다 이 체크리스트 덕분에 의사들이 복잡한 결정을 내릴 때 미세하지만 결정적인 단서를 이용해 더 많은 생명을 살려내고 있다. 작가 아툴 가완디Atul Gawandi는 외과의사로서 활약한 경험을 바탕으로 《체크리스트 선언Checklist Menifesto》을 썼다. 체크리스트가 비단 의료 분야뿐만 아니라 어디에서든 복잡한 의사결정을 내리는 데 도움을 줄 수 있다는 내용이다. 타당한 주장이 아닐 수 없다.

하지만 체크리스트는 실패할 수도 있다. 특히 헬러 박사가 "문턱값 관점에서 사고하기"라고 부르는 것에 체크리스트가 의존할 때 그렇다. 이 말의 뜻을 이해하려면 앞서 조의 GFR 수치 산포도에서 명백히 드러난 경향을 다시 한 번 살펴봐야 한다. 헬러의 추측에 따르면, 그 슬픈 점들 근처에 있던 각각의 의사는 문턱값의 관점에서만 조의 체크리스트를 대했다. 환자의 GFR이 30보다 높은가? 오케이. 혈액 안의 칼륨 농도가 리터당 5.5밀리몰(농도의 단위. 1밀리몰은 1몰의 1,000분의 1: 옮긴이) 아래인가? 오케이. 소변 속 알부민 수치가 정상인가? 다른 신장 관련 지표들이 예상 범위 안에 있는가? 내가 프로토콜을 따랐는가? 오케이. 오케이. 오케이.

그 모든 '오케이'는 개별 진찰 때 조의 신장 기능에 관한 상태를 알려주며, 좋은 의료 서비스를 제공하는 데 분명 중요한 역할을 한다. 하지만 장기적인 경향은 전혀 알 수가 없다. 그래서 조가 여러 해 동안 끔찍한 GFR 문턱값인 30을 향해 곤두박질치고 있는데도 정작 그 값에 도달하지 않았다는 이유로 아무도 경고하지 않았다. 돌이켜보면 놀라운 일도 아니다. AI 관점에서 보자면 체크리스트는 단지 예측 규칙일 뿐이다. 환자의 데이터를 입력받아서 임상적 판단을 출력으로 내놓는 절차일 뿐인 것이다. 그래서 바로 지금 벌어지고 있는 환자의 상황을 의사들이 이해하고 반응하는 데 도움이 되도록 설계됐지만, 장래에 어떤 일이 벌어질지는 알려주지 않는다. 사실 체크리스트의 본질은 바로 그런 것이다. 의사가 환자의 현재 상황을 세부적으로 파악하는 데 초점을 맞추고 있다. 하지만 여러 해에 걸쳐 진행되는 만성 질환이 사람의 생명을 갉아먹고 값비싼 의료 문제가 되는 지금의 상황에서 그런 특징은 버그나 마찬가지다.

이쯤에서 이런 질문이 나올 법하다. 체크리스트에 장기 경향을 살피는 데 유용한 항목을 더해서 버그를 해결하면 되지 않는가? 우리도 똑같은 질문을 했다. 누군가가 조의 침상 옆에서 GFR 수치들을 스크린상에 불러내 시간에 따른 그래프를 그리고 전체 경향을 살펴보는 것이 가능한지 헬러 박사에게 물어봤다. 박사는 잠시 생각에 잠겼다가 이렇게 말했다. "그런 식으로 데이터베이스를 조회할 수도 있었겠죠. 어떻게 하는지만 알았다면요. 하지만 의사가 그렇게 한다는 건 결코 자연스럽지도 않고 일반적이지도 않아요. 그렇게 하려면 기록을 일일이 한 수치씩 거꾸로 살펴봐야 하기 때문이죠." 역설적이게도 그렇게 하기란 아마도 종이 차트 시절에 더 쉬웠을 것이다.

게다가 헬러 박사의 지적에 따르면, 살펴야 할 수치는 하나가 아니라 수백 또는 심지어 수천 가지다. 혈액검사, 소변검사, 심전도검사, 심장박동, 혈압, 임상적 증상, 사회적 요소들 그리고 향후에는 환자의 유전자 표현과 후천적 프로파일에 관한 정보도 살펴야 한다. 너무 많은 데이터가 존재하는 것이다. 한 사람이 그 모든 정보를 (시간에 따라 펼쳐지는 전체적인 경향은 고사하고) 단 하나의 상태로 포착하는 것은 너무 어려운 일이다.

마지막으로 '체크리스트를 통한 가상의 경향 찾기가 어떻게 의사의 일반 업무에 부합할 것인가'라는 문제도 있다. 환자가 응급실에 실려 올 때 의사의 가장 큰 관심사는 다음과 같다. 환자의 상태가 지금 얼마나 나쁜가? 치료하고 집으로 보내야 하는가 아니면 병원에 입원시켜야 하는가? 의사들은 큰 압박감과 높은 위험 부담 속에서 그런 결정을 내린다. 심지어 일반 병동에서조차도 그런 결정을 빨리 내려야 한다. 의사의 도움을 원하는 다른 환자 수십 명이 대기실에서 기다리고 있기 때문이다. 상황이 이러한데 의사들이 하던 일을 멈추고 통계 소프트웨어 패키지를 작동해 방대한 전자 의료 데이터를 파헤쳐서, 몇 달 또는 몇 년 후에 일어날지도 모르는 한두 가지 경향을 찾아내야 한다고 말하는 것이 과연 타당할까?

듀크대학교 건강혁신연구소의 마크 센닥Mark Sendak 박사의 설명에 따르면, 〈하우스House〉 같은 텔레비전 드라마에서는 의사들이 그와 같은 일을 할지 모르지만, 보통의 병원에서는 그렇지 않다고 한다.

> 의사들은 늘 데이터가 필요하다고 말하긴 합니다. 하지만 문제는 의사들이 데이터에 접근하고 이용하는 업무를 할 수 없다는 것입니다. 기록을 체계적으로 다루려면 시간과 재능이 듭니다. 머릿속에 떠오르는 의문 사항을 적어야 하고 스프레드시트에 데이터를 다운받아 실제로 데이터를 다뤄야 합니다. 그런데 환자 1명당 진료 시간은 고작 15분만 허락됩니다. 게다가 안 그래도 의사들은 스트레스가 이만저만이 아닙니다. 언제 데이터를 붙들고 앉아서 환자에게 필요한 뭔가를 찾아낸단 말입니까?

이런 상황이기에 한층 더 심각한 사안이 있다. 의료 데이터 과학의 현재 체계는 오로지 전체 인구 수준에 부합하는 질문을 다루기 위해서만 설계됐다는 것이다. 가령 '신장질환을 찾아내기 위해 문턱값 B보다 문턱값 A를 이용한다면 얼마나 많은 목숨을 건질 수 있을 것인가?'와 같은 질문 수백 건을 연구한다. 하지만 개별 환자의 수준에서 다음과 같은 기본적인 통계 질문들에는 거의 침묵하고 있다. 조의 GFR 수치는 장기적으로 어떻게 변하고 있는가? 그렇다면 다음에는 어떻게 변할 것인가? 지금의 데이터로 볼 때 다음 달 또는 다음 해에는 조의 건강이 어떠할 것인가? 이런 질문들은 사람이든 알고리즘이든 조의 의료기록을 이용하면 쉽게 답할 수 있을 듯한데도, 그 모든 데이터는 활용될 기회조차 없었다. 만성질환의 징후를 찾기 위해 조의 의료기록을 조사하는 절차는 제대로 마련되어 있지 않았다. 데이터 과학자 팀도, 알고리즘도, 통계학 분야에서 학제간 훈련을 받은 의사도 없었던 것이다.

일부 예외가 있긴 하지만, 모든 병원과 클리닉에서도 상황은 대동소이하다. 많은 사람은 현대 병원의 막후에서 일종의 의료용 '자율주행차'가 틀림없이 작동할 거라고 생각한다. 어떤 근사한 알고리즘들이 환자의 기록을 분석해 의사들이 진단을 내리는 데 도움을 주겠거니 여긴다. 아마도 의사들이 데이터 입력 작업을 하는 모습을 많이 봤거나 AI가 다른 여러 업계를 변화시키는 것을 보고서 그런 생각을 하는 듯하다. 그래서인지 이 주제에 관해 이야기한 친구들과 동료들은 진실을 듣고 대부분 충격을 받는다. 오늘날 병원 대다수는 환자 데이터 분석에 관한 한 '자율주행차'가 없는 건 물론이고 말 그대로 아무도 핸들을 잡고 있지 않다는 진실 말이다.

우리에게 진실을 알려준 헬러 박사 역시 좌절감을 느끼고 있었다. 그리고 다음과 같이 냉소적으로 말했다. "알고 보니 데이터를 몽땅 모은다고 될 일이 아니었어요. 뭔가 다른 것도 함께해야 합니다." 박사의 이 말은 부지불식간에 나이팅게일의 말을 떠오르게 한다. 나이팅게일은 1859년에 런던의 성토마스병원St. Thomas' Hospital에 대해 이렇게 썼다. "그 병원은 왠지 소란스러운 환자들을 감시하기 위해 통계 자료를 보관하는 듯한데, 그것도 분명 어떤 목적이긴 하지만 과학적인 목적은 아니다."[42]

다시 말해 조의 이야기는 한 신장병 환자의 이야기를 뛰어넘어 다음과 같은 사실을 깨우쳐준다. 바로 '수학과 데이터가 우리에게 무엇을 해줄 수 있는지'와 '의료 시스템 아래에서는 무엇이 가능한지' 사이에 놓인 거대한 간극에 관한 이야기 말이다.

의료진을 돕는 AI

만약 누군가가 나타나 데이터에 빠져 죽어가는 의료 전문가들을 구해준다면 어떨까? 실제로 이런 생각을 하는 사람은 여러분만이 아니다. 현재 여러 회사와 연구자들이 의사와 간호사들의 업무 효율을 향상시킬 차세대 AI 기반 기술들을 열심히 개발하고 있다.

예를 들어 듀크대학교의 캐서린 헬러 박사의 연구팀은 의사들과 협력해 만성 신장질환이 임박하면 알려주는 AI 시스템을 개발해왔다.[43] 이 시스템의 핵심은 2장에서 우리가 만난 예측 규칙이다. 이 시스템은 환자의 지난 GFR 수치들을 살핀 뒤 다른 실험실 검사에서 얻은 데이터 및 생체 신호와 결합해 신장 기능의 향후 경과를 예측한다. 그 예측은 모바일 앱에 표시되고, 의사는 환자를 진료할 때 그 결과를 조회할 수 있다. 이런 종류의 AI 기술 덕분에 의사들은 데이터를 해석하느라 끙끙대지 않고도 환자에게 추후 어떤 일이 일어날지 예측할 수 있다.

심장마비와 우울증, 출산 시 태아가사(혈액 공급 장애로 일어나는 태아의 산소 부족 상태: 옮긴이) 그리고 원내 감염 등 다른 질병들에 대한 조기 경고 시스템도 개발되고 있다. 또 이에 필적하는 다른 AI 기술의 발전 덕분에 방사선학에서부터 암 치료, 나아가 피부병학에 이르기까지 의학의 모든 분야가 조만간 혁신을 이룰 것이다. 일단 우리는 의학 분야의 최첨단 기술을 조금 더 깊이 파헤친 뒤, 의료 서비스에 AI를 전면적으로 도입하려면 어떤 변화가 일어나야만 하는지 살펴보자.

스마트 의료 장치

외과용 전기칼은 기존 외과 수술용 칼에서 한 단계 더 발전해 고주파 전파로 생체 조직이 증발할 때까지 열을 가해 절단하는 장치다. 이 칼을 이용하면 훨씬 더 정교한 절개가 가능한데, 주위 조직을 거의 순식간에 지지기 때문에 혈액 손실을 최소화한다. 하지만 아무리 멋진 칼을 가지고 있는 외과의사라 해도 어디부터 어디까지 잘라야 하는지 매번 정확히 알기는 어렵다. 암을 수술하는 의사가 종양을 제거할 때 종양이 어느 부분까지인지 눈으로 정확히 구분할 수 없을 때가 종종 있는 것이다.

그런데 얼마 전에 등장한 AI 기술을 기반으로 하는 신형 스마트칼은 이런 의사들에게 도움을 줄지 모른다. 보통 외과용 전기칼로 조직을 절단할 때 나는 연기는 추출기로 빨아들여서 없앤다. 하지만 런던 임페리얼컬리지Imperial College London의 졸탄 타카츠Zoltan Takats 박사의 연구팀은 영리하게도 이 연기의 특성을 알아차렸다. 그 연기에는 증발된 조직에서 나온 대사물질이 연기에 포함돼 있어야 하는데, 그렇다면 연기를 이용해서 그 조직에 암세포가 들어 있는지 알아낼 수 있었다. 타카츠 박사는 내장된 질량분석계로 연기 속 화학 성분을 알아내는 외과용 전기칼을 만들었다. 이 전기칼을 이용하면 화학 성분이 예측 규칙에 입력돼 연기가 건강한 세포에서 나왔는지 아니면 종양 세포에서 나왔는지 구별할 수 있다. 게다가 증발, 추출, 성분 분석, 구별이라는 네 단계 과정이 전부 3초 안에 완료된다. 따라서 신형 외과용 전기칼은 외과의한테 어디에서 절개를 멈추어야 하는지를 알려줄 수 있다. 실제로 외과수술 환자들을 대상으로 한 시험에서 전기칼의 AI 소프트웨어는 조직 유형을 91번 중에 91번 모두 알아맞혔고, 이 사실은 수술 후의 조직 검사에서 검증됐다.[44]

어떤 스마트 의료 장치들은 측정을 넘어서 자동 치료의 영역으로까지 넘어가고 있다. 가령 폐쇄회로 인공 췌장closed loop artificial pancreas이라는 AI 시스템은 실제 췌장의 호르몬 기능을 모방한다. 당뇨병 환자의 몸속에서 체내 혈당 속 인슐린 변화에 반응해 적절한 양의 인슐린을 환자에게 자동으로 투여하는 것이다. 인공 췌장은 측정, 투여량 결정, 투여 실시의 세 단계로 작동한다. 첫 번째 측정 단계는 연속적인 글루코스 모니터continuous glucose monitor, CGM를 이용해 혈당을 쉬지 않고 실시간 측정한다. 그다음은 투여량 계산 알고리즘이 CGM에서 얻은 실시간 혈당 데이터를 입력으로 받아들여 적절한 인슐린 투여량을 출력으로 내놓는다. 그럼 그에 따라 인슐린이 필요한 만큼 펌프질된다.

메드트로닉Medtronic, 인슐렛Insulet 및 탠덤Tandem과 같은 의료 장치 회사들이 이 분야에서 급성장하고 있다. 다행히 규제 기관들도 이 회사들과 보조를 맞추고 있다. 2016년 9월에는 미국 식품의약국FDA이 혈당 수준을 고르게 유지하도록 설계된 메드트로닉의 인공 췌장을 이례적으로 신속하게 3개월 동안 검토한 뒤 승인했다.[45]

의료 영상을 기반으로 한 진단 AI

진단용 영상 촬영은 AI가 어디에 요긴하게 쓰일지 분명하게 알려준다. 흉부 X선 촬영에서 현미경을 통한 암세포 검사에 이르기까지 여러 유형의 의료 영상 분석은 고전적인 패턴 인식 방법을 따른다. 즉 입력은 영상에서 추출한 특징들이고 출력은 진단이다. 2장에서 배웠듯이 컴퓨터는 영상 입력으로부터 출력을 예측하는 방법을 배우는 데 특히 탁월하다. 그리고 데이터가 많을수록, 패턴 인식 알고리즘이 새로울수록 예측 능력은 점점 더 나아진다.

일부 영상 기반 진단의 경우에는 환자가 의사의 진료실을 찾아가지 않아도 된다. 가령 피부 병변을 진단하는 문제를 예로 들어보자. 흑색종에 따른 사망자는 미국에서만 연간 1만 명을 넘는다. 흑색종의 5년 생존율은 조기에 발견하면 99퍼센트 이상이지만, 발견이 늦어지면 14퍼센트까지 떨어진다. 그럼에도 사람들은 시간과 돈, 진료를 꺼리는 성향 등 여러 이유로 피부과에 가기를 종종 꺼린다.

스탠퍼드대학교의 세바스티안 트룬Sebastian Thrun이 이끄는 과학자들의 학제간 연구팀은 2017년《네이처》에 논문 한 편을 발표했다. 이 논문은 스마트폰만 있으면 누구든 무료로 피부병 진단을 받을 수 있게 해주는 AI 시스템을 소개했다. 스탠퍼드 연구팀은 자율주행차 연구를 통해 영상 인식 알고리즘에 정통했는데, 그 덕분에 다음과 같은 간단한 아이디어를 떠올렸다. 자율주행차가 정지 신호와 도로 위에 있는 사슴을 구별하기 위해 알고리즘을 훈련하듯이, 각각의 피부암을 구별하기 위해 사진을 바탕으로 알고리즘을 훈련시킨다면 어떨까?

컴퓨터의 도움을 받는 최초의 피부과 연구는 아니었지만, 스탠퍼드 연구팀은 성과가 미미한 다른 알고리즘과는 차별화된 세 가지 중요한 선택을 했다. 첫째는 규모였다. 이런 종류의 기존 연구에는 작은 데이터 집합, 즉 1,000개 미만의 피부 병변 영상을 이용했다. 반면 스탠퍼드 연구팀은 12만 9,540개의 영상이 담긴 19개의 데이터베이스를 모았는데, 각각의 영상을 2,032가지의 상이한 피부 병변 분류 체계에 따라 구분했다. 이렇게 많은 데이터는 다양한 경험을 제공한다는 점에서 알고리즘의 패턴 인식 성능이 더 나아진다는 것을 의미했다. 수십 년 동안 온갖 피부 병변을 살펴본 베테랑 피부과 의사의 실력이 훨씬 뛰어난 것과 같은 이치다.

두 번째 선택은 컴퓨터 비전computer vision에 대한 접근법이었다. 여기에는 우리가 앞서 2장에서 다룬 심층신경망이 이용됐다. 이 신경망은 미묘한 시각적 특징들을 추출한 뒤 조합해 원과 모서리, 줄무늬, 질감 또는 색상 변화의 뉘앙스와 같은 고해상도의 시각적 개념들을 창조해냈다. 그리고 이를 이용해서 2,000가지 피부 병변을 구별할 수 있게 됐다. 게다가 이 작업은 프로그래머의 개입 없이 자동으로 이루어진다.

스탠퍼드 연구팀이 한 마지막 선택은 보통 카메라에서 얻은 영상을 이용한다는 점이었다. 조직 검사에서만 얻을 수 있는 매우 표준화된 의료 영상이라든지 오직 피부과 의사만이 사용 가능한 전문 장비를 이용하지 않고서 말이다. 보통 카메라에서 얻은 영상들은 조명과 색조, 크기, 각도에 따라 천차만별이었다. 이처럼 차이가 많이 나는 영상들을 이용할 경우, 성능이 낮은 알고리즘이라면 존재하지도 않는 차이를 진짜로 있는 것처럼 판단할 우려가 있다. 그럼에도 양적인 면에서는 뛰어났다. 일반 피부과 클리닉에서 표준화된 영상을 12만 9,000개가 넘게 모으기는 훨씬 어려웠을 것이다.

이 모든 작업의 결과로 개발된 AI 시스템은 피부암의 가장 흔한 두 가지 유형을 구별할 수 있으며, 아울러 양성 점과 악성 피부암을 구별할 수 있었다. 게다가 정확도는 21명의 피부과 전문의 패널이 내린 판단과 비견할 만한 수준이었다. 심지어 일부는 스탠퍼드팀의 알고리즘이 의사들보다 약간 나았다(유의할 점은 의사와 알고리즘 둘 다 사진만으로 판단을 내렸다는 것인데, 이 점은 조금 인위적이다. 환자에 관한 더 많은 임상 정보를 이용했다면 둘 다 더 나은 판단을 내렸을 것이다).

컴퓨터 방사선학과와 컴퓨터 병리학과 같은 새로운 전공이 자리를 잡으면서, 위에서 소개한 것과 비슷한 영상 분석 기법들이 곧 모든 의료 분야에 적용될 것이다. 가령 스위스취리히연방공과대학Swiss Federal Institute of Technology Zürich의 한 연구실은 복부 MRI 사진을 통해 염증성 장질환의 등급을 매기는 알고리즘을 개발했다.[46] 미국 뉴욕의 메모리얼슬론케터링암센터Memorial Sloan Kettering Cancer Center 소속의 한 연구실은 디지털 현미경 슬라이드를 통해 신세포암을 구분해내는 시스템을 만들었다.[47] 런던의 무어필드안과병원Moorefields Eye Hospital은 최근에 구글 딥마인드와 파트너십을 맺고 눈 촬영 영상 100만 개를 분석했다. 그 결과물로 개발된 신경망은 당뇨병성 망막증 및 시력 감퇴와 같은 눈질환 신호들을 자동으로 탐지해낼 수 있다.[48]

하드웨어 회사들 또한 의료 영상 기술의 폭발적 수요에 반응했다. 가령 칩 제조회사인 엔비디아는 게임 및 영화 제작용 고성능 컴퓨터 그래픽카드(GPU)로 가장 유명한 기업이다. 하지만 영상과 비디오를 다루는 AI 연구자들은 이 회사의 하드웨어도 굉장히 탐내고 있다. 이런 사정을 눈치챈 엔비디아는 최근에 의료 영상 분석 전용 소프트웨어를 탑재한 GPU 기반 슈퍼컴퓨터를 개발하기 시작했다. 매사추세츠종합병원Massachusetts General Hospital이 이 슈퍼컴퓨터의 첫 고객이기도 하다. 이제 엔비디아는 AI 기반 영상 처리 시스템을 이용할 새로운 소프트웨어 개발자 10만 명을 육성하려는 중이다.[49]

원격의료

'원격의료'라는 말을 들으면, 우주선이나 북해의 석유시추선처럼 의료 서비스에 접근하기 어려운 장소에 있는 사람들이 떠오른다.[50] 하지만 많은 사람에게 의료 서비스가 멀게 느껴지는 까닭은 위치상의 고립 때문만이 아니다. 개발도상국에 사는 수억 명의 사람을 생각해보라. 아니면 민간 및 공공 보험 시스템의 혜택을 받지 못하는 수백만 명의 미국인을 떠올려보라. 심지어 직업과 번듯한 가정이 있는 중산층이지만 단지 의사한테 가기 싫어하는 사람들도 있다.

AI를 기반으로 한 원격의료는 이런 부류의 사람들에게 향상된 의료 서비스를 약속한다. 광범위한 피부암 진단 능력을 갖춘 스탠퍼드 연구팀의 알고리즘이 대중화된다고 상상해보자. 여러분의 스마트폰에 저렴한 디지털 청진기가 탑재되어 신경망을 통해 심장박동을 들을 수 있다고 상상해보자. 또는 카메라를 쳐다보기만 하면 클라우드에 저장된 알고리즘이 눈질환의 증상을 찾아낸다고 상상해보자. 이제 그런 알고리즘들을 함께 모아서 알렉사 같은 것에 통합시킨다고 상상해보자. 그러면 방대한 의료 지식을 훈련받은 디지털 비서가 여러분의 증상에 관해 질문하고 적절하게 반응할 수 있게 된다. 실제로 IBM

의 왓슨 개발팀은 벌써 이와 매우 흡사한 것을 의과대학생 교육용으로 개발했다.[51]

최근에 나온 인체 부착 센서들도 AI 기반 원격 진료의 시작을 훨씬 더 앞당길 수 있다. 핏빗이 멋지다고 생각하는 독자라면, 사무실 동료가 생체 측정 전자문신e-tattoo을 새길 때까지 기다려보라. 이 '표피 전자장치'는 인간의 피부와 동일한 두께와 탄성을 지닌 작은 인체 부착 패치로, 여러분의 건강 데이터를 스마트폰에 무선으로 전송한다. F1의 자동차 모니터링 시스템처럼 여러분의 건강을 모니터링하는 시스템이다. 인체의 혈압, 근육 긴장, 수분 함유량, 호흡률 그리고 심지어 심장이나 뇌의 전기적 활동 상태까지 측정하고, 이상을 탐지하면 즉시 경고를 날린다. 보통 사람들은 이를 통해 일상생활을 영위하면서 수시로 건강 상태를 확인할 수 있다. 의사 역시 그런 시스템을 이용해 퇴원한 사람의 상태를 모니터링할 수 있다.

이런 기술이 있다고 해서 실험실 검사가 없어지지는 않을 것이다. 숙련된 의사의 대면 진료가 없어지지도 않을 것이다. 하지만 이런 기술이 있으면 여러분은 상당수의 간단한 질병에 대해 치료법을 권고받을 수 있고, 정말로 의사가 필요할 때에는 매우 저렴한 비용으로 의사와 연결될 수 있다. 1차 방어선이라고 할 수 있는 AI 기반 진료는 오히려 의사의 활동 범위를 확장시킬뿐더러, 환자가 질병 때문에 위험해지고 돈을 많이 쓰기 전에 문제를 해결하도록 도와준다. 인간 지능과 기계 지능의 완벽한 협업 사례가 아닐 수 없다. 모니터링 기술 비용을 낮추고 모바일화만 된다면, 개발도상국에서는 그 가치가 더욱 커질 것이다.

다음번에 일어날 의료 분야의 데이터 과학 혁신은 나이팅게일과 같은 단 한 사람이 아니라 수천 명이 관여할 수밖에 없다. 캐서린 헬러, 졸탄 타카츠, 세바스티안 트룬 및 마크 센닥과 같은 멋진 프로젝트를 계속 추진하는 사람들이 의료계 동료들에게 AI 시스템이 정말로 효과적이라고 설득하면서 근거를 계속 내놓아야 혁신이 가능할 것이다. 그리고 여기에는 의사와 간호사, 소프트웨어 엔지니어, 데이터베이스 관리자, 프라이버시 전문가, 벤처 투자가, 보험업자, 병원 운영자, 정책 입안자 그리고 환자들도 전부 참여해야 한다. 혁신은 전부 함께 힘을 모을 때 일어난다. 모쪼록 플로렌스 나이팅게일의 가장 굳건한 결단력이 여러분 모두의 마음속에 깃들기를 바란다.

데이터 과학을 의료 분야에 전면 도입하려면

지금까지 나온 이야기를 여러분이 흥미진진하게 받아들이면 좋겠다. 하지만 여전히 이런 기술 중 일부가 초기 단계라는 사실 외에도, 광범위하게 사용하기 어렵게 만드는 문화적인 장애물들이 많이 존재한다.

발전을 향한 동기가 부족하다

신장병에 관한 AI 기반의 조기 경고 시스템 사례로 되돌아가보자. 병원이 그런 시스템을 구매하기는 할까? 마크 센닥 박사에 따르면 모든 병원이 묻게 될 질문은 이렇다. "신장병을 더 잘 예측할 수 있다면, 우리의 수익은 어떻게 되는가?"

센닥 박사는 다음과 같이 말했다. "대형 의료기관들은 만성질환이 만연해야 돈을 번다고 생각한다." 그리고 이런 말도 덧붙였다. "의료 서비스 향상에 데이터 과학을 적용하려면 동기를 재설정해야 한다. 병원에 있지 않을 때의 환자 상태에 모든 의료 담당자가 관심을 가지는 방향으로 말이다." 그래야 의사들은 환자의 장기적 이익을 염두에 두고 의사결정을 내리기 위해 병원장을 압박해서 필요한 도구를 얻을 것이다. 지금까지는 그런 일이 벌어지지 않았다. 센닥 박사는 그 이유를 다음과 같이 말했다. "지금처럼 환자가 눈앞에 있을 때만 관심을 가지도록 동기부여된다면, 의사는 데이터가 어떻게 저장되든 패턴을 찾기 위해 의료기록이 분석되든 말든 영원히 신경 쓰지 않을 것이다."

법률 체계 역시 동기를 떨어뜨린다. 여러분이 캐서린 헬러 박사의 입장이 되어 신장병 진행을 예측하는 AI 기반 앱을 상업화할 예정이라고 생각해보자. 아니면 무료로 배포한다고 쳐도 좋다. 그 앱은 많은 사람에게 도움을 줄 수 있지만, 앱 설계자에게 숱한 법률적 위험을 안겨줄지 모른다. 그 앱이 만약 환자의 신장병을 놓친다면 누가 엄청난 액수의 배상 책임을 질 것인가? 앱 제작자와 데이터 과학자 그리고 앱을 이용한 의사 중에 누가 질지, 아니면 셋 다 질지 명확하지 않다. 설령 그 앱으로 아무리 많은 목숨을 살려낸다 해도, 그리고 앱이 제공한 의료 조언에 적절한 주의사항이 포함된다 해도 책임 문제는 분명하지가 않다. 법률가와 정책 입안자들이 다음과 같은 질문을 고민하지 않기 때문이다. 알고리즘에 따른 의료 조언에 대해 누가 최종적으로 책임을 지는가? 그리고 어떻게 해야 혁신을 촉진하면서도 동시에 환자를 보호할 수 있는가?

데이터 공유가 사실상 불가능하다

또 하나의 큰 질문은 이것이다. 데이터 과학자들이 기존 AI 시스템 향상에 필요한 데이터에 접근할 수 있는가?

단 한 군데 병원만 위해 일해도 환자 수천 명의 기록에 접근할 수 있다. 하지만 많은 병원에서 수백만 가지 기록을 얻는 것이 더 낫지 않을까? 어쨌거나 구글 및 페이스북과 같은 기술 회사들이 뛰어난 AI 시스템을 가질 수 있었던 건 순전히 데이터의 규모 덕분이 아닌가. 분명 전 세계의 의료 데이터베이스에도 수백만 가지의 신장병 임상 기록들이 흩어져 있다. 이론적으로는 이런 기록들을 취합하고 데이터 과학자들을 고용해 최신 AI 도구를 이용하면 환자의 프라이버시를 보호하면서 그 기록들을 분석할 수 있다. 또 모든 의료 분야에서 움직여준다면 수십만 개의 일자리가 생길 것이며, 아울러 엄청난 사회경제적 가치가 창출될 것이다.

하지만 짧은 시일 안에 그런 일이 생길 가능성은 낮다. 첫째, 마법을 펼치는 데 필요한 데이터를 대량으로 모으는 일은 사실상 불가능하다. 미국의 의료 서비스 제공자들은 전자기록에 대한 공통 기준이 부족하기 때문이다. 영국처럼 중앙에서 의료 체계를 관리하는 나라에서도 일반 개업의와 병원이 각각 이용하는 데이터베이스가 상호 운용이 되지 않아 문제가 크다.

둘째, 설령 공통 기준이 있다 하더라도 대다수 병원은 환자의 프라이버시를 보장한다는 핑계로 데이터 과학자들과 협력하기를 매우 꺼린다. 사실 우리가 대화를 나눠본 다른 연구자들도 말했듯이 병원들은 데이터 과학자들을 노골적으로 적대시한다. 미국 병원들은 자신들의 데이터를 엄격히 지켜야 할 기업 비밀로 여기는 편이다. 정확한 이유야 모르겠지만, 우리는 그 이유가 꽤

나 비겁할 거라고 짐작한다. 병원들은 자신들의 복잡미묘한 가격 결정 체계를 경쟁자들이 파헤칠까 두려워, 그냥 하드드라이브를 꽁꽁 잠그는 입장을 고수한다고 말이다. 이유가 무엇이든 모든 전자 의료기록은 아주 세세한 청구서를 발행하는 데만 쓰일 뿐, 사람들이 애초부터 저렴한 의료 서비스를 누리게 하는 데는 쓰이지 않는다.

이 문제는 대단히 난해하다. 만약 병원이 데이터를 다루는 것과 똑같은 방식으로 장기 기증을 한다면 어떻게 될까? 환자가 사망했을 때 병원이 마치 환자의 신장에 관한 데이터를 비축하듯이 환자의 신장을 비축할 수 있다면 어떻게 될까? 그런 상황을 제어하는 차원에서 여러분이 누군가의 생명을 구하기 위해 자기 데이터를 기증한다고 서명한 서류가 있어야 하지 않을까? 센닥 박사는 이렇게 말한다. "윤리적인 면에서 꼭 유념해야 할 점은, 환자들이 바로 의료 서비스를 받으려고 병원에 비용을 낸 사람들이라는 것입니다. 그리고 병원도 환자들의 데이터를 모아 요금을 청구했을 뿐, 그 데이터로 아무런 사적인 이익을 추구하지 않았지요. 하지만 환자들로부터 제대로 돌봐달라는 명목으로 돈까지 받아놓고서는 자신들만이 가지고 있는 정보를 올바르게 활용하지 않는 것이 과연 옳은 일일까요?"

그리고 의료 데이터 자체에도 대체로 오류와 누락된 항목들이 가득하다. 여러분이 의사에게 바쁜 진료 시간 틈틈이 손으로 데이터를 입력해달라고 부탁한다면 바로 그런 데이터를 얻게 될 것이다(데이터의 대다수는 어떤 유용한 일에도 쓰이지 않을 것이라고 의사들을 설득한 뒤에나 얻을 수 있겠지만 말이다). 따라서 어떤 외로운 연구팀이 나타나서 AI 시스템 제작을 위해 그런 데이터의 아주 작은 일부라도 이용할 허락을 얻는다 해도, 먼저 데이터를 청소하고 손질해야만 한다. 그러려면 실력과 참을성 그리고 의사들과의 협력이 필요하다.

그럼에도 한 연구팀이 신장병의 진행을 예측한다는 딱 한 가지 과제를 위해 단 2편의 학술논문을 발표하기로 마음먹고 작업을 시작한다고 상상해보자. 그들은 아마 수백 만 개의 데이터 점으로 구성된 데이터 집합을 6개월 넘게 손질해야 할 것이다. 그 데이터 집합을 다른 사람들이 유용하게 쓸 수도 없고, 이와 비슷한 작업을 대규모로 촉진시킬 시스템도 존재하지 않는다면, 이런 작업을 과연 얼마나 할 수 있을까? 우버나 리프트를 타려고 차를 부르고 싶을 때마다 자신만의 GPS 소프트웨어를 작성해야 하는 상황을 한번 상상해보라. 아마 여러분은 그냥 택시를 부르고 말 것이다.

이런 상황이니 병원들도 몇 가지 예외를 제외하고는 굳이 데이터 과학자를 고용하려 들지 않는다. 그 결과 안타깝게도 소중한 재능이 엉뚱한 데 쓰이고 있다. 우리 시대 최고의 데이터 과학자들도 기회만 주어졌다면 지금쯤 의료 서비스 분야에서 한창 활약하고 있었을 것이다. 기꺼이 그러려는 사람도 많았고, 자신이 거둔 경이로운 성과를 사회와 나누려는 사람도 많았다. 하지만 그들은 지금 여러분이 광고를 더 많이 클릭하게 만들 방법을 궁리하고 있을 것이다. 그 분야에는 데이터가 존재하니까.

프라이버시에 관한 해소되지 않는 우려

그다음 문제는 여러분의 건강 정보 프라이버시에 관한 것이다. 여기서 전부 다룰 수는 없지만 주목하고자 하는 중요한 사실은 다음과 같다. 병원 직원들은 이미 우리에게 청구서를 발송하기 위해 자신들이 수집한 의료 데이터를 이용하고 있다! AI 시스템 제작은 기존 데이터를 분석하는 현장 인력을 고용하거나, 아니면 데이터에서 모든 신원 정보를 제거한 뒤에 외부의 데이터 과학자들이 안전한 서버에 원격 접속하게 하는 방식으로 이루어진다.

그래서 많은 사람이 안심할 수 있기는 하다. 하지만 프라이버시나 보안에 관해 있을 수 있는 모든 우려가 확실히 해소되지는 않는다. 가령 악의적인 데이터 과학자가 자신들이 확보한 의료 기록, 어쩌면 신원 정보가 제외된 데이터 집합을 바탕으로 환자들의 신원을 캐낼 수 있다.

사실 우리가 여기서 나열하는 모든 문제 가운데 프라이버시는 대처할 수 있는 유일한 문제다. '차등 프라이버시differential privacy'라는 새로운 기술로 말이다. 통계학자들과 기계 학습 연구자들은 데이터 프라이버시를 고심해왔으며, '부차표본추출subsampling' '암호화 해싱cryptographic hashing' '노이즈 주입noise injection'과 같이 개인의 기록을 안전하게 지켜주는 다양한 수학적 기법을 고안했다. 이런 새로운 프라이버시 알고리즘들을 활용하는 의료 데이터 저장 시스템은 정확한 예측 규칙을 찾아내면서도 아울러 누군가가 환자에 관한 사적인 내용을 빼가지 못하도록 할 수 있다. 지금은 대다수 병원이 이런 종류의 알고리즘을 제대로 구현해내지 못하지만, 그런 알고리즘은 일상에서 쓰이고 있다. iOS나 안드로이드에서 운영되는 신형 스마트폰에 내재되어 가령 문자 메시지를 보낼 때 메시지의 보안을 확실히 지키면서 동시에 어느 자동 교정 권고를 무시할지 분석할 때 이용된다.

사실 해킹은 이미 병원을 괴롭히고 있다. 2017년의 워너크라이Wannacry와 같은 대대적인 랜섬웨어 공격에서 보았듯이, 병원은 유독 다른 곳들보다 크게 타격을 입는다. 그래서 많은 전문가의 제안대로 병원들은 이미 뚫려 있는 정보보안의 구멍을 메꿔야 하는데, 그러려면 보안을 최우선으로 고려하는 회사의 클라우드 기반 시스템으로 이전해야 한다. 병원 서버에 이미 저장된 데이터가 의료 서비스 향상에 이용되느냐 여부와는 아무 관계 없이 말이다.

[주석]

I. 넷플릭스가 취향을 읽는 법: 확률이라는 언어

1. 케빈 스페이시의 인용문은 다음 출처에서 얻었다. James MacTaggart Memorial Lecture at the Edinburgh Fringe Festival, 2013. 동영상은 다음 출처에서 볼 수 있다. https://www.youtube.com/watch?v=oheDqofa5NM.
2. Nancy Hass, "And the Award for the Next HBO Goes to……," *GQ*, January 29, 2013. https://www.gq.com/story/netflix-founder-reed-hastings-house-of-cards- arrested–development.
3. 수치들은 다음 출처에서 얻었다. U.S. Census Bureau, *Statistical Abstract of the United States* (Washington, D.C.: USGPO, 1944, 1947, 1950), and Army Air Forces, *Statistical Digest (World War II)*, available at https://archive.org/details/ArmyAirForcesStatisticalDigestWorldWarII.
4. 에이브러햄 왈드의 삶에 관한 자료는 다음 출처에서 얻었다. W. Allen Wallis, "The Statistical Research Group, 1942~1945," *Journal of the American Statistical Association* 75, no. 370(June 1980): 320~30; Marc Mangel and Francisco J. Samaniego, "Abraham Wald's Work on Aircraft Survivability," *Journal of the American Statistical Association* 79, no.

386(June 1984): 259~67, 또한 다음을 보기 바란다. “Comment” by James O. Berger(267~69) and “Rejoinder” by the authors(270~71); J. Wol fo witz, “Abraham Wald, 1902~1950,” *Annals of Mathematical Statistics* 23, no. 1(1952): 1~13; Oskar Morgenstern, “Abraham Wald, 1902~1950,” *Econometrica* 19, no. 4(Oct. 1951): 361~67; Karl Menger, “The Formative Years of Abraham Wald and His Work in Geometry,” *Annals of Mathematical Statistics* 23, no. 1(1952): 14~20; L. Weiss, “Wald, Abraham,” in *Leading Personalities in Statistical Sciences: From the Seventeenth Century to the Present*, ed. Norman L. Johnson and Samuel Kotz(New York: John Wiley&Sons, 1997), 164~67; “Abraham Wald,” *MacTutor History of Mathematics*, http://www-history.mcs.st-andrews.ac.uk/Biographies/Wald.html.

5. W. Allen Wallis, “The Statistical Research Group, 1942~1945,” *Journal of the American Statistical Association* 75, no. 370(June 1980): 320~30.
6. 우리가 소개한 왈드의 접근법은 현대의 표기와 용어를 사용하고 있기에 원래의 형태와는 다르다. 또한 우리는 기술적인 세부사항을 많이 생략했다. 관심 있는 독자는 다음을 보기 바란다. Marc Mangel and Francisco J. Samaniego, “Abraham Wald’s Work on Aircraft Survivability,” *Journal of the American Statistical Association* 79, no. 386(June 1984): 259~67; 또한 다음을 보기 바란다. “Comment” by James O. Berger, 267~69, and “Rejoinder” by the authors, 270~71.
7. W. Allen Wallis, “The Statistical Research Group, 1942~1945,” *Journal of the American Statistical Association* 75, no. 370(June 1980): 320~30; Mangel and Samaniego, “Rejoinder.”
8. https://www.netflixprize.com/community/topic_1537.html.
9. Dan Keating, Kevin Schaul, and Leslie Shapiro, “The Facebook Ads Russians Targeted at Different Groups,” *Washington Post*, November 1, 2017, https://www.washingtonpost.com/graphics/2017/business/russian-ads-facebook- targeting/.
10. National Cancer Institute, “Study Shows Promise of Precision Medicine for

Most Common Type of Lymphoma," July 20, 2015, https://www.cancer.gov/news-events/press-releases/2015/ibrutinib-lymphoma-subtype.

II. 수식 한 줄로 미래를 계산하기: 패턴과 예측 규칙

1. Ihsan Hafez, "Abd al-Rahman al-Sufi and His Book of the Fixed Stars: A Journey of Re-discovery," PhD diss., James Cook University, 2010.
2. Marcia Bartusiak, *The Day We Found the Universe* (New York: Vintage Books, 2010), 52.
3. Agnes Clerke in *The System of the Stars*, 1890, in ibid., 53.
4. K. C. Freeman, "Slipher and the Nature of the Nebulae," *Astronomical Society of the Pacific Conference Series*, vol. 471(2013), http://arxiv.org/abs/1301.7509.
5. 헨리에타 레빗에 관해 우리가 주요하게 참고한 문헌은 다음과 같다. Nina Byers and Gary Williams, *Out of the Shadows: Contributions of Twentieth-Century Women to Physics* (Cambridge: Cambridge University Press, 2006), and Marcia Bartusiak, *The Day We Found the Universe* (New York: Vintage Books, 2010).
6. 레빗의 직선을 통해서는 다른 임의의 맥동변광성의 진짜 밝기에 관한 상대적인 그 별의 진짜 밝기를 알아낼 수 있을 뿐이다. 따라서 기술적인 면에서 정확한 말은 다음과 같다. 일단 오직 한 맥동변광성의 진짜 밝기를 알면, 우주에 있는 다른 임의의 맥동변광성의 진짜 밝기를 레빗의 패턴으로 계산할 수 있다. 그렇기에 천문학 분야에서 레빗의 패턴은 어느 한 맥동변광성의 진짜 밝기를 어떤 다른 수단으로 정확히 계산하는 과정을 통해 지속적으로 '보정'받아야 했다. 그렇게 하는 데에는 천문학자들의 오랜 노력이 들어야 했기 때문에 레빗의 패턴은 별의 거리를 측정하는 데 곧바로 이용될 수는 없었다. 이런 세세한 이야기는 다른 자료에 나와 있다. 다음을 참고하기 바란다. Marcia Bartusiak's *The Day We Found the Universe* (New York: Vintage Books, 2010), chapter 8.
7. 셰플리가 실제로 추산한 은하수의 폭은 30만 광년이었다. 이후에 수정된 값이 바로 10만 광년이었다.

8. 다음에서 인용. Bartusiak, *The Day We Found the Universe*, 218.
9. Clara Moskowitz, "Star That Changed the Universe Shines in Hubble Photo," Space.com, May 23, 2011, https://www.space.com/11761-historic-star-variable- hubble-telescope-photo-aas218.html.
10. 최소제곱에 대해서는 우선권 논쟁이 있다. 위대한 독일 수학자 가우스가 제일 먼저 알아냈을지도 모르지만 르장드르가 그 방법을 처음 발표했다. 관련 역사에 관심 있는 독자는 다음을 보기 바란다. Stephen Stigler, "Gauss and the Invention of Least Squares," *Annals of Statistics* 9, no. 3 (1981): 465~74.
11. "John Deere Green," written by Dennis Linde, performed by Joe Diffie.
12. John Mannes, "This Beekeeper Is Rescuing Honeybees with Deep Learning and an iPhone," *TechCrunch*, May 2, 2017, https://techcrunch.com/2017/05/02/beekeepers/.
13. Alex Brokaw, "This Startup Uses Machine Learning and Satellite Imagery to Predict Crop Yields," *The Verge*, August 4, 2016, https://www.theverge.com/2016/8/4/12369494/descartes-artificial-intelligence-crop-predictions-usda.
14. Sam Shead, "Google's DeepMind Wants to Cut 10% Off the Entire UK's Energy Bill," *Business Insider*, March 13, 2017, http://www.businessinsider.com/google-deepmind-wants-to-cut-ten-percent-off-entire-uk-energy-bill-using-artificial-intelligence-2017-3.
15. "The Women Missing from the Silver Screen and the Technology Used to Find Them," *Google.com*, https://www.google.com/intl/en/about/main/gender- equality-films/.

III. 데이터의 홍수에서 살아남기: 베이즈 규칙

1. Statistics from the Insurance Institute for Highway Safety, http://www.rmiia.org/auto/teens/Teen_Driving_Statistics.asp.
2. "Claude E. Shannon: A Goliath Amongst Giants," https://www.bell-labs.com/claude-shannon/.

3. Les Earnest, "Stanford Cart," December 2012, https://web.stanford.edu/~learnest/cart.htm.
4. Thuy Ong, "Dubai Starts Testing Crewless Two-Person 'Flying Taxis,'" *The Verge*, September 26, 2017, https://www.theverge.com/2017/9/26/16365614/dubai-testing-uncrewed-two-person-flying-taxis-volocopter; Tom Simonite, "Mining 24 Hours a Day with Robots," *MIT Technology Review*, December 2016, https://www.technologyreview.com/s/603170/mining-24-hours-a-day-with-robots/; "Asia's First Automated Container Terminal, at Port of Qingdao, China," live report on New China TV, May 11, 2017, https://www.youtube.com/watch?v=bn2GPNJmR7A.
5. Peter Henderson, "U.S. Judge Deals Setback to Waymo Damage Claim in Uber Lawsuit," *Reuters*, November 3, 2017, https://www.reuters.com/article/us-alphabet-uber-lawsuit/u-s-judge-deals-setback-to-waymo-damage-claim-in-uber-lawsuit-idUSKBN1D32J0.
6. William Beecher, "Vast Search Fails to Find Submarine," *New York Times*, May 29, 1968, A1.
7. "The President's News Conference of May 28, 1968," in *Public Papers of the Presidents of the United States: Lyndon B. Johnson, 1968~1969* (Washington, D.C.: USGPO, 1970), 656.
8. 팔로라메스 사건에 관한 후속 내용들은 다음 출처에서 얻었다. Sharon Bertsch McGrayne, *The Theory That Would Not Die* (New Haven: Yale University Press, 2011), 182~94.
9. Ibid., 192~94.
10. PBS Nova documentary, "Submarines, Secrets, and Spies," originally broadcast January 19, 1999, https://www.youtube.com/watch?v=RvJTAMQQQUY.
11. McGrayne, *The Theory That Would Not Die*, 202.
12. PBS Nova documentary, "Submarines, Secrets, and Spies."
13. McGrayne, *The Theory That Would Not Die*, 202.
14. David M. Eddy, "Probabilistic Reasoning in Clinical Medicine: Problems

and Opportunities," in *Judgment Under Uncertainty: Heuristics and Biases*, ed. Daniel Kahneman, Paul Slovic, and Amos Tversky(Cambridge: Cambridge University Press, 1982), 249~67.

15. 실제로는 거짓 양성이 99건이지만, 수치 계산을 쉽게 하기 위해 100으로 반올림했다. 이 사소한 반올림 오차를 바로잡으면 실제 사후확률 P(암|양성 결과)는 7.4퍼센트가 아니라 7.5퍼센트다.

16. Madison Marriage, "86% of Active Equity Funds Underperform," *Financial Times*, March 20, 2016, https://www.ft.com/content/e555d83a-ed28-11e5-888e-2eadd5fbc4a4.

17. 3장 끝의 별면을 보기 바란다.

18. Lawrence D. Stone, *The Theory of Optimal Search* (New York: Academic Press, 1975).

19. Lawrence D. Stone, Colleen M. Keller, Thomas M. Kratzke, and Johan P. Strumpfer, "Search for the Wreckage of Air France Flight AF 447," *Statistical Science* 29, no. 1(2014): 69~80.

20. "Breakthrough: Robotic Limbs Moved by the Mind," *60 Minutes*, originally broadcast December 30, 2012, https://www.cbsnews.com/news/breakthrough-robotic-limbs-moved-by-the-mind-30-12-2012/.

Ⅳ. 디지털 비서와 대화하는 법: 통계와 알고리즘

1. A. Bartoli, A. De Lorenzo, E. Medvet, and F. Tarlao, "Your Paper Has Been Accepted, Rejected, or What ever: Automatic Generation of Scientific Paper Reviews," in *Availability, Reliability, and Security in Information Systems*, ed. F. Buccafurri et al.(New York: Springer Berlin Heidelberg, 2016), 19~28.

2. Andy Pandy, January 18, 2016, https://twitter.com/Pandy/status/689209034143084547.

3. 사소한 기술적인 내용 한 가지. 우리의 목적상(가령 C++이나 자바와 같은 언어에 대한) '컴파일러'를 (파이선과 같은 언어에 대한) '해석기'와 구별할 필요는 없다. 우리는 두 가지 개념을 모두 아우르는 의미에서 '컴파일러'라는 용어를 사용한다.

4. Kathleen Broome Williams, *Grace Hopper: Admiral of the Cyber Sea* (Annapolis, Md.: Naval Institute Press, 2004), 1.
5. Ibid., 2.
6. Ibid., 11.
7. Ibid., 18~20.
8. Ibid., 22.
9. Ibid., 26.
10. Ibid., 29.
11. Ibid., 27~28.
12. Ibid., 82.
13. Kurt W. Beyer, *Grace Hopper and the Invention of the Information Age* (Cambridge, Mass.: MIT Press, 2009), 53.
14. Douglas Hofstadter, *Gödel, Escher, Bach: An Eternal Golden Braid* (New York: Vintage, 1980), 290.
15. Williams, *Grace Hopper*, 70.
16. Ibid., 80.
17. Ibid., 85.
18. Ibid., 86.
19. Ibid.
20. ibid., 87. Original reference in Richard L. Wexelblat, ed., *History of Programming Languages I* (New York: ACM, 1978), 17.
21. Bruce T. Lowerre, "The HARPY Speech Recognition System," Ph.D. thesis, *Department of Computer Science*, Carnegie Mellon University, 1976.
22. "10 Inexplicable Google Translate Fails," https://www.searchenginepeople.com/blog/10-google-translate-fails.html.
23. 이 방법의 자세한 내용과 더불어 광범위한 정확성 평가는 다음을 보기 바란다. Yonghui Wu et al., "Google's Neural Machine Translation System: Bridging the Gap Between Human and Machine Translation," October 8, 2016, https://arxiv.org/abs/1609.08144.
24. Peter Norvig, "On Chomsky and the Two Cultures of Statistical Learning,"

http://norvig.com/chomsky.html.

25. 더욱 전문적으로 말하자면, 이 '탐색 단어'는 '맥락 벡터(context vector)'라고 불린다. 다음을 보기 바란다. Tomas Mikolov et al., "Distributed Repre sen ta tions of Words and Phrases and Their Compositionality," *Advances in Neural Information Processing Systems* 26 (NIPS, 2013), https://papers.nips.cc/paper/5021–distributed-representations-of-words-and-phrases-and-their-compositionality.
26. Tomas Mikolov, Wen-tau Yih, and Geoffrey Zweig, "Linguistic Regularities in Continuous Space Word Repre sen ta tions," in *Proceedings of NAACL-HLT, 2013* (Stroudsburg, PA: Association for Computational Linguistics, 2013), 746~51.

V. 행운과 스캔들 사이, '이상'을 탐지하라: 변동성

1. 한 텔레비전 방송에서 우리는 이 말을 들었다. 하지만 온라인상에서 이 말에 관한 기록은 찾을 수가 없었다. 재치 있는 말을 했지만 안타깝게도 익명으로 남은 해설자에게 사과드린다.
2. Stephen Quinn, "Gold, Silver, and the Glorious Revolution: Arbitrage Between Bills of Exchange and Bullion," *The Economic History Review* 49, no. 3(1996): 479~90.
3. Thomas Levenson, *Newton and the Counterfeiter* (Boston: Mari ner Books, 2010), 626~63.
4. John Craig, *Newton at the Mint* (Cambridge: Cambridge University Press, 1946), 6~7.
5. Ming-hsun Li, *The Great Recoinage of 1696 to 1699* (London: Weidenfeld and Nicolson, 1963), 47.
6. Levenson, *Newton and the Counterfeiter*, 137~38.
7. Thomas Babington Macaulay, *The History of England from the Accession of James II*, Volume 1(New York: Harper&Brothers, 1856), 187.
8. 견본화폐검사에서 이용한 검사 과정의 자세한 내용은 다음에 기술되어 있다. Stephen M. Stigler, *Statistics on the Table* (Cambridge, Mass.: Harvard

University Press, 1999), 386~89.

9. 여기서 우리는 숫자를 단순화하기 위해 반올림을 하고 있다. 공차는 실제로은 1파운드 트로이온스당 48그레인(1grain = 0.00143파운드)으로 정해졌는데, 이것은 킬로그램당 약 7그램, 즉 0.7퍼센트 무게였다. 다음을 보기 바란다. Stigler, *Statistics on the Table*, chapter 23.
10. Stephen M. Stigler, *Statistics on the Table* (Cambridge, Mass.: Harvard University Press, 1999), 389~90.
11. John Craig, *The Mint: A History of the London Mint from A.D. 287 to 1948* (Cambridge: Cambridge University Press, 2011), 212, emphasis added.
12. Ibid., 104.
13. Stigler, *Statistics on the Table*, 391.
14. Craig, *Newton at the Mint*, 12~14.
15. Levenson, *Newton and the Counterfeiter*, 139~41.
16. Ibid., 141~44.
17. 대주화개혁에 대해 경제사가들은 실패한 통화정책이라고 말한다. 여기서 우리의 논점은 경제 효과와는 별개로 산업상의 시도로서 성공적이었다는 것뿐이다.
18. Craig, *Newton at the Mint*, 48~49.
19. Ibid., 23.
20. David A. Schweidel, *Profiting from the Data Economy: Understanding the Roles of Consumers, Innovators and Regulators in a Data-Driven World* (Upper Saddle River, N.J.: Pearson FT Press, 2014), 81.
21. Ibid., 82; Accenture white paper, "City of New York: Using Data Analytics to Achieve Greater Efficiency and Cost Savings," 2013, https://www.accenture.com/t20150624T211456Z__w__/us-en/_acnmedia/Accenture/Conversion-Assets/DotCom/Documents/Global/PDF/Technology_7/Accenture-Data-Analytics-Helps-New-York-City-Boost-Efficiency-Spend-Wisely .pdf.
22. Patrick McGeehan, Russ Buettner, and David W. Chen, "Beneath Cities, a Decaying Tangle of Gas Pipes," *New York Times*, March 23, 2014, A1.

23. 2016 Federal Reserve Payments Study, https://www.federalreserve.gov/paymentsystems/2016-payment-study.htm.
24. Michael Morisy, "How PayPal Boosts Security with Artificial Intelligence," *MIT Technology Review*, January 25, 2016, https://www.technologyreview.com/s/545631/how-paypal-boosts-security-with-artificial-intelligence/.
25. "Brooklyn Nets' Jeremy Lin on New Partnership," television interview on Squawk Box, *CNBC*, February 8, 2017, http://video.cnbc.com/gallery/?video=3000591640.
26. James Ham, "Kings Add New Stat Guru Luke Bornn to Front Office," *NBC Sports*, April 20, 2017, http://www.csnbayarea.com/kings/kings-add-new-stat-guru-luke-bornn-front-office.
27. Alexander Franks, Andrew Miller, Luke Bornn, and Kirk Goldsberry, "Counterpoints: Advanced Defensive Metrics for NBA Basketball," paper presented at the 9th Annual MIT Sloan Sports Analytics Conference, 2015, http://www.lukebornn.com/papers/franks_ssac_2015.pdf.
28. "Brooklyn Nets' Jeremy Lin on New Partnership," television interview on *Squawk Box*, CNBC, February 8, 2017, http://video.cnbc.com/gallery/?video=3000591640.

VI. 일상에서 틀리지 않는 법: '잘 세운 가정'의 힘

1. Chris Anderson, "The End of Theory: The Data Deluge Makes the Scientific Method Obsolete," *Wired*, June 23, 2008, https://www.wired.com/2008/06/pb-theory/.
2. C. R. Cardwell et al., "Exposure to Oral Bisphosphonates and Risk of Esophageal Cancer," *JAMA* 304, no. 6(August 11, 2010): 657~63.
3. J. Green et al., "Oral Bisphosphonates and Risk of Cancer of Oesophagus, Stomach, and Colorectum: Case- Control Analy sis Within a UK Primary Care Cohort," *BMJ* 2010;341:c4444.
4. Stephen Jay Gould, "The Streak of Streaks," *New York Review of Books*, August 18, 1988, http://www.nybooks.com/articles/1988/08/18/the-streak-

of-streaks/.

5. Brett Green and Jeffrey Zweibel, "The Hot- Hand Fallacy: Cognitive Mistakes or Equilibrium Adjustments? Evidence from Major League Baseball," paper presented at the MIT Sloan Sports Analytics Conference, March 2016, http://www.sloansportsconference.com/wp-content/uploads/2016/02/1422-Baseball.pdf.
6. 이 이야기를 알려준 구글의 피터 노빅(Peter Norvig)에 감사드린다. 우리는 2011년에 오스틴의 텍사스대학교에 들렀을 때 노빅에게서 이 이야기를 들었다. 다음 출처에도 이 이야기가 나온다. "On Chomsky and the Two Cultures of Statistical Learning," http://norvig.com/chomsky.html.
7. 이 말을 한 사람으로는 대체로 통계학자 조지 박스(George Box)로 여겨진다.
8. 다음을 보기 바란다. Edward Beltrami and Jay Mendelsohn, "More Thoughts on DiMaggio's 56- Game Hitting Streak," *Baseball Research Journal* 39, no. 1(Summer 2010), https://sabr.org/research/more-thoughts-dimaggio-s-56-game-hitting-streak.
9. Kimberly Daniels, William D. Mosher, and Jo Jones, "Contraceptive Methods Women Have Ever Used: United States, 1982~2010," *National Health Statistics Reports* no. 62, February 14, 2013, http://www.cdc.gov/nchs/data/nhsr/nhsr062.pdf.
10. 다음을 보기 바란다. Guttmacher Institute Fact Sheet, "Contraceptive Use in the United States," September 2016, https://www.guttmacher.org/fact-sheet/contraceptive-use-united-states.
11. Gregor Aisch and Bill Marsh, "How Likely Is It That Birth Control Could Let You Down?" *New York Times* Sunday Review section, September 13, 2014.
12. James Trussell, "Contraceptive Failure in the United States," *Contraception* 83, no. 5(May 2011): 397~404.
13. 유일한 예외는 여성 임신중절수술인데, 이것에 대해서는 장기간 데이터가 존재한다.

14. 이 기준은 1980년대에 트러셀(Trussel)과 코스트(Kost)가 다음 논문에서 제시한 이후 문헌에서 폭넓게 채택됐다. "Contraceptive Failure in the United States: A Critical Review of the Literature," *Studies in Family Planning* 18, no. 5(1987): 237~83.
15. Gustave Flaubert, *Correspondance* (Paris: Louis Conard, 1929), 5:111. 원래의 프랑스어 인용문은 다음과 같다. "La rage de vouloir conclure est une des manies les plus funestes et les plus stériles qui appartiennent à l'humanité."
16. Joshua Klein, "When Big Data Goes Bad," *Fortune*, November 5, 2013, http://fortune.com/2013/11/05/when-big-data-goes-bad/ .
17. Catherine Talbi, " 'Keep Calm and Rape' T-Shirt Maker Shutters After Harsh Backlash," *Huffington Post*, June 25, 2013, https://www.huffingtonpost.com/2013/06/25/keep-calm-and-rape-shirt_n_3492411.html.
18. Silla Brush, Tom Schoenberg, and Suzi Ring, "How a Mystery Trader with an Algorithm May Have Caused the Flash Crash," *Bloomberg News*, April 21, 2015, https://www.bloomberg.com/news/articles/2015-04-22/mystery-trader-armed-with-algorithms-rewrites-flash-crash-story.
19. J. Ginsberg et al., "Detecting Influenza Epidemics Using Search Engine Query Data," *Nature* 457 (February 19, 2009): 1012~14.
20. D. Lazer et al., "The Parable of Google Flu: Traps in Big Data Analysis," *Science* 343 (March 14, 2014): 1203~5.
21. D. R. Olson etal., "Reassessing Google Flu Trends Data for Detection of Seasonal and Pandemic Influenza: A Comparative Epidemiological Study at Three Geographic Scales," *PLOS Computational Biology* 9, no. 10(2013), https://doi.org/10.1371/journal.pcbi.1003256.
22. Lazer et al., "The Parable of Google Flu."
23. Ibid.
24. 이 이야기는 더 오래된 기원이 있을지 모르지만, 우리는 다음 자료에서 처음으로 접했다. Hubert L. Dreyfus and Stuart E. Dreyfus, "What Artificial Experts Can and Cannot Do," *AI & Society* 6, no. 1(1992): 18~26.

25. Julia Angwin and Jeff Larson, "Bias in Criminal Risk Scores Is Mathematically Inevitable, Researchers Say," *ProPublica*, December 30, 2016, https://www.propublica.org/article/bias-in-criminal-risk-scores-is-mathematically-inevitable-researchers-say.
26. Julia Angwin, Jeff Larson, Surya Mattu, and Lauren Kirchner, "Machine Bias," *ProPublica*, May 23, 2016, https://www.propublica.org/article/machine-bias-risk-assessments-in-criminal-sentencing.
27. Leah Sakala, "Breaking Down Mass Incarceration in the 2010 Census," *Prison Policy Initiative report*, May 28, 2014, https://www.prisonpolicy.org/reports/rates.html.

VII. 다음 혁신이 일어날 곳은?: 공중보건과 데이터 과학

1. Gabrielle Glaser, "Unfortunately, Doctors Are Pretty Good at Suicide," *Journal of Medicine*, August 15, 2015, https://www.ncnp.org/journal-of-medicine/1601-unfortunately-doctors-are-pretty-good-at-suicide.html.
2. Mark Bostridge, *Florence Nightingale: The Making of an Icon* (New York: Farrar, Straus&Giroux, 2008), 56–60.
3. Ibid., 35.
4. Ibid., 31~35.
5. Ibid., 68~70.
6. Ibid., 47~50.
7. Ibid., 105.
8. Ibid., 157.
9. Introduction to *The Collected Works of Florence Nightingale*, vol. 14, *The Crimean War*, ed. Lynn McDonald (Waterloo, Ont.: Wilfrid Laurier University Press, 2010), 9.
10. Bostridge, *Florence Nightingale*, 248.
11. Ibid., 219~20.
12. Ibid., 203.
13. Ibid., 220, 225~29.

14. Ibid., 229.
15. Ibid.
16. Letter, August 7, 1855, in Collected *Works of Florence Nightingale*, vol. 14, McDonald, ed., 204.
17. Bostridge, *Florence Nightingale*, 237.
18. Lynn McDonald, "Florence Nightingale and Her Crimean War Statistics: Lessons for Hospital Safety, Public Administration and Nursing," transcript of presentation at Gresham College, October 30, 2014, https://www.gresham.ac.uk/lectures-and-events/florence-nightingale-and-her-crimean-war-statistics-lessons-for-hospital-safety-.
19. Bostridge, *Florence Nightingale*, 248.
20. Ibid., 226.
21. Ibid., 229.
22. *The Times*, February 8, 1855, quoted in E. T. Cook, *The Life of Florence Nightingale*, 2 vols.(London: Macmillan, 1913), 1:236–37, https://archive.org/details/lifeofflorenceni01cookuoft.
23. Bostridge, *Florence Nightingale*, 260–62.
24. Ibid., 321.
25. E. H. Sieveking, "Training Institutions for Nurses," *Englishwoman's Magazine* 7(1852): 294, from Anne Summers, "The Mysterious Demise of Sarah Gamp: The Domiciliary Nurse and Her Detractors," *Victorian Studies* 32, no. 3(1989): 365.
26. Edwin W. Kopf, "Florence Nightingale as Statistician," *Journal of the American Statistical Association* 15, no. 116(1916): 390.
27. John Hall, letter to Dr. Andrew Smith, April 6, 1856. 이 편지는 2007년에 경매로 팔렸고 다음 웹사이트에 내용이 기록되어 있다. https://www.bonhams.com/auctions/15231/lot/26/ .
28. Florence Nightingale, "Notes on the Health of the British Army," in *Collected Works of Florence Nightingale*, vol. 14, McDonald, ed., 864.
29. Kopf, "Florence Nightingale as Statistician," 390.

30. Ibid.
31. Bostridge, *Florence Nightingale*, 345.
32. Ibid., 335~39.
33. Florence Nightingale, "Notes on the Health of the British Army," in *Collected Works of Florence Nightingale*, vol. 14, McDonald, ed., 854–55.
34. Kopf, "Florence Nightingale as Statistician," 394.
35. Florence Nightingale, "Notes on Hospitals," in *Collected Works of Florence Nightingale*, vol. 16, *Florence Nightingale and Hospital Reform*, ed. Lynn McDonald(Waterloo, Ont.: Wilfrid Laurier University Press, 2012), 215.
36. Kopf, "Florence Nightingale as Statistician," 397.
37. Jocelyn Keith, "Florence Nightingale: Statistician and Consultant Epidemiologist," *International Nursing Review* 35, no. 5(1988): 147–50.
38. Jan Beyersmann and Christine Schrade, "Florence Nightingale, William Farr and Competing Risks," *Journal of the Royal Statistical Society*, Series A (Statistics in Society) 180, no. 1(Jan. 2017): 285~93.
39. 조의 신장 기능에 관한 대다수 측정은 혈청 크레아티닌을 대상으로 했지 GFR을 직접 대상으로 한 것이 아니다. 이 책의 모든 측정치는 시각화의 목적에서 GFR로 변환됐다. Joseph Futoma et al., "Scalable Joint Modeling of Longitudinal and Point Pro cess Data for Disease Trajectory Prediction and Improving Management of Chronic Kidney Disease," in *Proceedings of the 32nd Conference on Uncertainty in Artificial Intelligence*, ed. Alexander Ihler and Dominik Janzig(Corvallis, Ore.: AUAI Press, 2016), 222~31.
40. 이 그래프 작성에는 어떠한 환자 데이터도 이용하지 않았다. 이 데이터는 실제 환자의 데이터를 모방하기 위해 시뮬레이션한 것이다. 원래 데이터의 그래프를 찾으려면 다음을 보기 바란다. Futoma et al., "Scalable Joint Modeling," 223.
41. Kevin C. Oeffinger et al., "Breast Cancer Screening for Women at Average Risk: 2015 Guideline Update from the American Cancer Society," *Journal of the American Medical Association* 314, no. 15(2015): 1599~1614.
42. Letter to William Farr, September 14, 1859, in Lynn McDonald, ed.,

Collected Works of Florence Nightingale, vol. 5, *Florence Nightingale on Society and Politics, Philosophy, Science, Education and Literature*(Waterloo, Ont.: Wilfrid Laurier University Press, 2003), 76.

43. Futoma et al., "Scalable Joint Modeling."
44. J. Balog et al., "Intraoperative Tissue Identification Using Rapid Evaporative Ionization Mass Spectrometry," *Science Translational Medicine* 5, no. 194(2013): 194ra93; "'Intelligent Knife' Tells Surgeon If Tissue Is Cancerous," Imperial College London press release, July 17, 2013, http://www3.imperial.ac.uk/newsandeventspggrp/imperialcollege/newssummary/news_17-7-2013-17-17-32.
45. "MiniMed 670G System Launches in the United States," Medtronic *Meaningful Information blog*, June 7, 2017, https://www.medtronicdiabetes.com/blog/fda-approves-minimed-670g-system-worlds-first-hybrid-closed-loop-system/.
46. P. J. Schüffler et al., "Semi- automatic Crohn's Disease Severity Estimation on MR Imaging," in *Abdominal Imaging: Computational and Clinical Applications*, ed. H. Yoshida, J. Näppi, and S. Saini(Heidelberg and New York: Springer, Cham, 2014), 128~39.
47. Thomas J. Fuchs and Joachim M. Buhmann, "Computational Pathology: Challenges and Promises for Tissue Analysis," *Computerized Medical Imaging and Graphics*, vol. 35, nos. 7~8(2011): 515~30.
48. Varun Gulshan et al., "Development and Validation of a Deep Learning Algorithm for Detection of Diabetic Retinopathy in Ret i nal Fundus Photo graphs," *Journal of the American Medical Association* 316, no. 22(2016): 2402~10. 무어필드안과병원과 연구 파트너십은 다음 언론 기사에 기술돼 있다. http://www.moorfields.nhs.uk/news/moorfields-announces-research-partnership.
49. Jim McHugh, "Man, Machine and Medicine: Mass General Researchers Using AI," Nvidia blog, December 7, 2016, https://blogs.nvidia.com/blog/2016/12/07/mass-general-researchers-ai/. 또한 다음을 보기 바란

다. Lee Bell, "Nvidia to Train 100,000 Developers in 'Deep Learning' AI to Bolster Healthcare Research," *Forbes.com*, May 11, 2017, https://www.forbes.com/sites/leebelltech/2017/05/11/nvidia-to-train-100000-developers-in-deep-learning-ai-to-bolster-health-care-research/.

50. 다음을 보기 바란다. Tom Simonite, "The Recipe for the Perfect Robot Surgeon," *MIT Technology Review*, October 14, 2016, https://www.technologyreview.com/s/602595/the-recipe-for-the-perfect-robot-surgeon.
51. David Szondy, "IBM's Watson Adapted to Teach Medical Students and Aid Diagnosis," *New Atlas*, October 21, 2013, http://newatlas.com/ibm-supercomputer-watsonpath/29415/.

찾아보기

ⓞ

수학의 쓸모

초판 발행 · 2020년 4월 2일
초판 15쇄 발행 · 2023년 5월 30일

지은이 · 닉 폴슨, 제임스 스콧
옮긴이 · 노태복
발행인 · 이종원
발행처 · (주)도서출판 길벗
브랜드 · 더퀘스트
출판사 등록일 · 1990년 12월 24일
주소 · 서울시 마포구 월드컵로 10길 56(서교동)
대표전화 · 02)332-0931 | **팩스** · 02)323-0586
홈페이지 · www.gilbut.co.kr | **이메일** · gilbut@gilbut.co.kr
대량구매 및 납품 문의 · 02) 330-9708

기획 · 박윤조 | **책임편집** · 안아람(an_an3165@gilbut.co.kr) | **제작** · 이준호, 손일순, 이진혁
마케팅 · 한준희(영업), 김선영(웹마케팅) | **영업관리** · 김명자, 심선숙 | **독자지원** · 윤정아

표지 디자인 · 김종민 | **본문 디자인 및 전산편집** · 이은경 | **교정교열** · 임상택 | **CTP 출력 인쇄 제본** · 예림인쇄

ISBN 979-11-6521-099-1 03410
(길벗 도서번호 040109)

정가 22,000원